普通高等教育“十一五”国家级规划教材

高等应用型人才培养规划教材

数据结构（第4版）

（C语言版）

邓文华　主编

電子工業出版社
Publishing House of Electronics Industry
北京 • BEIJING

内 容 简 介

本书对常用的数据结构做了系统的介绍，力求概念清晰，注重实际应用。全书共 9 章，依次介绍了数据结构的基本概念、线性表、栈和队列、串和数组、树与二叉树、图，以及查找和排序等基本技术。第 9 章为实验部分，共设计了 11 个实验，涵盖了数据结构的主要内容，以便学生在实验时参考。全书以 C 语言为算法描述语言，每一章后面均列举了一些典型应用实例，并对本章知识点进行小结，列出本章的重点，以便学生学习掌握。

本书可作为应用型本科、高职高专计算机类及相关专业的教材使用。

图书在版编目（CIP）数据

数据结构：C 语言版 / 邓文华主编. —4 版. —北京：电子工业出版社，2015.6
高等应用型人才培养规划教材
ISBN 978-7-121-26205-0

Ⅰ. ①数… Ⅱ. ①邓… Ⅲ. ①数据结构－高等学校－教材 ②C 语言－程序设计－高等学校－教材 Ⅳ. ①TP311.12 ②TP312

中国版本图书馆 CIP 数据核字（2015）第 118526 号

策划编辑：吕 迈
责任编辑：吕 迈
印　　刷：北京虎彩文化传播有限公司
装　　订：北京虎彩文化传播有限公司
出版发行：电子工业出版社
　　　　　北京市海淀区万寿路 173 信箱　邮编 100036
开　　本：787×1 092　1/16　印张：16.75　字数：428.8 千字
版　　次：2004 年 9 月第 1 版
　　　　　2015 年 6 月第 4 版
印　　次：2018 年 11 月第 6 次印刷
定　　价：36.00 元

凡所购买电子工业出版社图书有缺损问题，请向购买书店调换。若书店售缺，请与本社发行部联系，联系及邮购电话：（010）88254888，88258888。

质量投诉请发邮件至 zlts@phei.com.cn，盗版侵权举报请发邮件至 dbqq@phei.com.cn。

本书咨询联系方式：（010）88254569，xuehq@phei.com.cn，QQ1140210769。

前　言

“数据结构”是计算机程序设计的重要理论基础，是计算机及其应用专业的一门重要基础课程和核心课程。它不仅是计算机软件专业课程的先导课程，而且逐渐被其他工科类专业所重视。

本教材自第 1 版 2004 年出版、第 2 版 2007 年出版、第 3 版 2011 年出版发行以来，受到了广大师生、读者的热烈欢迎，至今已出版发行近 5 万册，在此对广大师生、读者表示衷心的感谢。为了更好地适应新形势的发展与需要，特别是针对应用技术型院校的需要，我们在广泛收集读者意见的基础上对本书进行了修订再版。本版在保留第 3 版特点的基础上主要做了以下修改：

5.2 节增加了线索二叉树；6.4 节增加了任意一对顶点间的最短路径；7.3 节增加了平衡二叉树及 B_树；8.7 节增加了基数排序；第 9 章实验中增加了一个预备实验。

本教材有以下特点：

（1）基础理论知识的阐述由浅入深、通俗易懂。内容组织和编排以应用为主线，略去了一些理论推导和数学证明的过程，淡化算法的设计分析和复杂的时空分析。

（2）各章（除第 1 章、第 9 章外）都配有相应的典型例题，列举分析了许多实用的例子，大多数算法都直接给出了其相应的 C 语言设计程序，以便学生上机练习、实践。

（3）为了便于学生复习及掌握每章的重点，本书在每章的结尾处对该章进行了小结，并列出本章的重点。

（4）配有实验一章，该章给出了 11 个实验项目，涵盖了数据结构的主要内容，以便学生实验参考。

（5）全书配有电子讲稿（PPT）、习题解答及实验参考答案，从而极大地方便了教师备课。

本书目录中带*号的为高职高专院校选讲内容。

本书由邓文华任主编。本书的主要执笔者是：第 1、3、5、9 章由邓文华编写；第 2、7、8 章由张琰编写；第 4、6 章由李益明编写。其他执笔者还有：邹华胜、毕保祥、谢胜利、施作芳、邓泽川、梅志红、戴大蒙、孔繁胜、李元华、谢翠华、刘文斌、赵丽央。

由于编者水平有限，书中难免存在不妥之处，敬请读者赐教指正。

编　者

2015 年 3 月

目　录

第1章　绪　　论

数据作为计算机加工处理的对象，如何在计算机中表示和存储是计算机科学研究的主要内容之一，更是计算机技术需要解决的关键问题之一。数据是计算机化的信息，是计算机处理的主要对象。科学计算、数据处理、过程控制、文件存储、数据库技术等，都是对数据进行加工处理的过程。因此，要设计出一个结构好、效率高的程序，必须研究数据的特性、数据间的相互关系及其对应的存储表示方法，并利用这些特性和关系设计相应的算法和程序。

1.1　从问题到程序

“数据结构”是计算机科学与技术专业的专业基础课，也是十分重要的核心课程，其主要研究内容是数据之间的逻辑关系和物理实现，即探索有利的数据组织形式及存取方式。计算机系统软件和应用软件的设计、开发要用到各种类型的数据结构。因此，要想更好地运用计算机来解决实际问题，仅仅依赖几种计算机程序设计语言是不够的，还必须学习和掌握数据结构的有关知识。

在计算机发展的初期，人们使用计算机的目的主要是处理数值计算问题。使用计算机来解决一个具体问题时，一般需要经过下列几个步骤：首先要从该具体问题中抽象出一个适当的数学模型，然后设计或选择一个解此数学模型的算法，再编写程序并进行调试、测试，最后运行程序并得到答案（如图 1.1 所示）。例如，求解梁架结构中应力数学模型的线性方程组，该方程组可以使用迭代算法来求解。

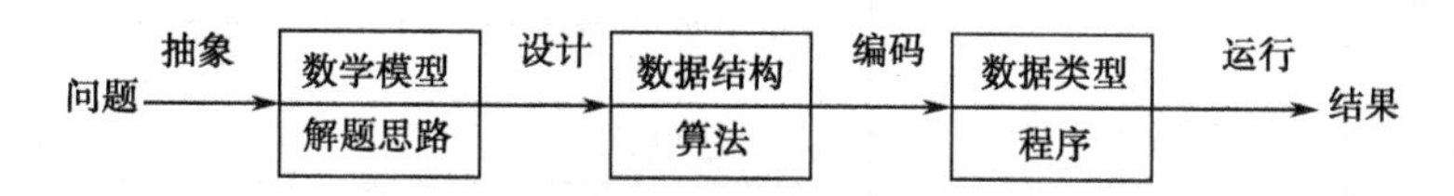

图 1.1　计算机解决问题的一般过程

由于当时所涉及的运算对象是简单的整型数据、实型数据或布尔型数据，所以程序设计者的主要精力集中于程序设计的技巧上，而无须重视数据结构。随着计算机应用领域的扩大和软/硬件的发展，非数值计算问题显得越来越重要。据统计，当今处理非数值计算性问题占用了 90%以上的机器时间。这类问题涉及的处理对象不再是简单的数据类型，其形式更加多样，结构更为复杂，数据元素之间的相互关系一般无法直接用数学方程式加以描述。因此，解决这类问题的关键不再是数学分析和计算方法，而是设计出合适的数据结构，以便有效地解决问题。

【例 1.1】　图书信息检索系统。在现代图书馆中，人们往往借助计算机图书检索系统来查找需要的图书信息；或者直接通过图书馆信息系统进行图书借阅。为此，需要将图书信息分类编排，建立合适的数据结构进行存储和管理，按照某种算法编写相关程序，实现计算机自动检索。由此，一个简单的图书信息检索系统包括一张按图书分类号和登录号顺序排列的图书信息表，以及分别按作者、出版社等顺序排列的各类索引表，如图 1.2 所示。由这三张表构成的文件便是图书信息检索的数学模型，计算机的主要操作便是按照用户的要求（如给定作者）通过不同的索引表对图书信息进行检索、查询。

序　号	图书分类号	登 录 号	书　名	作　者	出 版 社
1	B259.1	3240	梁启超家书	张品兴	中国文联出版社
2	C52	5231	探寻语碎	李泽厚	上海文艺出版社
3	D035.5	6712	市政学	张永桃	高等教育出版社
4	G206	1422	传播学	邵培仁	高等教育出版社
5	H319.4	1008	英语阅读策略	李宗宏	兰州大学出版社
6	K825.4.00	5819	围棋人生	聂卫平	中国文联出版社
7	P1.00	8810	通向太空之路	邹惠成	科学出版社
8	TN915	7911	通信与网络技术概论	刘云	中国铁道出版社
9	TP312	7623	计算机软件技术基础	王宇川	科学出版社
10	TP393.07	8001	网络管理与应用	张琳	人民邮电出版社
11	Q3.00	2501	普通遗传学	杨业华	高等教育出版社

（a）图书信息表

姓　名	序　号
邵培仁	4
李泽厚	2
李宗宏	5
刘云	8
聂卫平	6
王宇川	9
杨业华	11
张琳	10
张品兴	1
张永桃	3
邹惠成	7

（b）作者姓名索引表

出 版 社	序　号
高等教育出版社	3,4,11
科学出版社	7,9
兰州大学出版社	5
人民邮电出版社	10
上海文艺出版社	2
中国铁道出版社	8
中国文联出版社	1,6

（c）出版社索引表

图 1.2　图书信息检索系统中的数据结构

诸如此类的还有电话自动查号系统、学生信息查询系统、仓库库存管理系统等。在这类数学模型中，计算机处理的对象之间通常存在着一种简单的线性关系，这类数学模型是线性数据结构的。

【例 1.2】　人机对弈问题。人机对弈是一个古老的人工智能问题，其解题思想是将对弈的策略事先存入计算机，策略包括对弈过程中所有可能的情况及响应的对策。在决定对策时，根据当前状态，考虑局势发展的趋势做出最有利的选择。因此，计算机操作的对象（数据元素）是对弈过程中的每一步棋盘状态（格局），数据元素之间的关系由比赛规则决定。通常，这个关系不是线性的，因为从一个格局可以派生出多个格局，所以通常用树形结构来表示，图 1.3 所示的是井字棋对弈树。

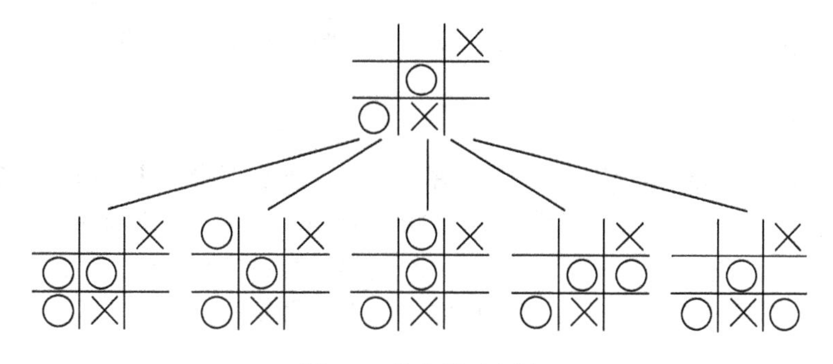

图 1.3　井字棋对弈树

【例 1.3】　教学计划编排问题。一个教学计划包含许多课程，在教学计划包含的许多课程之间，有些课程必须按规定的先后次序进行学习，有些则没有次序要求。课程之间先修和后修的次序关系可用一个称做图的数据结构来表示，如图 1.4 所示。有向图中的每个顶点表示一门课程，如果从顶点 v_i 到 v_j 之间存在有向边 $<v_i,v_j>$，则表示课程 i 必须先于课程 j 进行学习。

课 程 编 号	课 程 名 称	先 修 课 程
C_1	计算机导论	无
C_2	数据结构	C_1,C_4
C_3	汇编语言	C_1
C_4	C 程序设计语言	C_1
C_5	计算机图形学	C_2,C_3,C_4
C_6	接口技术	C_3
C_7	数据库原理	C_2,C_9
C_8	编译原理	C_4
C_9	操作系统	C_2

（a）计算机专业的课程设置

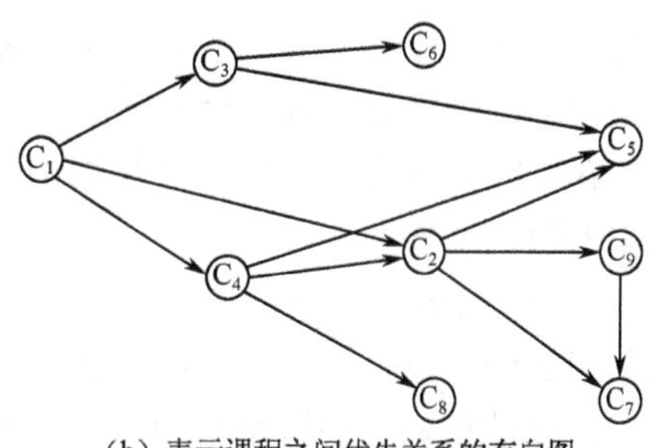

（b）表示课程之间优先关系的有向图

图 1.4　教学计划编排问题的数据结构

由以上几个例子可见，描述非数值计算问题的数学模型不再是数学方程，而是诸如表、树、图之类的数据结构。因此，数据结构课程是研究非数值计算的程序设计问题中计算机处理对象及它们之间关系和操作的学科。

学习数据结构的目的是了解和掌握计算机处理对象的特性，将实际问题中所涉及的处理对象在计算机中表示出来并对它们进行处理。同时，通过算法训练来提高学生的思维能力，通过程序设计的技能训练来促进学生的综合应用能力和专业素质的提高。

1.2　有关概念和术语

在系统地学习数据结构知识之前，先对一些基本概念和术语赋予确切的定义。

1. 数据

数据（Data）是信息的载体，它能够被计算机识别、存储和处理。数据是计算机程序加工的原料，应用程序能处理各种各样的数据，包括数值数据和非数值数据。数值数据是一些整数、实数或复数；非数值数据包括字符、文字、图形、图像、语音等。

2．数据元素

数据元素（Data Element）是数据的基本单位，在计算机程序中通常作为一个整体进行考虑和处理。一个数据元素可由若干个数据项（Data Item）组成。在不同的条件下，数据元素又可称为元素、结点、顶点、记录等。例如，学生信息检索系统中学生信息表中的一个记录、教学计划编排问题中的一个顶点等，都被称为一个数据元素。

3．数据项

数据项（Data Item）指不可分割的、具有独立意义的最小数据单位，数据项有时也称为字段（field）或域。例如，学籍管理系统中学生信息表的每一个数据元素就是一个学生记录。它包括学生的学号、姓名、性别、籍贯、出生年月、成绩等数据项。这些数据项可以分为两种：一种叫做初等项，如学生的性别、籍贯等，这些数据项是在数据处理时不能再分割的最小单位；另一种叫做组合项，如学生的成绩，它可以再划分为数学、物理、化学等更小的项。通常，在解决实际应用问题时把每个学生记录当做一个基本单位进行访问和处理。

4．数据结构

数据结构（Data Structure）是指互相之间存在着一种或多种关系的数据元素的集合。在任何问题中，数据元素都不会是孤立的，在它们之间存在着这样或那样的关系，这种数据元素之间存在的关系称为数据的**逻辑结构**。根据数据元素之间关系的不同特性，通常有以下 4 类基本的逻辑结构。

（1）集合结构：在集合结构中，数据元素之间的关系是“属于同一个集合”。数据元素之间除了同属一个集合外，不存在其他关系。

（2）线性结构：在该结构中，数据元素除了同属于一个集合外，数据元素之间还存在着一对一的顺序关系。

（3）树形结构：该结构的数据元素之间存在着一对多的层次关系。

（4）图状结构：该结构的数据元素之间存在着多对多的任意关系，图状结构也称为网状结构。

上述 4 类基本结构的示意图如图 1.5 所示。

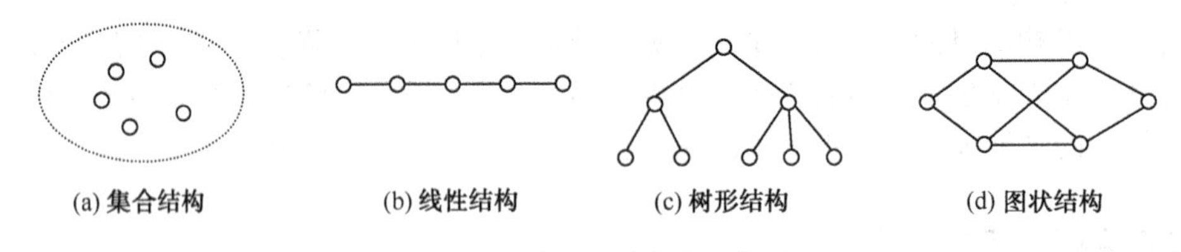

图 1.5　4 类基本结构的示意图

由于集合是数据元素之间极为松散的一种结构，本书不专门讨论。因此，本书主要讨论线性结构（表、栈、队、串等）和非线性结构（树、图或网）。

从上面所介绍的数据结构的概念中可以知道，一个数据结构有两个要素：一是数据元素，二是数据元素之间的关系。因此，数据结构通常可以采用一个二元组来表示：

Data_Structure =（D,R）

其中，*D* 是数据元素集合，*R* 是 *D* 中元素之间关系的集合。

【例 1.4】 假设一个数据结构定义如下：

DS =（*D*,*R*）
D = { *a*, *b*, *c*, *d*, *e*, *f*, *g* }
R = { <*a*, *b*>,<*a*, *c*>,<*a*, *d*>,<*c*, *e*>,<*c*, *f*>,<*d*, g> }

则该数据结构的逻辑示意如图 1.6 所示，显然是一个树形结构。

数据结构包括数据的逻辑结构和物理结构。数据的**逻辑结构**可以看做从具体问题抽象出来的数学模型，它与数据的存储无关。数据的逻辑结构在计算机中的存储表示（又称映像）称为数据的**物理结构**（或称**存储结构**），它所研究的是数据结构在计算机中的实现方法，包括数据结构中数据元素的存储表示及数据元素之间关系的表示。

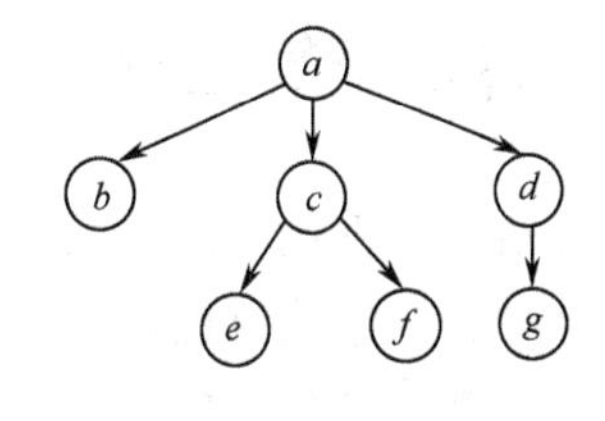

图 1.6 例 1.4 的数据结构逻辑示意图

在计算机中，数据的存储方法包括**顺序存储**和**链式存储**。

（1）顺序存储方法通过数据元素在计算机中存储位置关系来表示元素间的逻辑关系，通常把逻辑上相邻的元素存储在物理位置相邻的存储单元中。顺序存储是一种最基本的存储表示方法，通常借助程序设计语言中的数组来实现。

（2）链式存储方法对逻辑上相邻的元素不要求其物理位置相邻，元素间的逻辑关系通过指针字段来表示，链式存储结构通常借助程序设计语言中的指针来实现。

除了顺序存储方法和链式存储方法外，有时为了查找方便还采用索引存储方法和散列表（Hash）存储方法。

讨论数据结构的目的就是在计算机中实现对数据的操作，因此在讨论数据的组织结构时必然要考虑在该结构上进行的操作（或称运算）。事实上，数据结构是专门研究某一类数据的表示方法及其相关操作实现算法的一门学科。

5. 数据类型

数据类型（Data Type）是和数据结构密切相关的一个概念，在高级程序设计语言中用以限制变量取值范围和可能进行的操作的总和称为数据类型。因此，所谓数据类型，一是限定了数据的取值范围（实际上与存储形式有关）；二是规定了数据能够进行的一组操作（运算）。

数据类型可分为两类：一类是非结构的原子类型，原子类型的值是不可再分解的，如 C 语言中的基本类型（整型、实型、字符型及指针类型和空类型）；另一类是结构类型，它的成分可以由多个结构类型组成，并可以分解。结构类型的成分可以是非结构的，也可以是结构的。例如，数组的值由若干分量组成，每个分量可以是整数等基本类型，也可以是数组等结构类型。

6. 抽象数据类型

抽象数据类型（Abstract Data Type，ADT）是指一个数学模型及定义在该模型上的一组操作。抽象数据类型的定义取决于它的一组逻辑特性，而与其在计算机内部如何表示和实现无关。即无论其内部结构如何变化，只要它的数学特性不变，就不影响其外部的使用。

抽象数据类型和数据类型实质上是一个概念。例如，各种计算机都拥有的整数类型就是一个抽象数据类型，尽管它们在不同处理器上的实现方法可以不同，但由于其定义的数学特性相同，在用户看来都是相同的。因此，“抽象”的意义在于数据类型的数学抽象特性。

抽象数据类型的定义可以由一种数据结构和定义在其上的一组操作组成，而数据结构又包括数据元素及元素间的关系，因此抽象数据类型一般可以由元素、关系及操作三个要素来定义。

本书在讨论各种数据结构时，针对其逻辑结构和具体的存储结构给出相应的数据类型，并在确定的数据类型上通过各种算法实现各种操作。

1.3 算法及算法分析

算法与数据结构的关系非常紧密，在算法设计时总是先要确定相应的数据结构，而在讨论某一种数据结构时也必然会涉及相应的算法。下面就从算法特性、算法描述和算法分析三个方面对算法进行介绍。

1.3.1 算法特性

算法（Algorithm）是对特定问题求解步骤的一种描述，是指令的有限序列。其中每一条指令表示一个或多个操作。一个算法应该具有下列特性。

（1）有穷性：一个算法必须在有穷步之后结束，即必须在有限时间内完成。

（2）确定性：算法的每一步必须有确切的定义，无二义性，且在任何条件下算法只有唯一一条执行路径，即对于相同的输入只能得出相同的输出。

（3）可行性：算法中的每一步都可以通过已经实现的基本运算的有限次执行得以实现。

（4）输入：一个算法具有零个或多个输入，这些输入取自特定的数据对象集合。

（5）输出：一个算法具有一个或多个输出，这些输出同输入之间存在某种特定的关系。

算法的含义与程序十分相似，但又有区别。一个程序不一定满足有穷性。例如，对于操作系统，只要整个系统不遭破坏，它将永远不会停止，即使没有作业需要处理，它仍处于动态等待中。因此，操作系统不是一个算法。另外，程序中的指令必须是机器可执行的，而算法中的指令则无此限制。算法代表了对问题的求解方法，而程序则是算法在计算机上的特定实现。一个算法若用程序设计语言来描述，就是一个程序。

算法与数据结构是相辅相成的。解决某一类特定问题的算法可以选定不同的数据结构，而且选择恰当与否直接影响算法的效率。反之，一种数据结构的优劣由各种算法的执行效果来体现。

在算法设计时通常需要考虑以下几个方面的要求。

（1）正确性：算法的执行结果应当满足预先规定的功能和性能要求。正确性要求表明算法必须满足实际需求，达到解决实际问题的目标。

（2）可读性：一个算法应当思路清晰、层次分明、简单明了、易读易懂。可读性要求表明算法主要是人与人之间交流解题思路和进行软件设计的工具，因此可读性必须要强。同时一个可读性强的算法，其程序的可维护性、可扩展性都要好得多，因此，许多时候人们往往在一定程度上牺牲效率来提高可读性。

（3）健壮性：当输入不合法数据时，应能适当处理，不至于引起严重后果。健壮性要求表明算法要全面细致地考虑所有可能的边界情况，并对这些边界条件做出完备的处理，尽可能使算法没有意外的情况。

（4）高效性：有效使用存储空间和有较好的时间效率。高效性主要是指时间效率，即解决相同规模的问题时间尽可能短。

一般来说，数据结构上的**基本操作**主要有以下几种。

（1）查找：寻找满足特定条件的数据元素所在的位置。

（2）读取：读出指定位置上数据元素的内容。

（3）插入：在指定位置上添加新的数据元素。

（4）删除：删去指定位置上对应的数据元素。

（5）更新：修改某个数据元素的值。

1.3.2 算法描述

算法的描述方法很多，根据描述方法的不同，大致可将算法描述分为以下 4 种。

（1）自然语言算法描述：用人类自然语言（如中文、英文等）来描述算法，同时还可插入一些程序设计语言中的语句来描述，这种方法也称为非形式算法描述。其优点是不需要专门学习，任何人都可以直接阅读和理解，但直观性很差，复杂的算法难写难读。

（2）框图算法描述：这是一种图示法，可以采用方框图、流程图、N-S 图等来描述算法，这种描述方法在算法研究的早期曾流行过。它的优点是直观、易懂，但用来描述比较复杂的算法就显得不够方便，也不够清晰简洁。

（3）伪代码算法描述：如类 C 语言算法描述。这种算法描述很像程序，但它不能直接在计算机上编译、运行。这种方法很容易编写、阅读算法，而且格式统一，结构清晰，专业设计人员经常使用类 C 语言来描述算法。

（4）高级程序设计语言编写的程序或函数：这是直接用高级语言来描述算法，它可在计算机上运行并获得结果，使给定问题能在有限时间内被求解，通常这种算法描述也称为程序。

【例 1.5】 求两个整数 m、$n(m \geqslant n)$的最大公因子，该算法的不同描述方法如下。

（1）非形式算法描述（自然语言算法描述）如下。

① [求余数]以 n 除 m，并令 r 为余数($0 \leqslant r < n$)；

② [判断余数是否为零]若 $r = 0$，则结束算法，n 就是最大公因子；

③ [替换并返回步骤①]若 $r \neq 0$，则 $m \leftarrow n$，$n \leftarrow r$，返回步骤①。

（2）算法的框图描述如图 1.7 所示。

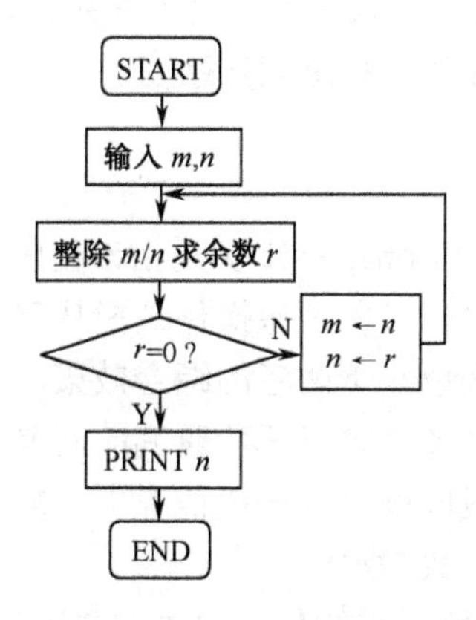

图 1.7 算法的框图描述

（3）C 语言函数描述如下。

```
int max_common_factor(int m, int n)
{
int   r;
r=m%n ;
while(r!=0)
      {  m=n;  n=r;  r=m%n;  }
         return n  ;
}
```

本书主要介绍算法的思路和实现过程，且尽可能地给出算法对应的 C 语言函数或程序（或类 C 语言算法描述），方便读者阅读或上机运行，以便更好地理解算法。

1.3.3　算法分析

所谓好的算法，除了满足上文提到的几个基本要求外，还必须以较少的时间与空间代价来解决相同规模的问题。因此，一个算法的优劣，可以从该算法在计算机上运行的时间和所占存储空间来衡量和评判。算法分析就是预先分析算法在实际执行时的时空代价指标。

当一个算法被转换成程序并在计算机上执行时，其运行所需要的时间一般取决于下列几个因素。

（1）硬件的速度。即主机本身运行速度，主要与 CPU 的主频和字长有关，也与主机系统采用的技术有关，如多机系统的运算速度一般比单机系统要快。

（2）实现算法的程序设计语言。实现算法的语言的级别越高，其执行效率相对就越低。

（3）编译程序所生成目标代码的质量。代码优化较好的编译程序所生成的程序质量较高。

（4）算法所采用的策略。采用不同设计思路与解题方法，其时空代价是不同的，一般情况下时间指标与空间指标常常是矛盾的两个方面。

（5）问题的规模。例如，求 100 以内的素数与求 1 000 以内的素数的执行时间必然不同。

显然，在各种因素都不能确定的情况下，很难比较算法的执行时间。也就是说，用算法的绝对执行时间来衡量算法的效率是不合适的。为此，可以将上述各种与计算机相关的软、硬件因素都确定下来，仅对采用不同策略的算法，分析其运行代价随问题规模大小变化的对应关系，即运行代价仅依赖于问题的规模（通常用正整数 n 表示），或者说它是问题规模的函数。这种函数被称为算法的**时间复杂度**和**空间复杂度。**

1．时间复杂度

一个程序的**时间复杂度（Time Complexity）**是指该程序的运行时间与问题规模的对应关系。一个算法是由控制结构和原操作（所谓原操作是指从算法中选取对于所研究问题是基本运算的操作）构成的，其执行时间取决于两者的综合效果。为了便于比较同一问题的不同的算法，通常的做法是：从算法中选取一种对于所研究的问题来说是基本运算的原操作，以该原操作重复执行的次数为算法的时间度量。一般情况下，算法中原操作重复执行的次数是该算法所处理问题的规模 n 的某个函数 $T(n)$。

【例 1.6】　两个 $n \times n$ 阶的矩阵相乘的程序中的主要语句及其重复次数如下。

原操作语句的执行频度

```
for (i=0; i<n; i++)
    for (j=0; j<n; j++)
      {  s[i][j]=0;                                   n^2
         for (k=0; k<n; k++)
            s[i][j]=s[i][j]+a[i][k]*b[k][j];          n^3
      }
```

则该段程序的时间复杂度 $T(n)=cn^3+n^2$，其中 c 为常量，表示算术运算时间是简单赋值运算时间的常数倍。

许多时候，精确地计算 $T(n)$是困难的，人们引入渐进时间复杂度在数量上估计一个算法的执行时间，也能够达到分析算法的目的。

定义（大 O 记号）：如果存在两个正常数 c 和 n_0，使得对所有的 n（$n \geqslant n_0$），有：

$$T(n) \leqslant c*f(n)$$

则 $T(n)=O(f(n))$。

例如，一个程序的实际执行时间为 $T(n)=2.7n^3+3.8n^2+5.3$，则 $T(n)=O(n^3)$。

使用大 O 记号表示的算法的时间复杂度称为**算法的渐进时间复杂度（Asymptotic Time Complexity）**。

通常用 $O(1)$表示常数级时间复杂度，表明这样的算法执行时间是恒定的，不随问题规模的扩大而增长，显然这是最理想的，但往往难以实现。此外，常见的渐进时间复杂度还有：

（1）$O(\log_2 n)$，对数级复杂度；

（2）$O(n)$，线性复杂度；

（3）$O(n^2)$和 $O(n^3)$，分别为平方级和立方级复杂度；

（4）$O(2^n)$，指数级复杂度。

上述时间复杂度随问题规模 n 的扩大其增长速度是不同的，其增长速度的快慢次序表示如下：

$$O(1)<O(\log_2 n)<O(n)<O(n\log_2 n)<O(n^2)<O(n^3)<O(2^n)$$

2. 空间复杂度

一个程序的**空间复杂度（Space Complexity）**是指程序运行从开始到结束所需的存储量与问题规模的对应关系，记做：

$$S(n)=O(f(n))$$

其中 n 为问题的规模（或大小）。

一个上机执行的程序除了需要存储空间来寄存本身所用指令、常数、变量和输入数据外，还需要一些对数据进行操作的工作单元和存储为实现计算所需信息的辅助空间。若输入数据所占空间只取决于问题本身、和算法无关，则只需分析除输入数据和程序之外的额外空间，否则应同时考虑输入数据本身所需空间（和输入数据的表示形式有关）。若额外空间相对于输入数据量来说是常数，则称此算法为原地工作，辅助空间为 $O(1)$。如果所占空间量依赖于特定的输入，则除特别指明外，均按最坏情况来分析。

算法执行时间的耗费和所占存储空间的耗费是相互矛盾的，难以兼得。即算法执行时间上的节省是以增加存储空间为代价的，反之亦然。不过，一般而言，常常以算法执行时间作为算法优劣的主要衡量指标。

1.4 关于数据结构的学习

计算机发展始终遵循摩尔（1965）法则：“芯片容量每 18 个月加倍”，新摩尔定理：“计算机性能每 18 个月提高一倍，价格每半年降低一半”，是否已经到达极限？是否会不再遵循摩尔法则？杨振宁在西安科协 2000 年会议上，明确地答复了这个问题：是什么原因促使芯片容量长期成倍地增长，新原理、新方法、新道理，是维持创新的源泉，创新是人类知识发展、生产发展的重要因素。

计算机机器性能价格比持续提高，硬件发展如此之快，是否没有必要去追求提高算法的时间复杂度、没有必要去追求节省算法占用存储空间的数目呢？不是没有必要，而是要求越来越高。原因之一是，由于机器性能价格比的提高，人们所面临的处理问题的问题规模越来越大，要把过去不可能解决的问题变得可能，必须要求高性能的算法；另一个原因是，即使在同一问题规模情况下，算法性能好坏差别很大，一个是 $O(n)$数量级，一种是 $O(2^n)$数量级，当 n=32 时，2^n 的结果都已很大，即使 n 再增大一倍，2^n 几乎都已经无法表述，这不是硬件发展速度所能满足的。由此说明，硬件速度的提高决不是人们可以不重视算法性能的理由，而是人们追求高性能算法的动力。图 1.8 所示为数据结构与其他课程关系图。

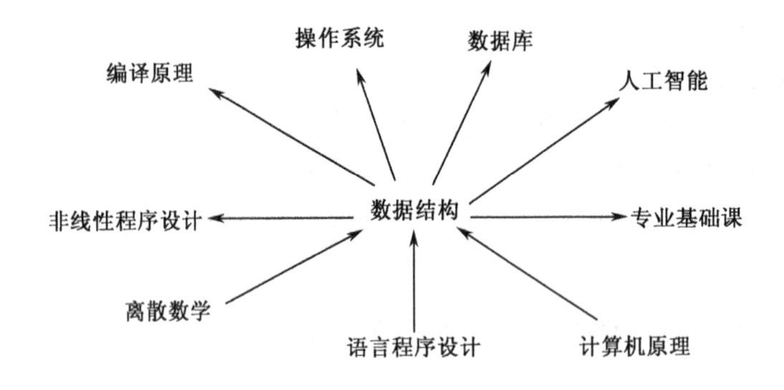

图 1.8 数据结构与其他课程关系图

1. 数据结构课程地位

明确提出数据结构概念不过 30 多年，“数据结构”作为一门独立课程在国外 1968 年开始设立，我国从 20 世纪 80 年代初才开始正式开设“数据结构”课程。“数据结构”课程较系统地介绍了软件设计中常用数据结构及相应的存储结构和算法，系统地介绍了常用的查找和排序技术，并对各种结构与技术进行分析和比较，内容非常丰富。数据结构涉及多方面的知识，如计算机硬件范围的存储装置和存取方法，软件范围中的文件系统、数据的动态管理、信息检索，以及数学范围中关于集合、逻辑的知识，还有一些综合性的知识（如数据类型、程序设计方法、数据表示、数据运算、数据存取等），是计算机专业一门重要的专业技术基础课程。数据结构的内容将为操作系统、数据库原理、编译原理等后续课程的学习打下良好的基础，数据结构课程不仅讲授数据信息在计算机中的组织和表示方法，还训练高效地解决复杂问题程序设计的能力，因此数据结构是数学、计算机硬件、计算机软件三者之间的一门核心课程，

"数据结构"课程是计算机专业提高软件设计水平的一门关键性课程。

数据结构发展趋势包括两个方面：一方面，面向专门领域中特殊问题的数据结构的研究和发展，如图形数据结构、知识数据结构、空间数据结构；另一方面，从抽象数据类型的角度，用面向对象观点来讨论数据结构，已成为新的发展趋势。

2．数据结构课程学习特点

"数据结构"课程教学目标要求学生学会分析数据对象特征，掌握数据组织方法和计算机的表示方法，以便为应用所涉及的数据选择适当的逻辑结构、存储结构及相应算法，初步掌握算法时间、空间分析的技巧，培养良好的程序设计技能。

人类解决问题的思维方式可分为两大类：一类是推理方式，凭借公理系统思维方法，从抽象公理体系出发，演绎、归纳、推理，求证结果，解决特定问题；另一类是算法方式，凭借算法构造思维方式，从具体操作规范入手，通过操作过程的构造和实施解决特定问题。开发一个优秀的软件系统过程中所凭借的思维方法本质上不同于常规数学训练的公理系统思维方法，而是一种算法构造性思维方法。系统开发是创造性思维过程的实现，因而，对于一名开发人员，只知道开发工具的语言规则和简单使用过程是不够的。首先要有科学方法指导开发过程；然后在编程技术应用技能上积累提高。让学生理解、习惯、熟悉这一套算法构造思维方法，是计算机软件课程教学的重要内容和主要难点。

"数据结构"的学习过程是进行复杂程序设计的训练过程。技能培养的重要程度不亚于知识传授。难点在于：理解授课内容与应用知识解答复杂问题之间的素质能力差距。培养优良的算法设计思想、方法技巧与风格，进行构造性思维训练过程，强化程序抽象能力，培养数据抽象能力。从某种意义上说，数据结构是程序设计的后继课程。如同学习英语一样，学习英语不难，学好英语不易，要提高程序设计水平必须经过艰苦的磨炼。因此，学习数据结构，仅从书本上学习是不够的，必须经过大量的实践，在实践中体会构造性思维方法，掌握数据组织与程序设计的技术。

3．关于本书内容编写说明

（1）本书基本结构

基本结构分为如下四大部分。

第一部分：绪论。

第二部分：基本的数据结构。包括：线性结构（第2～4章）——线性表、栈和队列、串和数组；非线性结构（第5、6章）——树、图。

第三部分：基本技术。包括查找与排序（第7、8章）。

第四部分：实验实训。

（2）本书内容编排模式

本书所列出的程序均在Turbo C 2.0下调试通过，所有算法均采用严谨的C语言进行描述，只需加以必要的类型定义与调用，即可上机运行使用。

每章附有习题，以便于读者做配套练习。

本 章 小 结

（1）要求理解的概念包括：数据、数据元素、数据结构、数据类型。数据结构概念应从数据的逻辑结构、存储结构和相关运算 3 个方面进行讨论。它反映了数据结构设计的不同层次：逻辑结构属于问题抽象范畴，是对数据描述的过程；存储结构是逻辑结构在计算机中的存储映像与表示方法，是数据表示的形式；而相关运算涉及数据操作的要求，是解决问题的实现方法。

（2）有关算法的概念和算法设计的基本要求。必须了解算法的定义、特性和算法设计的基本要求。基本掌握 C 语言的基本概念和用 C 语言编写、阅读应用程序的基本技术。

（3）算法性能分析方面，必须了解算法的时间和空间复杂度，掌握算法性能（时间、空间）的简单分析方法，特别是程序中原操作执行频度的估计和大 O 表示法，这对于算法的评价与选择非常重要的。

习 题 1

1.1 选择题

（1）计算机识别、存储和加工处理的对象统称为_________。

A．数据　　B．数据元素

C．数据结构　　D．数据类型

（2）数据结构通常研究数据的_________及它们之间的联系。

A．存储和逻辑结构　　B．存储和抽象

C．理想和抽象　　D．理想与逻辑

（3）不是数据的逻辑结构的是__________。

A．散列结构　　B．线性结构

C．树结构　　D．图结构

（4）数据结构被形式地定义为$<D,R>$，其中 D 是_________的有限集，R 是_________的有限集。

A．算法　　B．数据元素

C．数据操作　　D．逻辑结构

（5）组成数据的基本单位是__________。

A．数据项　　B．数据类型

C．数据元素　　D．数据变量

（6）设数据结构 $A=(D, R)$，其中 $D=\{1, 2, 3, 4\}$，$R=\{r\}$, $r=\{<1, 2>, <2, 3>, <3, 4>, <4, 1>\}$，则数据结构 A 是__________。

A．线性结构　　B．树形结构

C．图状结构　　D．集合

（7）数据在计算机存储器内表示时，物理地址与逻辑地址相同并且是连续的，称为_____。

A．存储结构　　B．逻辑结构

C．顺序存储结构　　D．链式存储结构

（8）在数据结构的讨论中，把数据结构从逻辑上分为_______。

A．内部结构与外部结构　　　　　　B．静态结构与动态结构

C．线性结构与非线性结构　　　　　D．紧凑结构与非紧凑结构

（9）对一个算法的评价，不包括_________方面的内容。

A．健壮性和可读性　　　　　　　　B．并行性

C．正确性　　　　　　　　　　　　D．时空复杂度

（10）算法分析的两个方面是______。

A．空间复杂性和时间复杂性　　　　B．正确性和简明性

C．可读性和文档性　　　　　　　　D．数据复杂性和程序复杂性

1.2　填空题

（1）数据结构是一门研究非数值计算的程序设计问题中计算机的_______________及它们之间的________和运算等的学科。

（2）数据结构包括数据的__________结构和__________结构。

（3）数据结构从逻辑上划分为三种基本类型：___________、__________和___________。

（4）数据的物理结构被分为_________、_________、__________和___________四种。

（5）一种抽象数据类型包括____________和____________两部分。

（6）数据的逻辑结构是指________________，数据的存储结构是指________________。

（7）数据结构是指数据及其相互之间的____________。当结点之间存在 M 对 N（M∶N）的联系时，称这种结构为________________。当结点之间存在 1 对 N（1∶N）的联系时，称这种结构为_______________。

（8）对算法从时间和空间两方面进行度量，分别称为____________________分析。

（9）算法的效率可分为_______________效率和_______________效率。

（10）for(i=1，t=1，s=0；i<=n；i++) {t=t*i；s=s+t；}的时间复杂度为_________。

1.3　简述下列术语：数据、数据项、数据元素、数据逻辑结构、数据存储结构、数据类型和算法。

1.4　分析下面语句段执行的时间复杂度。

（1）
```
for(i=1；i<=n；i++)
    for(j=1；j<=n；j++)
        s++;
```

（2）
```
for(i=1；i<=n；i++)
    for(j=i；j<=n；j++)
        s++;
```

（3）
```
for(i=1；i<=n；i++)
    for(j=1；j<=i；j++)
        s++;
```

（4）
```
i=1；k=0;
  while(i<=n-1){
      k+=10*i;
      i++;
  }
```

（5）for (i＝1；i<＝n；i++)

```
for (i=1; i<=n; i++)
    for (j=1; j<=i ; j++)
        for (k=1; k<=j; k++)
            x=x+1;
```

1.5 试写一算法，自大至小依次输出顺序读入的三个整数 X、Y 和 Z 的值。

1.6 编写算法，求一元多项式 $P_n(x)=a_0+a_1x+a_2x^2+a_3x^3+\cdots+a_nx^n$ 的值 $P_n(x_0)$，要求算法的时间复杂度尽可能地小。

第2章 线 性 表

线性表是最简单、最基本、最常用的一种数据结构，几乎所有线性关系都可以用线性表表示。线性表是线性结构的抽象，线性结构的特点是数据元素之间具有一对一的线性关系，数据元素“一个接一个地排列”。因此，线性表可以想象为一种数据元素的序列。线性表有顺序存储和链式存储两种存储方法，基本操作包括插入、删除和查找等。

2.1 线性表的逻辑结构

2.1.1 线性表的定义

线性表（Linear List）是一种线性结构。在一个线性表中数据元素的类型是相同的，或者说线性表是由同一类型的数据元素构成的线性结构。在实际问题中线性表的例子很多，如学生情况信息表（表中数据元素的类型为学生信息记录类型）、字符串（表中数据元素的类型为字符型）等。

综上所述，线性表定义如下。

线性表是具有相同数据类型的 $n(n\geq 0)$个数据元素的有限序列，通常记为：

$$(a_1, a_2, \cdots, a_{i-1}, a_i, a_{i+1}, \cdots, a_n)$$

其中 n 为表长，当 $n=0$ 时称该线性表为空表。

表中相邻元素之间存在着前后次序关系。将 a_{i-1} 称为 a_i 的直接前趋，a_{i+1} 称为 a_i 的直接后继。即，对于 a_i，当 $i = 2, \cdots, n$ 时，有且仅有一个直接前趋 a_{i-1}，当 $i = 1, 2, \cdots, n-1$ 时，有且仅有一个直接后继 a_{i+1}，而 a_1 是表中第一个元素，它没有前趋，a_n 是最后一个元素，它无后继。

需要说明的是：a_i 为序号为 i 的数据元素（$i = 1, 2, \cdots, n$），在本书中，将它的数据类型抽象为 datatype，而在实际应用中，datatype 可根据具体应用问题而代之以不同的数据类型。例如，在学生情况信息表中，它是用户自定义的学生类型；在字符串中，它是字符型。

2.1.2 线性表的基本操作

在第 1 章中提到，数据结构中元素的操作（或称运算）是定义在逻辑结构层次上的，而操作的具体实现是建立在存储结构上的，因此下面定义的线性表的基本操作作为逻辑结构的一部分，每一个操作的具体实现只有在确定了线性表的存储结构之后才能完成。

线性表上的基本操作有以下几种。

（1）线性表初始化：Init_List(L)。

初始条件：表 L 不存在。

操作结果：构造一个空的线性表 L。

（2）求线性表的长度：Length_List (L)。

初始条件：表 L 存在。

操作结果：返回线性表中的所含元素的个数。

（3）取表元：Get_List (L, i)。

初始条件：表 L 存在且 $1 \leqslant i \leqslant$ Length_List(L)。

操作结果：返回线性表 L 中的第 i 个元素的值或地址。

（4）按值查找：Locate_List (L, x)。

初始条件：线性表 L 存在，x 是给定的一个数据元素。

操作结果：在表 L 中查找值为 x 的数据元素，其结果返回在 L 中首次出现的值为 x 的那个元素的序号或地址，称为查找成功；否则，在 L 中未找到值为 x 的数据元素，返回一特殊值表示查找失败。

（5）插入操作：Insert_List (L, i, x)。

初始条件：线性表 L 存在，插入位置正确（$1 \leqslant i \leqslant n+1$, n 为插入前的表长）。

操作结果：在线性表 L 的第 i 个位置上插入一个值为 x 的新元素，这样使原序号为 i, $i+1$, …, n 的数据元素的序号变为 $i+1$, $i+2$, …, $n+1$，插入后，新表长=原表长+1。

（6）删除操作：Delete_List (L, i)。

初始条件：线性表 L 存在，$1 \leqslant i \leqslant n$。

操作结果：在线性表 L 中删除序号为 i 的数据元素，删除后使序号为 $i+1$, $i+2$, …, n 的元素的序号变为 i, $i+1$, …, $n-1$，新表长=原表长−1。

需要说明以下几点。

（1）数据结构上的基本操作（或运算）不是它的全部操作（或运算），而是一些常用的基本操作（或运算），每一个基本操作（或运算）在实现时也可能根据不同的存储结构派生出一系列相关的操作（或运算）。例如，线性表的查找在链式存储结构中还有按序号查找；再如，插入操作，可能是将新元素插入到某一元素之前，也可能是将新元素插入到某一元素之后，还可能是将新元素插入到其他适当的位置，等等。不可能也没有必要全部定义出一种数据结构的运算集，读者掌握了某一数据结构上的基本运算后，其他运算可以通过基本运算来实现，也可以直接去实现。

（2）在上面各操作中定义的线性表 L 只是一个在逻辑结构层次上抽象的线性表，尚未涉及它的存储结构，因此每个操作在逻辑结构层次上尚不能用具体的程序设计语言写出具体的算法，其算法只有在存储结构确立之后才能用具体程序设计语言实现。

（3）正因为这些操作仅是逻辑上的说明，因此以上用来定义操作的函数中所列的参数的数据类型并不明确说明，只是隐含在函数说明中，对于参数的传递方式也不予考虑，这是因为只有在涉及具体实现时才去明确其参数的数据类型和传递方式。

2.2 线性表顺序存储及其操作的实现

2.2.1 顺序表

线性表的顺序存储是指在内存中用地址连续的一块存储空间顺序存放线性表中的各数据元素，用这种存储形式存储的线性表称为顺序表。因为内存中的地址空间是线性的，所以用物理位置关系上的相邻性实现数据元素之间的逻辑相邻关系既简单又自然。线性表的顺序存储示意图如图 2.1 所示，设 a_1 的存储地址为 $Loc(a_1)$，每个数据元素占 d 个存储单元，则第 i 个数据元素的地址为：

$$Loc(a_i)=Loc(a_1)+(i-1)*d \qquad 1\leqslant i\leqslant n$$

这就是说，只要知道顺序表首地址和每个数据元素所占单元的个数就可求出第 i 个数据元素的地址来，这也是顺序表具有按数据元素的序号随机存取的特点。

在程序设计语言中，一维数组在内存中占用的存储空间就是一组连续的存储区域，因此，用一维数组来表示顺序表的数据存储区域是再合适不过的了。考虑到线性表有插入、删除等运算，即表长是可变的，因此，数组的容量要设计得足够大，设用 data[MAXSIZE]来表示，其中 MAXSIZE 是一个根据实际问题定义的足够大的整数，线性表中的数据从 data[0]开始依次顺序存放，但当前线性表中的实际元素个数可能未达到 MAXSIZE 个，因此需用变量 last 记录当前线性表中最后一个元素在数组中的位置，即 last 起一个指针的作用，始终指向线性表中最后一个元素，因此，表空时 last = −1。这种存储思想的具体描述可以是多样的，如可以是：

```
datatype  data [MAXSIZE];
int  last;
```

这样表示的顺序表如图 2.1 所示，表长为 last+1，数据元素分别存放在 data[0]到 data[last]中。这样使用简单方便，但有时不便于管理。

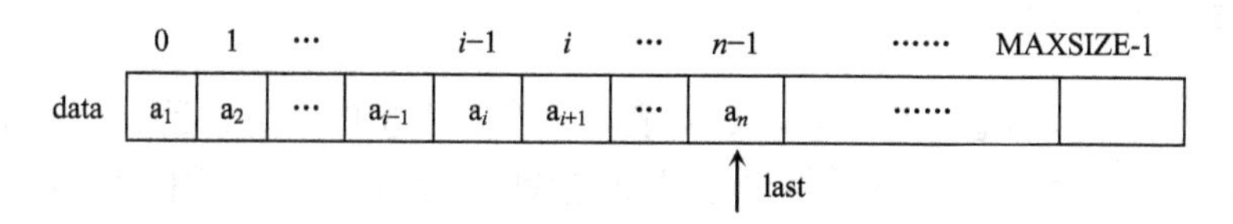

图 2.1　线性表的顺序存储示意图

从结构性上考虑，通常将 data 和 last 封装成一个结构，作为顺序表的数据类型：

```
typedef  struct
        { datatype  data[MAXSIZE];
         int  last;
         } SeqList;
```

定义一个顺序表：

```
SeqList   L;
```

这样表示的线性表如图 2.2（a）所示。表长 = L.last+1，线性表中的数据元素 a_1 至 a_n 分别存放在 L.data[0]至 L.data[L.last]中。

由于本书后面的算法用 C 语言描述，根据 C 语言中的一些规则，有时定义一个指向 SeqList 类型的指针更为方便：

```
SeqList   *L;
```

L 是一个指针变量，线性表的存储空间通过 L=malloc(sizeof(SeqList))操作来获得。L 中存放的是顺序表的地址，这样表示的线性表如图 2.2（b）所示。表长表示为(*L).last+1 或

L->last+1，线性表的存储区域为 L->data ，线性表中数据元素的存储空间为：

L->data[0] ~ L->data[L->last]。

在以后的算法中多用这种方法表示，读者在读算法时应注意相关数据结构的类型说明。

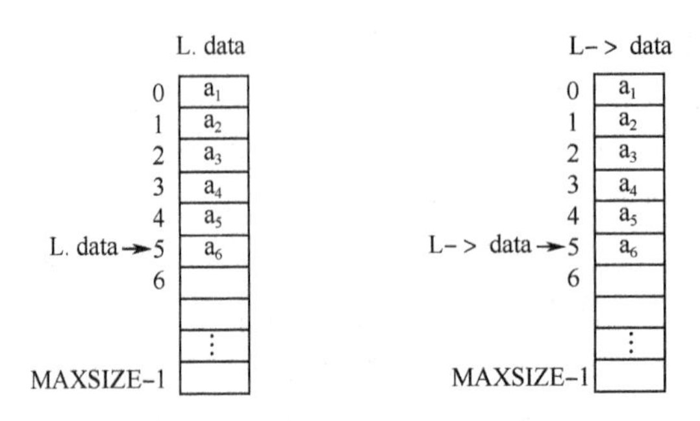

（a）SeqList L；形式定义的线性表　（b）SeqList *L；形式定义的线性表

图 2.2　线性表的顺序存储示意图

2.2.2　顺序表基本操作的实现

根据以上线性表顺序存储结构定义，确定了其存储方式，然后就可以讨论其基本操作的实现方法（即实现算法）了，同时还要对算法进行初步的分析。

1．顺序表的初始化

顺序表的初始化即构造一个空表，这对表是一个加工型的运算，因此，将 L 设为指针参数，首先动态分配存储空间，然后将表中 last 指针置为-1，表示表中没有数据元素。算法如下：

```
SeqList   *init_SeqList( )
      {  SeqList   *L;
         L=malloc(sizeof(SeqList));
         L->last = -1;
         return L;
      }
```

设调用函数为主函数，主函数对初始化函数的调用如下：

```
main(  )
     {  SeqList   *L;
        L = init_SeqList( );
          …
}
```

2．插入操作

线性表的插入是指在表的第 i 个位置上插入一个值为 x 的新元素，插入后使原表长为 n 的表（$a_1, a_2, \cdots, a_{i-1}, a_i, a_{i+1}, \cdots, a_n$）成为表长为 $n+1$ 的表：（$a_1, a_2, \cdots, a_{i-1}, x, a_i, a_{i+1}, \cdots, a_n$）。$i$ 的取值范围为 $1 \leqslant i \leqslant n+1$。

顺序表上完成这一运算则通过以下步骤进行：

（1）将 a_i～a_n 顺序向后移动，为新元素让出位置；

（2）将 x 置入空出的第 i 个位置；

（3）修改 last 指针（相当于修改表长），使之仍指向最后一个元素。

图 2.3 所示为顺序表中的插入操作示意图。

算法 2.1 顺序表的元素插入算法。

```
int  Insert_SeqList(SeqList  *L, int i, datatype  x)
 {  int  j;
    if ( L->last = = MAXSIZE-1 )
       {  printf("表满");  return(-1);  }          /*表空间已满，不能插入*/
    if (i<1 || i>L->last+2)                        /*检查插入位置的正确性*/
       {  printf("位置错");  return(0);  }
    for (j=L->last; j>= i-1; j--)
         L->data[j+1]=L->data[j];                  /* 结点移动 */
    L->data[i-1]=x;                                /*新元素插入*/
    L->last++;                                     /*last 仍指向最后一个元素*/
    return (1);                                    /*插入成功，返回*/
 }
```

在本算法中应注意以下问题。

（1）顺序表中数据区域有 MAXSIZE 个存储单元，所以在向顺序表中做插入时应先检查表空间是否满了，在表满的情况下不能再做插入，否则会产生溢出错误。

（2）要检验插入位置的有效性，这里 i 的有效范围是：$1 \leqslant i \leqslant n+1$，其中 n 为原表长。

（3）注意数据的移动方向。

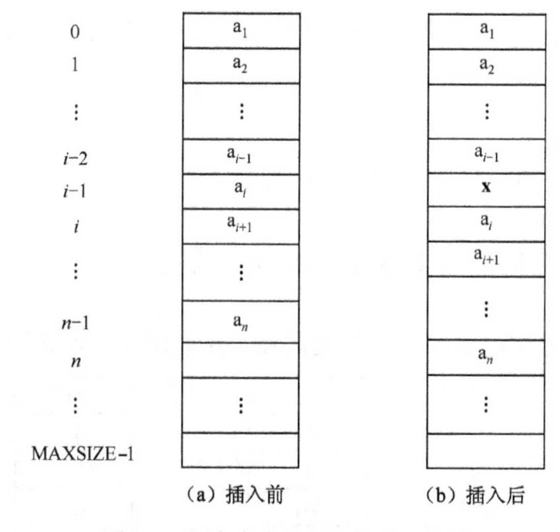

图 2.3　顺序表中的插入操作示意图

插入算法的时间复杂度分析：顺序表的插入操作，时间主要消耗在数据的移动上，在第 i 个位置上插入 x，从 a_i 到 a_n 都要向后移动一个位置，共需要移动 $n-i+1$ 个元素，而 i 的取值范围为 $1 \leqslant i \leqslant n+1$，即有 $n+1$ 个位置可以插入。设在第 i 个位置上做插入的概率为 p_i，则平均移动数据元素的次数为：

$$E_{in} = \sum_{i=1}^{n+1} p_i (n-i+1)$$

假设插入第 i 个位置的可能性为等概率情况，即 $p_i=\dfrac{1}{n+1}$，则

$$E_{in}=\sum_{i=1}^{n+1}p_i(n-i+1)=\frac{1}{n+1}\sum_{i=1}^{n+1}(n-i+1)=\frac{n}{2}$$

这说明：在顺序表上做插入操作，平均需移动表中一半的数据元素。显然其时间复杂度为 $O(n)$。

3．删除操作

线性表的删除运算是指将表中第 i 个元素从线性表中去掉，删除后使原表长为 n 的线性表（$a_1, a_2, \cdots, a_{i-1}, a_i, a_{i+1}, \cdots, a_n$）成为表长为 $n-1$ 的线性表（$a_1, a_2, \cdots, a_{i-1}, a_{i+1}, \cdots, a_n$），$i$ 的取值范围为 $1\leqslant i\leqslant n$。

顺序表上完成这一操作的步骤如下：

（1）将 $a_{i+1}\sim a_n$ 顺序向前移动；

（2）修改 last 指针（相当于修改表长）使之仍指向最后一个元素。

图 2.4 为顺序表中的删除操作示意图。

算法 2.2　顺序表的元素删除算法。

```
int  Delete_SeqList (SeqList  *L;  int  i)
  {  int  j;
     if  ( i<1 || i>L->last+1)                          /*检查空表及删除位置的合法性*/
      {  printf ("不存在第 i 个元素");   return(0);   }
     for  ( j=i;  j<=L->last;  j++ )
           L->data[j-1]=L->data[j];                    /*向上移动*/
     L->last- -;
     return(1);                                        /*删除成功*/
  }
```

本算法注意以下问题：

① 删除第 i 个元素，i 的取值为 $1\leqslant i\leqslant n$，否则第 i 个元素不存在，因此，要检查删除位置的有效性；

② 当表空时不能做删除操作，因表空时 L->last 的值为−1，条件（i<1 || i>L->last+1）也包括了对表空的检查。

③ 删除 a_i 之后，该数据已不存在，如果需要，先取出 a_i，再做删除。

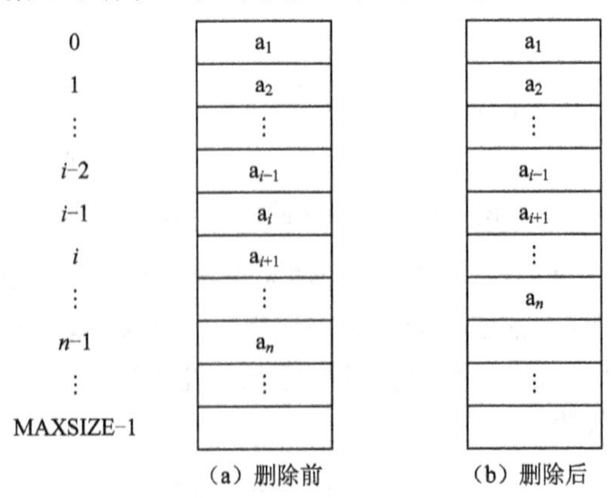

图 2.4　顺序表中的删除操作示意图

删除算法的时间复杂度分析：与插入操作相同，删除操作的时间主要消耗在移动表中元素上，删除第 i 个元素时，其后面的元素 a_{i+1}～a_n 都要向上移动一个位置，共移动了 $n-i$ 个元素，所以平均移动数据元素的次数为：

$$E_{de}=\sum_{i=1}^{n}p_i(n-i)$$

同样，在删除位置等概率情况下，$p_i=\dfrac{1}{n}$，则

$$E_{de}=\sum_{i=1}^{n}p_i(n-i)=\frac{1}{n}\sum_{i=1}^{n+1}(n-i)=\frac{n-1}{2}$$

这说明：在顺序表上做删除操作时平均大约需要移动表中一半的元素，显然该算法的时间复杂度为 $O(n)$。

4．按值查找

线性表中的按值查找是指在线性表中查找与给定值 x 相等的数据元素。在顺序表中完成该操作最简单的方法是：从第一个元素 a_1 起依次和 x 比较，直到找到一个与 x 相等的数据元素，则返回它在顺序表中的存储下标或序号（二者差一）；或者查遍整个表都没有找到与 x 相等的元素，返回−1。

算法 2.3　顺序表的元素查找算法。

```
int  Location_SeqList (SeqList  *L，datatype  x)
  { int  i=0；
    while  ( i<=L.last && L->data[i]!= x)
         i++；
    if  ( i>L->last)  return  −1；
     else   return  i；                          /*返回的是存储位置*/
  }
```

本算法的主要运算是比较。显然比较的次数与 x 在表中的位置有关，也与表长有关。当 a_1=x 时，比较一次成功。当 a_n=x 时比较 n 次成功。其平均比较次数为$(n+1)/2$，时间复杂度为 $O(n)$。

2.2.3　顺序表的其他操作举例

【例 2.1】　将顺序表（$a_1, a_2, \cdots, a_n$）重新排列为以 a_1 为界的两部分：a_1 前面的值均比 a_1 小、a_1 后面的值均比 a_1 大（这里假设数据元素的类型具有可比性，不妨设为整型），操作前后如图 2.5 所示。这一操作称为划分，a_1 称为基准。

25
30
20
60
10
35
15
⋮

（a）划分前

15
10
20
25
30
60
35
⋮

（b）划分后

图2.5　顺序表的划分

划分的方法有多种，下面介绍的划分算法思路简单，但性能较差。

基本思路：从第二个元素开始到最后一个元素，逐一向后扫描。

（1）当前数据元素 a_i 比 a_1 大时，表明它已经在 a_1 的后面，不必改变它与 a_1 之间的位置，继续比较下一个。

（2）若当前元素若比 a_1 小，说明它应该在 a_1 的前面，此时将它上面的元素依次向下移动一个位置，然后将它置于最上方。

算法 2.4　顺序表的划分算法。

```
void  partition (SeqList  *L)
  {  int  i, j;
     datatype  x, y;
     x=L->data[0];                          /*将基准置入 x 中*/
     for (i=1; i<=L->last; i++)
        if (L->data[i]<x)                   /*当前元素小于基准*/
          {  y = L->data[i];
             for (j=i-1; j>=0; j--)         /*移动*/
                L->data[j+1]=L->data[j];
             L->data[0]=y;
          }
}
```

【例 2.2】　设有顺序表 A 和 B，其元素均按从小到大的顺序升序排列，编写一个算法将它们合并成一个顺序表 C，要求 C 的元素也从小到大升序排列。

算法思路：依次扫描 A 和 B 的元素，比较 A、B 当前的元素的值，将值较小的元素赋给 C，如此直到一个线性表扫描完毕，最后将未扫描完顺序表中的余下部分赋给 C 即可。C 的容量要能够容纳 A、B 两个线性表长度的和。

算法 2.5　有序表的合并算法。

```
void  merge (SeqList  A,  SeqList  B,  SeqList *C)
  {  int  i, j, k;
     i=0; j=0; k=0;
     while  ( i<=A.last && j<=B.last )
          if  (A.data[i]<B.data[j])
              C->data[k++]=A.data[i++];
          else
              C->data[k++]=B.data[j++];
     while  (i<=A.last )
              C->data[k++]= A.data[i++];
     while  (j<=B.last )
              C->data[k++]=B.data[j++];
     C->last=k-1;
  }
```

算法的时间复杂度是 $O(m+n)$，其中 m 是 A 的表长，n 是 B 的表长。

【例 2.3】　两个线性表的比较操作。假定两个线性表的比较方法如下：设 A、B 是两个线性表，表长分别为 m 和 n。A′和 B′分别为 A 和 B 中除去最大共同前缀后的子表。

例如，A=(x, y, y, z, x, z)，B=(x, y, y, z, y, x, x, z)，两表最大共同前缀为（x, y, y, z)。则 A′ =(x, z)，B′ =(y, x, x, z)。

若 A′ =B′ =空表，则 A=B。若 A′ =空表且 B′ ≠空表，或两者均不为空表且 A′的首元素小于 B′的首元素，则 A<B；否则，A>B。

算法思路：首先找出 A、B 的最大共同前缀；然后求出 A′和 B′，再按比较规则进行比较，A>B 函数返回 1；A=B 返回 0；A<B 返回−1。

算法 2.6 两个顺序表的比较算法。

```
int   compare( A, B, m, n)
int   A[ ], B[ ];
int   m, n;
{  int   i=0,   j, AS[ ], BS[ ], ms=0, ns=0;            /*AS,  BS 作为 A′, B′*/
     while (A[i]= =B[i])   i++;                          /*找最大共同前缀*/
     for (j=i; j<m; j++)
        { AS[j-i]=A[j];    ms++;    }                    /*求 A′,  ms 为 A′的长度*/
     for (j=i; j<n; j++)
        { BS[j-i]=B[j];      ns++;    }                  /*求 B′,  ns 为 B′的长度*/
     if   (ms= =ns&&ms= =0)   return 0;
      else   if   (ms= =0&&ns>0 || ms>0 && ns>0 && AS[0]<BS[0])   return   −1;
             else   return   1;
}
```

算法的时间复杂度是 $O(m+n)$。

2.3 线性表的链式存储及其操作的实现

由于顺序表的存储特点是用物理上的相邻关系实现逻辑上的相邻关系，它要求用连续的存储单元顺序存储线性表中各元素，因此，在对顺序表插入、删除时，需要通过移动数据元素来实现，影响了运行效率。本节介绍线性表的链式存储结构，它不需要用地址连续的存储单元来实现，因为它不要求逻辑上相邻的两个数据元素在物理上也相邻。在链式存储结构中，数据元素之间的逻辑关系是通过“链”来连接的，因此对线性表的插入、删除不需要移动数据元素。

2.3.1 单链表

链表是通过一组任意的存储单元来存储线性表中的数据元素的，那么怎样表示数据元素之间的线性关系呢？即如何来“链”接数据元素间的逻辑关系呢？为此在存储数据元素时，对每个数据元素 a_i，除了存放数据元素的自身信息 a_i 之外，还需要和 a_i 一起存放其后继数据元素 a_{i+1} 所在的存储单元的地址，这两部分信息组成一个“结点”，结点的结构如图 2.6 所示，每个数据元素都如此。存放数据元素自身信息的单元称为数据域，存放其后继元素地址的单元称为指针域。因此 n 个元素的线性表通过每个结点的指针域拉成了一个“链子”，称之为链表。如图 2.6 所示，每个结点中只有一个指向后继的指针，所示称其为单链表。

data	next

图 2.6 单链表结点的结构

链表是由结点构成的，结点定义如下：

```
typedef   struct   LNode
{   datatype   data;                    /*存放数据元素*/
               struct node   *next;     /*存放下一个结点的地址*/
} LNode   *LinkList;
```

定义头指针变量：

```
LinkList  H;
```

如图 2.7 所示是线性表（$a_1, a_2, a_3, a_4, a_5, a_6, a_7, a_8$）对应的链式存储结构示意图。

H 160

Address	data	next
110	a_5	200
⋮	⋮	⋮
150	a_2	190
160	a_1	150
⋮		⋮
190	a_3	210
200	a_6	260
210	a_4	110
⋮		⋮
240	a_8	NULL
⋮		⋮
260	a_7	240

图 2.7　链式存储结构示意图

当然，必须将第一个结点的地址 160 放到一个指针变量中，如 H 中，最后一个结点没有后继，其指针域必须置空（即 NULL），表明此表到此结束，这样就可以从第一个结点的地址开始“顺藤摸瓜”，找到表中的每个结点。

作为线性表的一种存储结构，人们关心的是结点间的逻辑结构，而并不关心每个结点的实际地址，所以通常的单链表用图 2.8 的形式表示而不用图 2.7 的形式表示，其中，符号∧表示空指针（下同）。

实际应用中通常用“头指针”来标识一个单链表，如单链表 L、单链表 H 等，是指某链表的第一个结点的地址放在指针变量 L、H 中，头指针为“NULL”则表示一个空表。

需要进一步指出的是：上面定义的 LNode 是结点的类型，LinkList 是指向 LNode 类型结点的指针类型。为了增强程序的可读性，通常将标识一个链表的头指针定义为 LinkList 类型的变量，如 LinkList L。当 L 有定义时，值要么为 NULL（表示一个空表），要么为第一个结点的地址，即链表的头指针。将操作中用到指向某结点的指针变量说明为：LNode　*类型，如

```
LNode  *p;
```

则语句 p=malloc(sizeof(LNode));完成了申请一块 LNode 类型的存储单元的操作，并将其地址赋值给指针变量 p。如图 2.9 所示，p 所指的结点为*p，*p 的类型为 LNode 型，所以该结点的数据域为(*p).data 或 p->data，指针域为(*p).next 或 p->next，而语句 free(p);则表示释放 p 所指的结点。

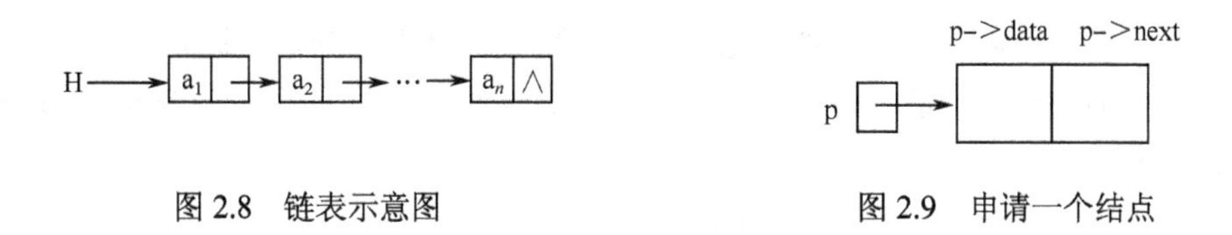

图 2.8 链表示意图

图 2.9 申请一个结点

2.3.2 单链表基本操作的实现

1. 建立单链表

（1）在链表的头部插入结点建立单链表。

链表与顺序表不同，它是一种动态管理的存储结构，链表中的每个结点占用的存储空间不是预先分配的，而是运行时系统根据需求生成的，因此建立单链表要从空表开始，每读入一个数据元素则申请一个结点，然后插在链表的头部，如图 2.10 展现了线性表（25, 45, 18, 76, 29）的链表的建立过程，因为是在链表的头部插入，读入数据的顺序和线性表中的逻辑顺序是相反的。

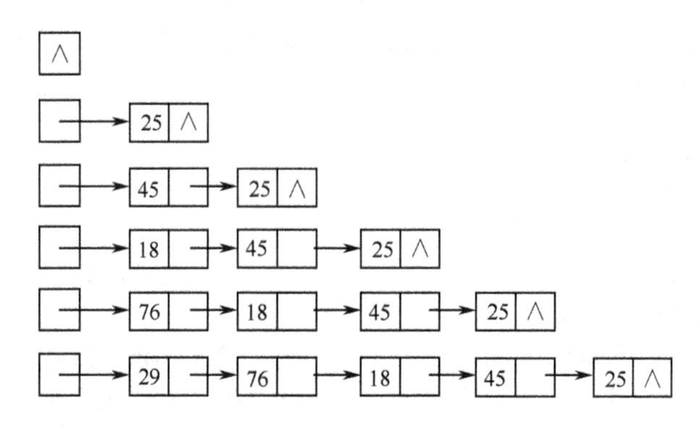

图 2.10 在头部插入结点建立单链表

算法 2.7 单链表的建立算法（头部插入）。

```
LinkList  Creat_LinkList1( )
     {    LinkList   L=NULL;                    /*空表 L 为表头*/
          LNode   *s;
          int   x;                              /*设数据元素的类型为 int */
          scanf("%d", &x);
          while (x!=flag)                       /*设 flag 为数据元素输入结束的标志*/
             { s=malloc(sizeof(LNode));         /*为插入元素申请空间*/
               s->data=x;                       /*将插入元素置入申请到的单元中*/
               s->next=L;   L=s;
               scanf ("%d", &x);
             }
          return   L;
     }
```

（2）在单链表的尾部插入结点建立单链表。

头部插入建立单链表简单，但读入的数据元素的顺序与生成的链表中元素的顺序是相反的，若希望次序一致，则用尾部插入的方法。因为每次操作都是将新结点插入到链表的尾部，所以需加入一个指针 R 用来始终指向链表中的尾结点。如图 2.11 展现了在链表尾部插入结点建立链表的过程。

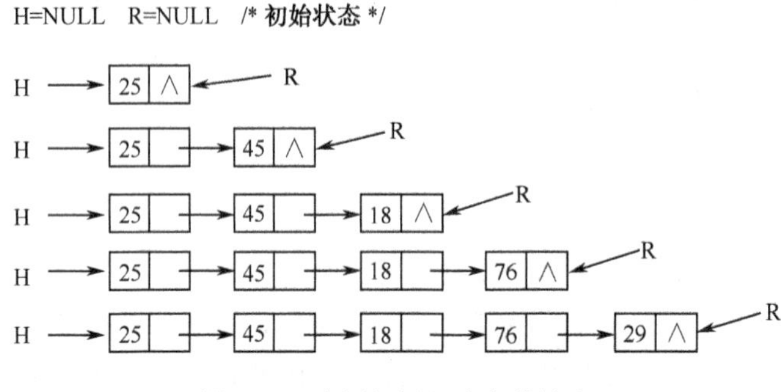

图 2.11　在尾部插入建立单链表

算法思路：初始状态时，头指针 H=NULL，尾指针 R=NULL，按线性表中元素的顺序依次读入数据元素，不是结束标志时，申请结点，将新结点插入到 R 所指结点的后面，然后 R 指向新结点（但第一个结点有所不同，读者注意下面算法中的有关部分）。

算法 2.8　单链表的建立算法（尾部插入）。

```
LinkList  Creat_LinkList2( )
  {  LinkList  L=NULL;
        LNode   *s, *R=NULL;
        int   x;                                   /* 设数据元素的类型为 int */
        scanf("%d", &x);
        while (x!=flag)                            /* 设 flag 为数据元素输入结束的标志 */
          {  s=malloc(sizeof(LNode));  s->data=x;  /*申请空间并将插入元素置入该单元*/
              if  (L= =NULL)  L=s;                 /*第一个结点的处理*/
            else  R->next=s;                       /*其他结点的处理*/
            R=s;                                   /*R 指向新的尾结点*/
            scanf("%d", &x);
          }
        if ( R!=NULL)  R->next=NULL;               /*对于非空表，最后结点的指针域放空指针*/
        return  L;
  }
```

（3）在带头结点单链表的表尾插入元素建立单链表。

在上面的算法中，第一个结点的处理和其他结点是不同的，原因是第一个结点加入时链表为空，它没有直接前趋结点，它的地址就是整个链表的指针，需要放在链表的头指针变量中；而其他结点有直接前趋结点，其地址放入直接前趋结点的指针域。“第一个结点”的问题在很多操作中都会遇到，如在链表中插入结点时，将结点插在第一个位置和其他位置是不同的，在链表中删除结点时，删除第一个结点和其他结点的处理也是不同的。

为了方便操作，有时在链表的头部加入一个“头结点”，头结点的类型与数据结点一致，标识链表的头指针变量 L 中存放该结点的地址，这样即使是空表，头指针变量 L 也不为空了。头结点的加入使得“第一个结点”的问题不再存在，也使得“空表”和“非空表”的处理一致。

头结点的加入完全是为了操作的方便，它的数据域无定义，指针域中存放的是第一个数据结点的地址，当空表时该指针域为空。

图 2.12（a）和图 2.12（b）分别是带头结点的单链表空表和非空表的示意图。

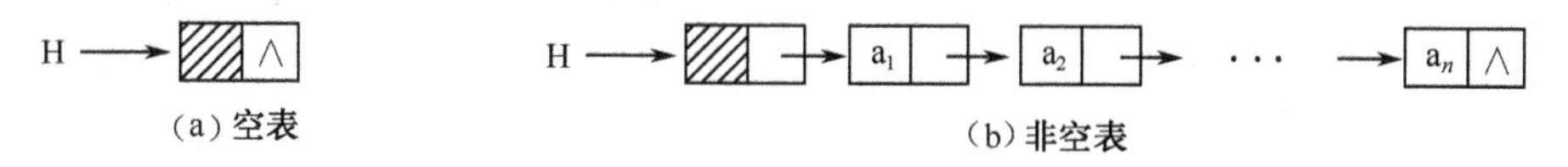

图 2.12　带头结点的单链表

算法 2.9　带头结点的单链表的建立算法。

```
LinkList  Creat_LinkList3( )
  {  LinkList  L;
  LNode  *R;
  int  x;                                     /*设数据元素的类型为 int */
  L=（LinkList）malloc(sizeof(Lnode));       /*申请头结点空间 */
  L->next=NULL；                              /*初始化，置空表*/
  R=L；
  scanf("%d", &x);
  while (x!=flag)
     {  R->next=malloc(sizeof(LNode));        /*为插入元素申请空间*/
        R->next->data=x  ；                   /*将插入元素置入该单元*/
        R=R->next;                            /*R 指向新的尾结点*/
        scanf("%d", &x);
     }
    R->next =NULL；                           /*置表尾结点的 next 指针为空*/
    return  L;
}
```

2. 求表长

算法思路：设一个移动指针 p 和计数器 j，初始化后，p 所指结点后面若还有结点，p 向后移动，计数器加 1。

（1）设 L 是带头结点的单链表（线性表的长度不包括头结点）。

算法 2.10　求带头结点单链表的长度算法。

```
int  Length_LinkList1(LinkList  L)
  {  LNode  *p=L;                     /* p 指向头结点*/
     int  j=0;
     while (p->next)
         { p=p->next;  j++ }          /* p 所指的是第 j 个结点*/
     return  j;
  }
```

（2）设 L 是不带头结点的单链表。

算法 2.11　求不带头结点单链表的长度算法。

```
int  Length_LinkList2 (LinkList L)
```

```
{   LNode   *p=L;
    int   j;
    if (p= =NULL)   return   0;                 /*空表的情况*/
    j=1;                                        /*在非空表的情况下，p 所指的是第一个结点*/
    while (p->next )
         { p=p->next;   j++ }
    return   j;
}
```

从上面两个算法中看到，不带头结点的单链表空表情况要单独处理，而带上头结点之后则不用了。在以后的算法中不加说明则认为单链表是带头结点的。这两个算法的时间复杂度均为 $O(n)$。

3. 查找操作

（1）按序号查找 Get_LinkList(L, i)。

算法思路：从链表的第一个元素结点起，判断当前结点是否是第 i 个，若是，则返回该结点的指针，否则继续查找下一个结点，直到表结束为止。若没有第 i 个结点，则返回空指针。

算法 2.12　单链表按序号查找元素算法。

```
LNode   *Get_LinkList(LinkList   L,   Int   i);
                        /*在单链表 L 中查找第 i 个元素结点，找到返回其指针，否则返回空指针*/
  {   LNode   *p=L;
      int   j=0;
      while (p->next !=NULL && j<i )
          {   p=p->next;    j++;   }
      if (j= =i)   return   p;
       else   return   NULL;
  }
```

（2）按值查找即定位 Locate_LinkList(L, x)。

算法思路：从链表的第一个元素结点起，判断当前结点的值是否等于 x，若是，则返回该结点的指针，否则继续查找下一结点，直到表结束为止。若没有找到值为 x 的结点，则返回空指针。

算法 2.13　单链表的元素定位算法。

```
LNode   *Locate_LinkList( LinkList   L,   datatype   x)
                        /*在单链表 L 中查找值为 x 的结点，找到后返回其指针，否则返回空指针*/
   {   LNode   *p=L->next;
       while ( p!=NULL && p->data != x)
            p=p->next;
       return p;
   }
```

上述两算法的时间复杂度均为 $O(n)$。

4．插入操作

（1）后插结点：设 p 指向单链表中某结点，s 指向待插入的值为 X 的新结点，将*s 插入到*p 的后面，插入示意图如图 2.13 所示。

操作如下：

① s->next=p->next;

② p->next=s;

注意：两个指针的操作顺序不能交换。

（2）前插结点：设 p 指向链表中某结点， s 指向待插入的值为 X 的新结点，将*s 插入到*p 的前面，插入示意图如图 2.14 所示，与后插不同的是：首先要找到*p 的前趋*q，然后完成在*q 之后插入*s，设单链表头指针为 L，操作如下：

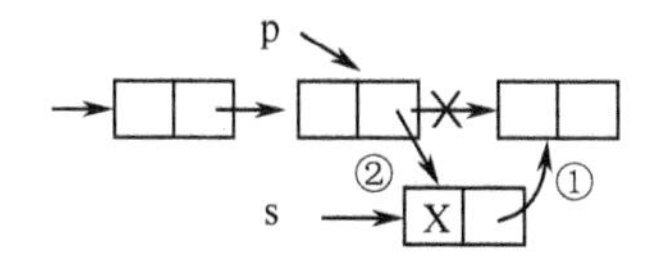

图 2.13　在*p 之后插入*s

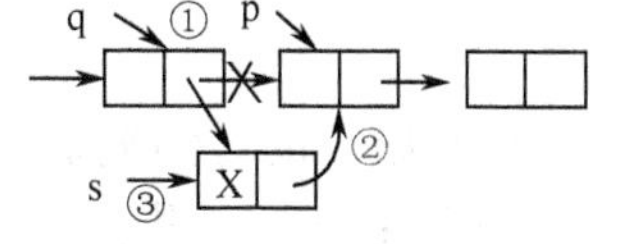

图 2.14　在*p 之前插入*s

```
q=L;
① while (q->next!=p)
        q=q->next;            /*找*p 的前趋*/
② s->next=q->next;
③ q->next=s;
```

后插操作的时间复杂度为 $O(1)$，前插操作因为要找*p 的前趋，时间复杂度为 $O(n)$；其实人们关心的是数据元素之间的逻辑关系，所以仍然可以将*s 插入到*p 的后面，然后将 p->data 与 s->data 交换即可，这样既满足了逻辑关系，又能使得时间复杂度为 $O(1)$。

（3）插入运算 Insert_LinkList(L, i, x)。

算法思路：

① 找到第 i−1 个结点，若存在则继续步骤②，否则结束；

② 申请、填装新结点；

③ 将新结点插入，结束。

算法 2.14　单链表的元素插入算法。

```
int  Insert_LinkList( LinkList  L,  int  i,  datatype  x)
                                         /*在单链表 L 的第 i 个位置上插入值为 x 的元素*/
 {  LNode  * p,  *s;
    p=Get_LinkList(L, i-1);                    /*查找第 i−1 个结点*/
    if (p= =NULL)
        {  printf("参数 i 错");  return 0;  }   /*第 i−1 个点不存在，不能插入*/
     else {
          s=malloc(sizeof(LNode));             /*申请、填装结点*/
          s->data = x;
          s->next = p->next;                   /*新结点插入在第 i−1 个结点的后面*/
          p->next = s;
```

```
            return  1;
    }
   }
```

上述算法的时间复杂度为 $O(n)$。

5. 删除操作

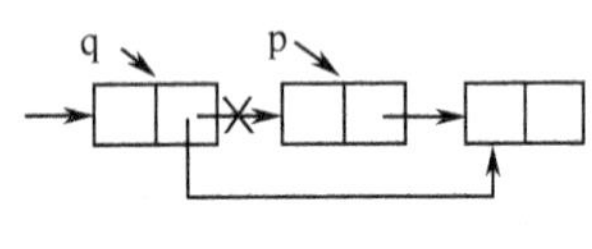

图 2.15　删除*p

（1）删除结点：设 p 指向单链表中某结点，删除*p。其操作示意图如图 2.15 所示。通过示意图可见，要实现对结点*p 的删除，首先要找到*p 的前趋结点*q，然后完成指针的操作即可。删除结点的操作由下列语句实现：

```
q->next=p->next;
free(p);
```

显然，找*p 前趋结点的时间复杂度为 $O(n)$。
若要删除*p 的后继结点（假设存在），则可以直接完成：

```
s=p->next;
p->next=s->next;
free(s);
```

该操作的时间复杂度为 $O(1)$ 。
（2）删除运算：Del_LinkList(L, i)。
算法思路：
① 找到第 i–1 个结点，若存在则继续步骤②，否则结束；
② 若存在第 i 个结点则继续步骤③，否则结束；
③ 删除第 i 个结点，结束。

算法 2.15　单链表的元素删除算法。

```
int  Del_LinkList(LinkList  L，int i)           /*删除单链表 L 上的第 i 个数据结点*/
 {  LinkList  p,  s;
    p=Get_LinkList(L,  i-1);                   /*查找第 i–1 个结点*/
    if  (p= =NULL)
        {  printf("第 i-1 个结点不存在");  return  –1;  }
     else  if  (p->next= =NULL)
              {  printf("第 i 个结点不存在");  return  0;  }
            else
              {  s=p->next;                     /*s 指向第 i 个结点*/
                 p->next=s->next;               /*从链表中删除*/
                 free(s);                       /*释放 s */
                 return 1;
               }
 }
```

算法 2.15 的时间复杂度为 $O(n)$。

通过上面的基本操作可知：

① 在单链表上插入、删除一个结点，必须知道其前趋结点；

② 单链表不具有按序号随机访问的特点，只能从头指针开始按结点顺序进行。

2.3.3 循环链表

对于带头结点的单链表而言，最后一个结点的指针域是空指针，如果将该链表头指针置入该指针域，则使得链表头尾结点相连，就构成了单循环链表，如图 2.16 所示。

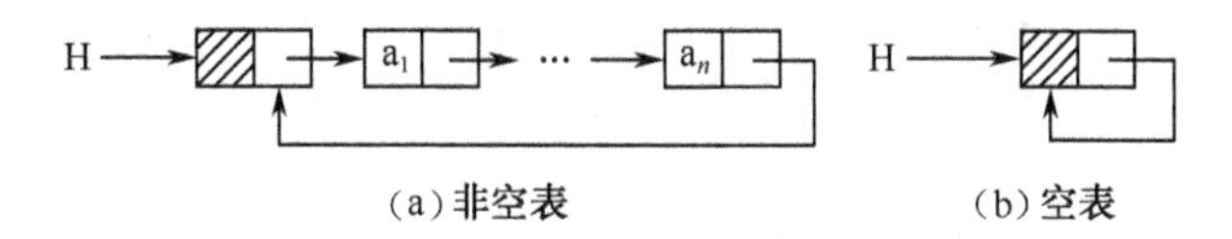

(a) 非空表　　　　(b) 空表

图 2.16　带头结点的单循环链表

在单循环链表上的操作基本与非循环链表相同，只是将原来判断指针是否为 NULL 变为判断指针是否为头指针而已，没有其他较大的变化。

对于单链表，只能从头结点开始遍历整个链表；而对于单循环链表，则可以从表中任意结点开始遍历整个链表。不仅如此，有时对链表常做的操作是在表尾、表头进行的，此时可以改变一下链表的标识方法，不用头指针而用一个指向尾结点的指针 R 来标识，这样在许多时候可以提高操作效率。

例如，对两个单循环链表 H_1、H_2 的连接操作，是将 H_2 的第一个数据结点接到 H_1 的尾结点，如果用头指针标识，则需要找到第一个链表的尾结点，其时间复杂度为 $O(n)$，而链表若用尾指针 R_1、R_2 来标识，则时间复杂度为 $O(1)$。操作如下：

```
p= R1->next;                    /*保存 R1 的头结点指针*/
R1->next=R2->next->next;        /*头尾连接,R2->next->next=LB->next*/
free(R2->next);                 /*释放第二个表的头结点*/
R2->next=p;                     /*组成循环链表*/
```

这一过程如图 2.17 所示。

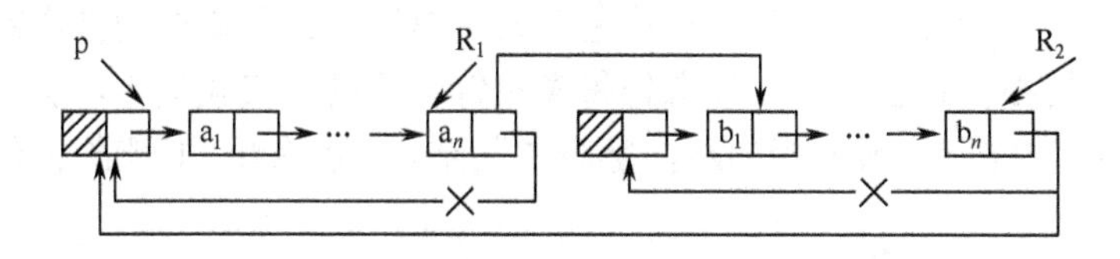

图 2.17　两个用尾指针标识的单循环链表的连接

2.3.4 双向链表

单链表的结点中只有一个指向其后继结点的指针域 next，因此，若已知某结点的指针为 p，其后继结点的指针则为 p->next，而找其前趋则只能从该链表的头指针开始，顺着各结点的 next 域进行，也就是说，找后继的时间复杂度是 $O(1)$，而找前趋的时间复杂度是 $O(n)$，如果希望找前趋的时间复杂度达到 $O(1)$，则只能付出空间的代价：每个结点再加一个指向前趋的指针域，结点的结构如图 2.18 所示，用这种结点组成的链表称为双向链表。

prior	data	next

图 2.18 双向链表的结点结构

双向链表结点的定义如下：

```
typedef  struct  dLNode
         {  datatype  data;
            struct dLNode  *prior,  *next;
         } DLNode,  *DLinkList;
```

和单链表类似，双向链表通常也用头指针标识，也可以带头结点或做成循环结构，图 2.19 是带头结点的双向循环链表示意图，显然，通过某结点的指针 p 即可以直接得到它的后继结点的指针 p->next，也可以直接得到它的前趋结点的指针 p->prior。这样，在有些操作中需要找前趋时，则不需要再用循环。从下面的插入删除操作中可以看到这一点。

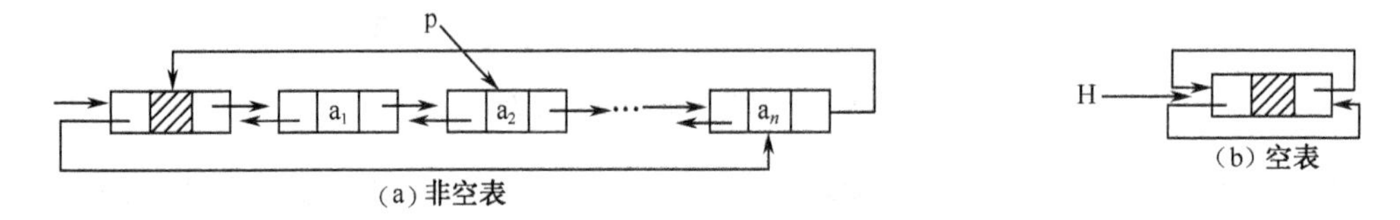

图 2.19　带头结点的双循环链表

设 p 指向双向循环链表中的某一结点，即 p 中存储的是该结点的指针，则 p->prior->next 表示的是*p 结点之前趋结点的后继结点的指针，即与 p 相等；类似地，p->next->prior 表示的是*p 结点之后继结点的前趋结点的指针，也与 p 相等，所以有以下等式：

```
p->prior->next = p = p->next->prior
```

双向链表中结点的插入：设 p 指向双向链表中某结点，s 指向待插入的值为 x 的新结点，将*s 插入到*p 的前面，其插入过程如图 2.20 所示。

操作如下：

① s->prior=p->prior;

② p->prior->next=s;

③ s->next=p;

④ p->prior=s;

指针操作的顺序不是唯一的，但也不是任意的，操作①必须要放到操作④的前面完成，否则*p 的前趋结点的指针就丢掉了。读者把每条指针操作的含义搞清楚，就不难理解了。

双向链表中结点的删除：设 p 指向双向链表中某结点，删除*p。其删除操作过程如图 2.21 所示。

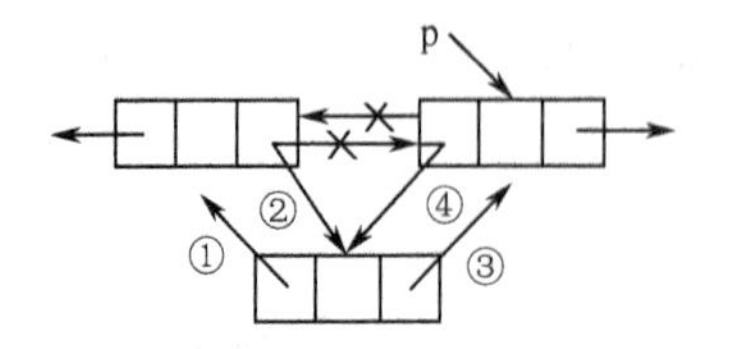

图 2.20　双向链表中的结点插入

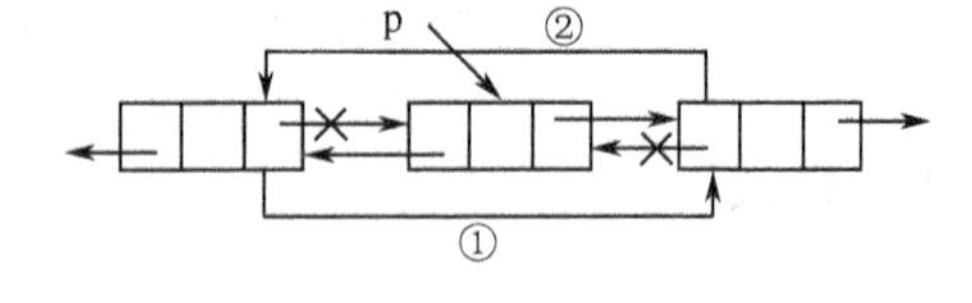

图 2.21　双向链表中的结点删除

操作如下：

① p->prior->next=p->next;

② p->next->prior=p->prior;

free(p);

2.3.5 单链表的其他操作举例

【例 2.4】 已知单链表 H，写一算法将其元素倒置，即实现如图 2.22 所示的操作，其中图 2.22（a）为倒置前的状态，图 2.22（b）为倒置后的状态。

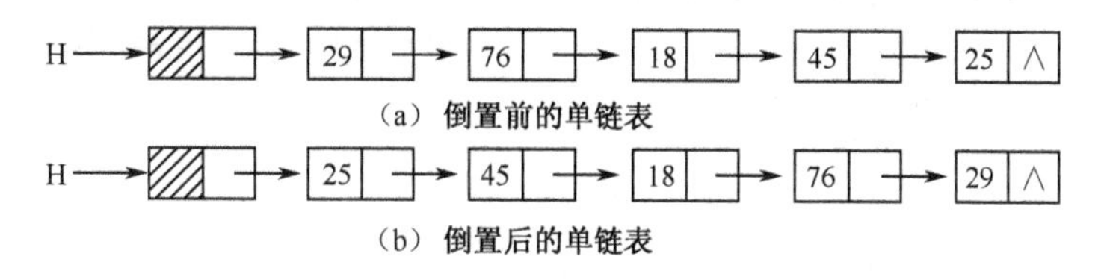

图 2.22 单链表的倒置

算法思路：依次取原链表中的每个结点，将其作为第一个结点插入到新链表中去，指针 p 用来指向当前结点，p 为空时结束。

算法 2.16 单链表的倒置算法。

```
void  reverse ( Linklist  H )
   {  LNode  *p,  *q;
      p = H->next;                            /*p 指向第一个数据结点*/
      H ->next = NULL;                        /*将原链表置为空表 H*/
     while  ( p )
        {  q = p;    p = p->next;
          q ->next = H->next;                 /*将当前结点插到头结点的后面*/
          H ->next=q;
        }
}
```

该算法只是对链表顺序扫描一遍即完成了倒置，所以时间复杂度为 $O(n)$。

【例 2.5】 已知单链表 H，写一算法，删除链表中重复元素结点，即实现如图 2.23 所示的操作。图 2.23（a）为删除前的单链表，图 2.23（b）为删除后的单链表。

算法思路：用指针 p 指向链表的第一个数据结点，用另一个指针 q 从 p 的后继结点开始搜索到表尾，依次找出与 p 所指结点的值相同的结点并将其删除；然后 p 指向下一个结点，继续用 q 指针寻找与 p 所指结点值相同的结点并将其删除；依此类推，直到 p 指向最后结点时算法结束。

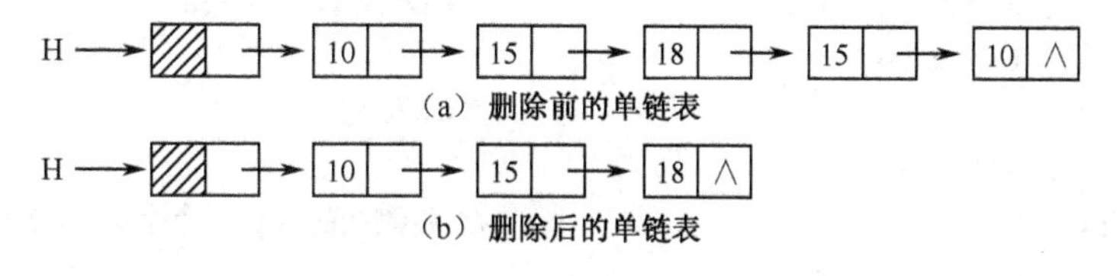

图 2.23 删除重复结点

算法 2.17 剔除单链表中的重复元素算法。

```
void  pur_LinkList (LinkList  H)
  {  LNode  *p,  *q,  *r;
     p = H->next;                             /*p 指向第一个结点*/
```

```
        if  (p = = NULL)   return;
        while (p->next)
          {  q=p;
        while (q ->next)                          /*从*p 的后继开始找重复结点*/
          { if (q ->next->data = = p->data)
              {  r = q ->next;                    /*找到重复结点，用 r 指向，删除*r */
                 q ->next = r ->next;
                 free( r );
              }
           else   q = q ->next;
          }                                       /*while(q->next)*/
        p=p->next;                                /*p 指向下一个，继续*/
          }                                       /*while(p->next)*/
    }
```

该算法的时间复杂度为 $O(n^2)$。

【例 2.6】 设有两个单链表 A、B，其中元素递增有序，编写算法将 A、B 归并成一个按元素值递减（允许有相同值）有序的链表 C，要求用 A、B 中的原结点形成，不能重新申请结点。

算法思路：利用 A、B 两表有序的特点，依次进行比较，将当前值较小者摘下，插入到 C 表的头部，得到的 C 表则为递减有序的。

算法 2.18 有序单链表的合并算法。

```
    LinkList   merge(LinkList A,   LinkList B)      /*设 A、B 均为带头结点的单链表*/
            {    LinkList   C;
            LNode   *p, *q, *s;
            p = A->next;   q = B->next;
            C = A;      C->next = NULL;             /*C 表的头结点*/
            free ( B ) ;
            while   (p&&q)
              {  if   (p->data<q->data)
                  {   s=p;  p=p->next;   }
                else
                  {   s=q;  q=q->next;   }          /*从原 A、B 表上摘下较小者*/
               s->next=C->next;                     /*插入到 C 表的头部*/
               C->next=s;
            }                                       /*while */
        if   ( p = = NULL)     p = q;
        while (p)                                   /* 将剩余的结点一个个摘下，插入到 C 表的头部*/
            {  s=p;     p = p ->next;
               s->next=C->next;
               C->next=s;
            }
    }
```

该算法的时间复杂度为 $O(m+n)$。

2.4 典型例题

一元多项式的操作已经成为表处理的典型用例。在数学上，一元多项式可按升幂的形式写成：

$$P_n(x)=p_0+p_1x^1+p_2x^2+\cdots+p_nx^n$$

式中，p_i是x^i项的系数，则一个最高幂次为n的多项式可由$n+1$个系数唯一确定，因此，在计算机里，它可以用一个线性表P来表示：

$$P=(p_0, p_1, p_2, \cdots, p_n)$$

假设$Q_m(x)$是一个一元多项式，同样可以用线性表Q表示：

$$Q=(q_0, q_1, q_2, \cdots, q_m)$$

若设$m<n$，则两个多项式相加的结果$R_n(x)=P_n(x)+Q_m(x)$，用线性表R表示：

$$R=(p_0+q_0, p_1+q_1, p_2+q_2, \cdots, p_m+q_m, p_{n+1}, \cdots, p_n)$$

显然，表示多项式的线性表可以用顺序存储结构，也可以用链式存储结构。

1．一元多项式的存储表示

（1）一元多项式的顺序存储表示。一元多项式$P_n(x)$的顺序存储表示有两种方法。

一种方法是：只存储多项式的各项系数（不管系数是否为零，全部按幂次的顺序存储），每个系数对应的指数隐含在存储系数的下标里。如上所述，$p[0]$存系数p_0，对应x^0的系数，$p[1]$存系数p_1，对应x^1的系数，…，$p[n]$存系数p_n，对应x^n的系数。至此，一元多项式的相加运算就非常简单，只需要将下标相同的单元内容相加即可。

然而，在通常的应用中，多项式的幂次可能很高而且变化较大，同时非零项又往往很少。例如$S(x)=1+5x^{1\,000}+3x^{20\,000}$，若采用以上方法存储，则需要20 001个存储空间，而实际有用的数据只有3个，无疑是一种浪费。

另一种方法是：采取只存储非零项的方法，此时每个存储单元需要存储：非零项系数和非零项指数。即对一元多项式$P_n(x)$，可写成：

$$P_n(x)=p_1x^{e_1}+p_2x^{e_2}+\cdots+p_mx^{e_m}$$

其中，p_i是指数为e_i的项的非零系数，且满足

$$0\leqslant e_1<e_2<\cdots<e_m=n$$

则只需要存储如下线性表：

$$((p_1, e_1), (p_2, e_2), \cdots, (p_m, e_m))$$

便可唯一确定多项式$P_n(x)$。即使在最坏情况下，$n+1$个系数都不为零，也只比前一种方法多存储一倍的数据，但是，对于通常情况如$S(x)$类的多项式，这种方法将大大节省存储空间。

（2）一元多项式的链式存储表示。在链式存储中，对一元多项式只存储非零项，则作为链式存储结构的基本单元结点由三部分构成：系数、指数及指向下一结点的指针。

表示一元多项式的单链表定义如下：

```
struct  Polynode
     {  int   coef ;                /*系数*/
        int   eap ;                 /*指数*/
        Polynode     *next ;
```

```
    } PolyNode, *PolyList ;
```

根据以上数据类型定义，可以设计一元多项式的链表建立算法。

假设通过键盘输入一组多项式的系数和指数，用表尾插入法建立一元多项式链表，以输入系数 0 为输入结束标志，并规定输入多项式数据时，总是按指数从小到大的顺序输入。

算法 2.19 一元多项式链表的建立算法。

```
PolyList polycreate ( )
    { PolyNode *head, *rear, *s ;
      int c, e ;
      head = (PolyList) malloc (sizeof ( PolyNode ));          /*建立头结点*/
      rear = head;                            /*rear 始终指向表尾，便于在表尾插入新结点*/
      scanf ( "%d, %d", &c, &e ) ;            /*输入多项式的系数和指数*/
      while ( c != 0 )                        /*若 c=0，则表示多项式输入结束*/
         { s = (PloyList ) malloc (sizeof ( PolyNode )) ;   /*申请新的结点空间*/
           s ->coef = c ;     s ->exp = e ;
           rear ->next = s ;                  /*在当前表尾插入*/
           rear = s ;
           scanf ( "%d, %d", &c, &e ) ;
         }
      rear ->next = NULL ;             /*将表的最后一个结点的 next 指针置空，以示表结束*/
        return ( head ) ;
    }
```

根据以上一元多项式的链式存储结构的定义，以及多项式链表的构造算法，则两个多项式 $A(x) = 5+4x^2+7x^5+8x^{12}$ 和 $B(x) = 3x+2x^2-7x^5$ 的单链表表示如图 2.24 所示。

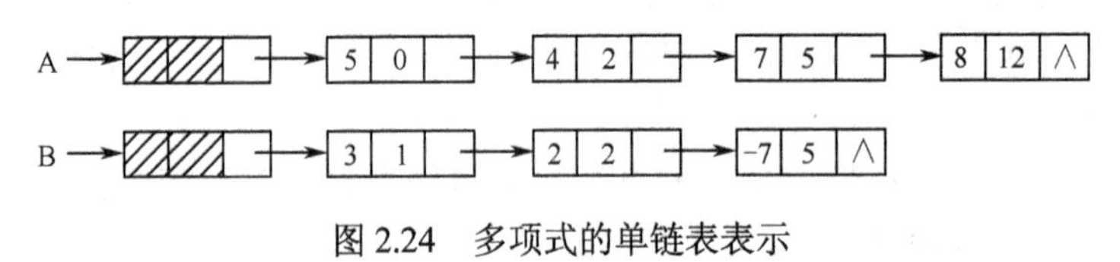

图 2.24 多项式的单链表表示

2. 一元多项式的相加运算

根据一元多项式相加的运算规则：

（1）对于两个一元多项式中所有指数相同的项，对应系数相加，若和不为零，则构成“和多项式”中的一项；

（2）对于两个一元多项式中指数不相同的项，则分别复抄到“和多项式”中去。

假设以单链表 A 和 B 分别表示两个一元多项式，则它们的和实质上就是两个链表的合并操作，而合并的具体要求必须满足以上多项式运算的两条规则。图 2.25 所示为图 2.24 中两个多项式相加的结果，其中孤立的结点为相加过程中被释放的结点。

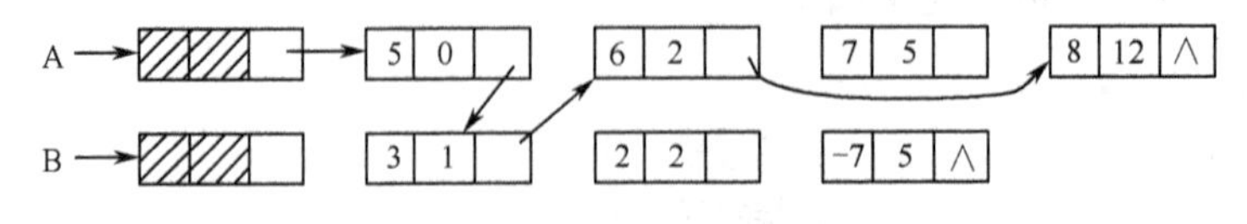

图 2.25 多项式相加得到的和多项式

显然，相加后原来的两个多项式链表已不复存在，而“和多项式”中的结点也无须另外申请空间。当然，假如需要保存原来的两个多项式链表，则相加运算就必须另外为“和多项式”申请结点空间，实现的过程大致相同。

算法 2.20 一元多项式相加的算法（原多项式指数从低到高，和的指数由高到低）。

```
void  AddPolyn ( PolyList  polya,  PolyList  polyb )
  /*将两个多项式相加，然后将和多项式存放到多项式 polya 中，并释放多余结点*/
 {  PolyList  *p ,  *q ,  *tail ,  *s ;
    int  sum;
    p = polya->next ;       q = polyb->next ;      /*令 p, q 分别指向两个链表的第一个结点*/
    tail = polya ;                                 /*tail 指向和多项式链表的尾结点*/
    while  ( p!=NULL && q!=NULL )
       {  if  ( p->exp < q->exp )        /*p 所指当前结点的指数小，将该结点插入和多项式*/
            {  tail->next = p ;    tail = p ;    p = p->next ;  }
          else  if  ( p->exp > q ->exp )  /* q 所指当前结点的指数小，将之插入和多项式*/
               {  tail->next = q ;    tail = q ;    q = q ->next ;  }
              else                          /*p 与 q 所指结点的指数相同，则系数相加*/
               {  sum = p->coef + q ->coef ;
                  if  ( sum !=0 )       /*和不为 0，则将系数修改，并插入和多项式链表*/
                    {  p ->coef = sum ;
                       tail->next = p ;    tail = p ;    p = p->next ;
                       s = q ;    q = q->next ;    free ( s ) ;        /*释放多余空间*/
                    }
                  else        /*和为 0，则删除 p 与 q 所指当前结点，并将 p、q 指针下移*/
                    {  s = p ;    p = p->next ;    free( s ) ;
                       s = q ;    q = q->next ;    free ( s ) ;
                       }
               }
       }
 }
```

本 章 小 结

（1）理解顺序表的定义、特点及其主要操作，掌握基本操作的实现算法（如查找、插入和删除等），以及对这些算法的性能估计，包括查找算法的平均查找长度、插入与删除算法中对象的平均移动次数。

（2）理解单链表是一种线性结构，链表各结点的物理存储可以是不连续的，因此各结点的逻辑次序与物理存放次序可以不一致。首先，必须理解单链表的定义和特点，掌握单链表成员函数及其实现算法（如构造函数、查找、插入、删除等操作）；其次，对比带表头结点单链表的查找、插入、删除操作，比较其优缺点；再次，循环链表的定义和特点，并比较与单链表的差别，及其在插入、删除操作时的区别；最后，双向链表的定义和它的插入、删除操作的实现。

（3）在算法设计方面，在顺序表中查找值为 item 的元素，在顺序表中插入新元素 item 到第 i 个位置，在顺序表中删除第 i 个元素，两个有序顺序表的合并，会求解单链表的结点个数，在链表中寻找与给定值 value 匹配的结点，在链表中寻找第 i 个结点，在链表中第 i 个位置插入新结点，删除第 i 个结点。掌握循环链表的迭代算法。在链表中第 i 个位置插入新结点，删除第 i 个结点，将循环链表链入单链表的表头。掌握双向链表的插入及删除操作的指针移动方法。

习 题 2

2.1 选择题

（1）线性表是具有 n 个________的有限序列（$n\neq0$）。

A．表元素　　B．字符

C．数据元素　　D．数据项

（2）顺序表的存储结构是一种________的存储结构。

A．随机存取　　B．顺序存取

C．索引存取　　D．HASH 存取

（3）在一个长度为 n 的顺序表中，向第 i 个元素（$1\leqslant i\leqslant n+1$）之前插入一个新元素时，需要向后移动________个元素。

A．$n-i$　　B．$n-i+1$

C．$n-i-1$　　D．i

（4）链表是一种采用________存储结构存储的线性表。

A．顺序　　B．链式

C．星式　　D．网状

（5）下面关于线性表的叙述错误的是________。

A．线性表采用顺序存储方式，必须占用一片连续的存储空间

B．线性表采用链式存储方式，不必占用一片连续的存储空间

C．线性表采用链式存储方式，便于插入和删除操作的实现

D．线性表采用顺序存储方式，便于插入和删除操作的实现

（6）设某链表中最常用的操作是在链表的尾部插入或删除元素，则选用________存储方式最节省运算时间。

A．单向链表　　B．单向循环链表

C．双向链表　　D．双向循环链表

（7）设指针 q 指向单链表中的结点 A，指针 p 指向单链表中结点 A 的后继结点 B，指针 s 指向被插入的结点 X，则在结点 A 和结点 B 之间插入结点 X 的操作序列为________。

A．s->next=p->next；p->next=-s；　　B．q->next=s；　s->next=p；

C．p->next=s->next；s->next=p；　　D．p->next=s；s->next=q；

（8）设指针变量 p 指向单链表结点 A，则删除结点 A 的后继结点 B 的操作为________。

A．p->next=p->next->next　　B．p=p->next

C．p=p->next->next　　D．p->next=p

（9）在一个以 h 为头的单循环链表中，p 指针指向链尾的条件是________。

A．p->next=h　　B．p->next=NULL

C．p->next->next=h　　D．p->data=−1

（10）对于只在首尾两端进行插入操作的线性表，宜采用的存储结构为________。

A．顺序表　　　　B．用头指针表示的单循环链表

C．单链表　　　　D．用尾指针表示的单循环链表

2.2　填空题

（1）线性表是 n 个元素的____________________________。

（2）线性表的存储结构有____________________________。

（3）设线性表中有 n 个数据元素，则在顺序存储结构上实现顺序查找的平均时间复杂度为__________，在链式存储结构上实现顺序查找的平均时间复杂度为__________。

（4）设顺序线性表中有 n 个数据元素，则第 i 个位置上插入一个数据元素需要移动表中_______个数据元素；删除第 i 个位置上的数据元素需要移动表中_______个元素。

（5）若频繁地对线性表进行插入与删除操作，该线性表应采用______________存储结构。

（6）链式存储结构中的结点包含________________域和________________域。

（7）在双向链表中，每个结点有两个指针域，一个指向_________，另一个指向_________。

（8）对于一个长度为 n 的单链存储的线性表，在表头插入元素的时间复杂度为_________，在表尾插入元素的时间复杂度为____________。

（9）设指针变量 p 指向单链表中结点 A，指针变量 s 指向被插入的结点 B，则在结点 A 的后面插入结点 B 的操作序列为____________________________________。

（10）设指针变量 p 指向单链表中的结点 A，则删除结点 A 后继结点（假设存在）的语句序列为：

```
s=p->next; p->next=___________;    free(s);
```

2.3　将一顺序表 A 中的元素逆置。例如，原来顺序表 A 中元素是 100，90，80，70，60，50，40，逆置以后为 40，50，60，70，80，90，100。要求算法所用的辅助空间要尽可能地少。用非形式算法描述，并编写 C 语言程序。

2.4　编写一算法输出已知顺序表 A 中元素的最大值和次最大值。用非形式算法描述，并编写 C 语言程序。

2.5　设一顺序表中元素值递增有序。写一算法，将元素 x 插到表中适当的位置，并保持顺序表的有序性。

2.6　设有两个按元素值递增有序的顺序表 A 和 B（单链表 A 和 B），编一程序将 A 表和 B 表归并成一个新的递增有序的顺序表 C（单链表 C）（值相同的元素均保留在 C 表中）。

2.7　设有两个线性表 A 和 B，皆是单链表存储结构。同一个表中的元素各不相同，且递增有序。写一算法，构成一个新的线性表 C，使 C 为 A 和 B 的交集，且 C 中元素也递增有序。

第3章　栈和队列

栈和队列是软件设计中常用的两种数据结构，它们的逻辑结构和线性表相同。其特点在于运算受到了限制：栈按“后进先出”或“先进后出”的规则进行操作，队列按“先进先出”的规则进行操作，故称它们为操作受限制的线性表。

3.1　栈

3.1.1　栈的定义及其基本运算

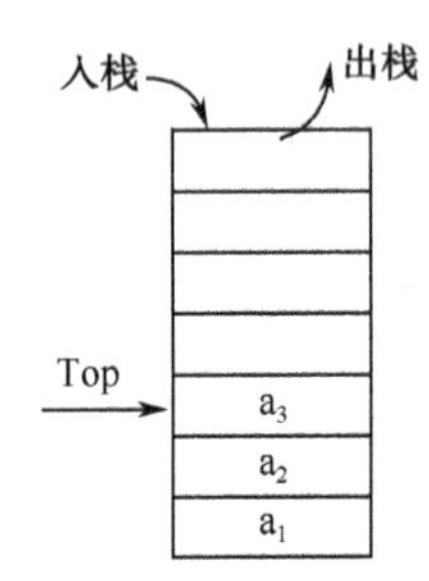

图 3.1　栈的示意图

栈（Stack）是限制在表的一端进行插入和删除操作的线性表。允许进行插入、删除操作的这一端称为栈顶（Top），另一个固定端称为栈底。当表中没有元素时称为空栈。如图 3.1 所示的栈中有三个元素，进栈的顺序是 a_1、a_2、a_3，当需要出栈时其顺序为 a_3、a_2、a_1，所以栈又称为“后进先出”（Last-In First-Out，LIFO）或“先进后出”（First-In Last-Out，FILO）的线性表，简称“LIFO 表”或“FILO 表”。

（注：LIFO 规范的写法有两种：Last-In First-Out、Last In，First Out。FILO 类似。）

在日常生活中，有很多类似栈的例子，读者可以列举。在程序设计中，常常需要将数据按其保存时相反的顺序来使用，这时就需要用一个栈这样的数据结构来实现。

对于栈，常见的基本运算有以下几种。

（1）栈初始化：Init_Stack (s)。

初始条件：栈 s 不存在。

操作结果：构造了一个空栈。

（2）判栈空：Empty_Stack (s)。

初始条件：栈 s 已存在。

操作结果：若 s 为空栈，则返回 1，否则返回 0。

（3）入栈：Push_Stack (s，x)。

初始条件：栈 s 已存在。

操作结果：在栈 s 的顶部插入一个新元素 x，x 成为新的栈顶元素，栈发生变化。

（4）出栈：Pop_Stack (s)。

初始条件：栈 s 存在且非空。

操作结果：栈 s 的顶部元素从栈中删除，栈中少了一个元素，栈发生变化。

（5）读栈顶元素：Top_Stack (s)。

初始条件：栈 s 存在且非空。

操作结果：栈顶元素作为结果返回，栈不变化。

3.1.2　栈的存储结构和基本运算的实现

由于栈是运算受限的线性表，因此线性表的存储结构对栈也是适用的，只是操作不同而已。

1．顺序栈

利用顺序存储方式实现的栈称为顺序栈。类似于顺序表的定义，栈中的数据元素用一个预设的足够长度的一维数组来实现：datatype data[MAXSIZE]，栈底位置可以设置在数组的任意一个端点，而栈顶是随着插入和删除而变化的，用 int top 来作为栈顶的指针，指明当前栈顶的位置，同样将 data 和 top 封装在一个结构中，顺序栈的类型描述如下：

```
#define MAXSIZE   100
typedef   struct
        { datatype   data[MAXSIZE];
          int   top;
        } SeqStack
```

定义一个指向顺序栈的指针：

```
SeqStack   *s;
```

通常将 0 下标端设为栈底，这样空栈时栈顶指针 top = −1；入栈时，栈顶指针加 1，即 s->top++；出栈时，栈顶指针减 1，即 s->top--。

栈顶指针 top 与栈中数据元素的关系如图 3.2 所示，其中图 3.2（a）为空栈，图 3.2（c）是 A、B、C、D、E 5 个元素依次入栈之后栈的状态及栈顶指针所指位置，图 3.2（d）是在图 3.2（c）之后 E、D 相继出栈，此时，栈中还有 3 个元素，或许最近出栈的元素 D、E 仍然在原先的单元存储中，但由于 top 指针已经指向了新的栈顶，则存储 D、E 的单元已经属于无效数据，意味着元素 D、E 已不在栈中了，通过这个示意图要深刻理解栈顶指针的作用。

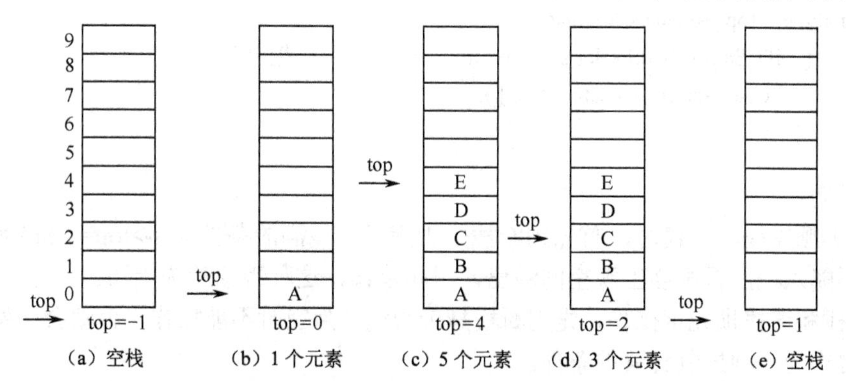

图 3.2　栈顶指针 top 与栈中数据元素的关系

对上述存储结构基本操作的实现如下。

（1）置空栈：首先建立栈空间，然后初始化栈顶指针。

```
SeqStack   *Init_SeqStack( )
        {   SeqStack   *s;
```

```
        S=malloc(sizeof(SeqStack));
        s->top= -1;   return   s;
        }
```

（2）判空栈。

```
int   Empty_SeqStack(SeqStack   *s)
  {   if (s->top= = −1)   return   1;
      else   return   0;
}
```

（3）入栈。

```
int   Push_SeqStack (SeqStack   *s,   datatype   x)
 {   if (s->top= =MAXSIZE−1)   return   0;                /*栈满不能入栈*/
      else {   s->top++;
               s->data[s->top]=x;
               return   1;
              }
 }
```

（4）出栈。

```
int   Pop_SeqStack(SeqStack   *s,   datatype   *x)
{   if   (Empty_SeqStack ( s ) )   return   0;              /*栈空不能出栈 */
      else { *x=s->data[s->top];
              s->top--;   return   1;
           }                                                 /*栈顶元素存入*x，返回*/
  }
```

（5）取栈顶元素。

```
datatype   Top_SeqStack(SeqStack   *s)
     {   if ( Empty_SeqStack ( s ) )   return   0;          /*栈空*/
           else   return (s->data[s->top] );
      }
```

两点说明：

① 对于顺序栈，入栈时，首先判断栈是否满了，栈满的条件为 s->top= =MAXSIZE−1，栈满时，不能入栈，否则会出现空间溢出，引起错误，这种现象称为上溢。

② 出栈和读栈顶元素操作，先判断栈是否为空，为空时不能操作，否则会产生错误。通常栈空时常作为一种控制转移的条件。

2. 链栈

用链式存储结构实现的栈称为链栈。通常链栈用单链表表示，因此其结点结构与单链表的结点结构相同，在此用 LinkStack 表示，即有：

```
typedef   struct node
```

```
    { datatype  data;
      struct node  *next;
    } StackNode  * LinkStack;
```

说明：top 为栈顶指针，即 LinkStack top。

因为栈中的主要运算是在栈顶插入、删除的，显然选链表的头部做栈顶是最方便的，而且没有必要像单链表那样为了运算方便附加一个头结点。通常将链栈表示为图 3.3 所示的形式。链栈基本操作的实现如下。

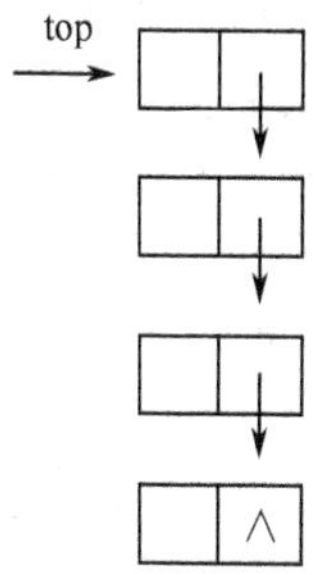

图 3.3 链栈示意图

（1）置空栈。

```
LinkStack  Init_LinkStack( )
      {  return  NULL;
      }
```

（2）判栈空。

```
int  Empty_LinkStack(LinkStack  top)
{  if (top= =NULL)  return 1;
      else  return  0;
}
```

（3）入栈。

```
LinkStack  Push_LinkStack(LinkStack  top,  datatype x)
        {  StackNode  *s;
        s = malloc(sizeof(StackNode));
          s ->data=x;   s ->next=top;   top=s;
          return  top;
        }
```

（4）出栈。

```
LinkStack  Pop_LinkStack (LinkStack  top, datatype  *x)
      {  StackNode  *p;
        if (top= =NULL)  return  NULL;
        else  { *x = top->data;  p = top;   top = top->next;   free (p);
              return  top;
              }
      }
```

3.1.3 栈的应用举例

由于栈的“后进先出”特点，在很多实际问题中都利用栈做一个辅助的数据结构来进行求解，下面通过几个例子进行说明。

【例 3.1】 数制转换问题。

将十进制数 N 转换为 r 进制的数，其转换方法为利用辗转相除法。以 N=3 467，r=8 为例，转换方法如下：

N	$N/8$（整除）	N % 8（求余）	
3467	433	3	低 ↑
433	54	1	
54	6	6	
6	0	6	高

按逆序取余数，即得转换结果：$(3467)_{10}=(6613)_8$。

可以看出，转换得到的八进制数是按低位到高位的顺序产生的，而转换结果的输出通常是从高位到低位依次输出，恰好与产生过程相反，因此，在转换过程中，每得到一位八进制数就将其进栈保存，转换完毕后再依次出栈，则正好是转换结果。

算法思想如下：当 N>0 时，重复步骤①和步骤②。

① 若 N≠0，则将 N % r 压入栈 s 中，执行步骤 ②；若 N = 0，将栈 s 的内容依次出栈，算法结束。

② 用 N / r 代替 N，返回步骤 ①。

算法实现如下，分别用两种不同的方法进行描述。

算法 3.1（a）

```
typedef  int  datatype;
void  conversion( int  N,  int  r)
  { SeqStack   s;
   datetype   x;
   Init_SeqStack(&s);
   while  (N)
     { Push_SeqStack ( &s , N % r );
       N=N / r ;
     }
   while  (! Empty_SeqStack(& s ) )
     {  Pop_SeqStack (&s , &x ) ;
        printf (" %d", x ) ;
     }
}
```

算法 3.1（b）

```
#define  L  10
void  conversion( int  N, int  r )
  {  int  s[L], top;              /*定义一个顺序栈*/
     int   x;
     top = −1;                    /*初始化栈*/
     while ( N )
       { s [++top]=N % r;         /*将余数入栈 */
         N=N / r ;                /*商作为被除数继续*/
       }
    while ( top != −1)
       {  x = s[top - - ];
          printf( "%d",  x );
       }
  }
```

算法 3.1（a）是将对栈的操作抽象为模块调用，使问题的层次更加清楚；而算法 3.1（b）中直接用 int 数组 s 和 int 变量 top 作为一个栈来使用。两种描述方法的实现过程其实是相同的，只是前者的可读性要更清晰。初学者往往将栈视为一个很复杂的东西，不知道如何使用，通过这个例子可以消除栈的“神秘”。当应用程序中需要按数据保存时相反的顺序使用数据时，就要想到栈。通常用顺序栈较多，因为很便利。

在后面的例子中，为了在算法中表现出问题的层次，有关栈的操作调用了相关函数，像算法 3.1（a）那样，对余数的入栈操作：Push_SeqStack(&s , N % r)；因为是用 C 语言描述，第一个参数是栈的地址才能对栈进行加工（在后面的例子中，为了算法清楚、易读，在不至于混淆的情况下，不再加地址运算符，请读者注意）。

【例 3.2】 表达式求值问题。

表达式求值是程序设计语言编译中一个最基本的问题。它的实现也需要栈的运用。下面介绍的算法是由运算符优先级确定运算顺序的对表达式求值算法。

一个表达式是由运算数（operand）、运算符（operator）和界限符（delimiter）组成的有意义的式子。一般地，运算数既可以是常量又可以是被说明的变量或常量标识符。运算符从运算数的个数上分，有单目运算符和双目运算符；从运算类型上分，有算术运算符、关系运算符和逻辑运算符。界限符主要是指左右括号和表达式结束符。在此仅限于讨论只含常量的双目运算的算术表达式。

假设所讨论的算术运算符包括：+、−、*、/、%、^（乘方）和括号（）。

设运算规则为

（1）运算符的优先级为（）→ ^ → *、/、%→ +、−；

（2）有括号出现时先算括号内的，后算括号外的，对于多层括号，由内向外进行；

（3）乘方连续出现时先算最右面的。

可以将表达式作为一个满足表达式语法规则的串来存储，如 3*2^（4+2*2−1*3）−5。

为实现表达式求值，需要设置两个栈：一个称为运算符栈 OPTR，用以寄存运算符；另一个称为运算数栈 OPND，用以寄存运算数和运算结果。求值的处理过程是：自左至右扫描表达式的每一个字符，当扫描到运算数时，就将其压入栈 OPND；当扫描到运算符时，若这个运算符比 OPTR 栈顶运算符的优先级高则入栈 OPTR，继续向后处理，若这个运算符比 OPTR 栈顶运算符的优先级低则从 OPND 栈中弹出两个运算数，从 OPTR 栈中弹出栈顶运算符进行运算，并将运算结果压入栈 OPND，继续处理当前字符，直到遇到结束符为止。

根据运算规则，左括号“(”在栈外时它的级别最高，而进栈后它的级别则最低了；乘方运算的结合性是自右向左，所以，它的栈外级别高于栈内。也就是说，有的运算符栈内、栈外的优先级别是不同的。当遇到右括号“)”时，一直需要对 OPTR 栈进行出栈操作，并弹出相应的操作数，做对应的运算，直到遇到栈顶为左括号“(”将其出栈为止。

OPND 栈初始化为空，为了使表达式中的第一个运算符入栈，OPTR 栈中预设一个最低级的运算符“(”。根据以上分析，每个运算符的栈内、栈外优先级别如下：

算符	栈内级别	栈外级别
^	3	4
*、/、%	2	2
+、−	1	1
(	0	4
)	−1	−1

以上算法的基本思想是：

（1）首先置 OPND 栈为空栈，表达式起始符“(”为 OPTR 栈的栈底元素；

（2）依次读入表达式中的每个字符，若是运算数则进 OPND 栈，若是运算符则和 OPTR 栈的栈顶运算符比较优先级后作相应操作，直至整个表达式求值完毕（即 OPTR 栈的栈顶元素为“(”且当前读入的字符为“#”）。

算法 3.2 表达式求值算法。

```
OperandType   EvaluateExpression( )
  {         /*算术表达式求值的算符优先算法，设 OPTR 和 OPND 分别为运算符栈和运算数栈*/
            /*OP 为运算符集合*/
    Init_Stack (OPTR);     Push_Stack (OPTR, '(' );
    Init_Stack (OPND);     c=getchar( );
    while ( c!='#' )
```

```
    { if (!In (c, OP))                                  /*不是运算符则进栈*/
        { Push_Stack (OPND,c);   c=getchar(); }
  else
        switch (Precede(GetTop(OPTR),c))
          case '<':                                     /*栈顶元素优先权低*/
                    Push_Stack (OPTR,c);   c=getchar();
                    break;
        case '=':                                       /*脱括号并接受下一字符*/
                    Pop_Stack (OPTR,x);   c=getchar();
                    break;
        case '>':                                       /*退栈并将运算结果入栈*/
                    Pop_Stack (OPTR,   theta);
                    Pop_Stack (OPND, b);
                    Pop_Stack (OPND, a);
                    Push_Stack (OPND, Operate(a, theta, b));
                    break;
        }                                               /*Switch*/
    }                                                   /*while*/
      return   GetTop(OPND);
}                                                       /*EvaluateExpression*/
```

算法 3.2 中还调用了两个函数。其中，Precede 是判定 OPTR 栈的栈顶运算符与读入的运算符之间优先关系的函数；Operate 为进行二元运算 a θ b 的函数，如果是编译表达式，则产生这个运算的一组相应指令并返回存放结果的中间变量名；如果是解释执行表达式，则直接进行该运算，并返回运算的结果。

表达式 3*2^(4+2*2−1*3)−5 求值过程中两个栈的状态情况如表 3.1 所示。

在实际编译程序中，为了处理方便，常常首先把表达式转换成等价的后缀表达式。所谓后缀表达式，是指将运算符放在运算数之后的表达式。在后缀表达式中，不再需要括号，所有的计算按运算符出现的顺序严格地从左向右进行，而不用再考虑运算符的级别和运算规则。如表达式 3*2^(4+2*2−1*3)−5 的后缀表达式为：3 2 4 2 2 * + 1 3 * − ^ * 5 − 。

表 3.1　表达式 3*2^(4+2*2 − 1*3) −5 的求值过程

读　字　符	栈 OPND（s1）	栈 OPTR（s2）	说　　明
3	3	(	3 入栈 s1
*	3	(*	*入栈 s2
2	3，2	(*	2 入栈 s1
^	3，2	(*^	^入栈 s2
(	3，2	(*^(	(入栈 s2
4	3，2，4	(*^(	4 入栈 s1
+	3，2，4	(*^(+	+入栈 s2
2	3，2，4，2	(*^(+	2 入栈 s1
*	3，2，4，2	(*^(+*	*入栈 s2
2	3，2，4，2，2	(*^(+*	2 入栈 s1

（续表）

读 字 符	栈 OPND（s1）	栈 OPTR（s2）	说 明
-	3，2，4，4	(*^(+	做 2*2=4，结果入栈 s1
	3，2，8	(*^(	做 4+4=8，结果入栈 s1
	3，2，8	(*^(-	-入栈 s2
1	3，2，8，1	(*^(-	1 入栈 s1
*	3，2，8，1	(*^(-*	*入栈 s2
3	3，2，8，1，3	(*^(-*	3 入栈 s1
)	3，2，8，3	(*^(-	做 1*3，结果 3 入栈 s1
	3，2，5	(*^(	做 8-3，结果 5 入栈 s1
	3，2，5	(*^	(出栈
-	3，32	(*	做 2^5，结果 32 入栈 s1
	96	(	做 3*32，结果 96 入栈 s1
	96	(-	-入栈 s2
5	96，5	(-	5 入栈 s1
结束符	91	(	做 96-5，结果 91 入栈 s1

3.1.4 栈与递归的实现

栈的另一个非常重要的应用就是在程序设计语言中实现递归。递归是指在定义自身的同时又出现对自身的引用。如果一个函数在其定义体内直接调用自己，则称其为直接递归函数；如果一个函数经过一系列中间调用语句，通过其他函数间接调用自己，则称其为间接递归函数。

1．具有递归特性的问题

现实中，许多问题具有固有的递归特性。

（1）递归定义的数学函数

很多数学函数是递归定义的，如阶乘函数可写成递归定义：

$$\mathrm{Fact}(n)=\begin{cases}1 & 若\ n=0\\ n\times \mathrm{Fact}(n-1) & 若\ n>0\end{cases}$$

以上函数用 C 语言实现如下：

```
long  Fact ( int  n )
  {   long  f;                              /*长整数类型可以使数据不容易溢出*/
      if  (n==0)  f=1;
        else  f=n * Fact( n-1 );
      return  f;
   }
```

（2）递归数据结构的处理

在本书的后续章节中将要学习的一些数据结构，如二叉树、树等，由于结构本身固有的递归特性，因此自然地采用递归方法进行处理。

（3）递归求解方法

许多问题的求解可以通过递归分解的方法实现，虽然有些问题本身没有明显的递归结构，但用递归方法求解比迭代求解更简单，也更直观，如八皇后问题、Hanoi 塔问题等。

n 阶 Hanoi 塔问题：假设有三个分别命名为 X、Y、Z 的塔座，在塔座 X 上叠放着 *n* 个直径大小各不相同、小盘压在大盘之上的圆盘堆。现要求将塔座 X 上的 *n* 个圆盘移至塔座 Z 上，并仍按同样的顺序叠放。移动圆盘时必须遵循下列规则：

① 每一次只能够移动一个圆盘；

② 圆盘可以插放在 X、Y 和 Z 中任何一个塔座上；

③ 任何时刻都不能将一个较大的圆盘压在较小的圆盘之上。

解决以上问题的基本思想如下：

当 n=1 时，问题简单，只要将该圆盘从塔座 X 上移动到塔座 Z 上即可；

当 n>1 时，需要利用塔座 Y 作为辅助塔座，若能设法将除底下最大的圆盘之外的 $n-1$ 个圆盘从塔座 X 移动到塔座 Y 上，就可以将最大的圆盘从塔座 X 移至塔座 Z 上，然后再将塔座 Y 上的其余 $n-1$ 个圆盘移动到塔座 Z 上。而如何将 $n-1$ 个圆盘从一个塔座移至另一个塔座，则与原问题具有相同的特征属性，只是问题的规模小 1，因此可以用同样的方法求解。

算法 3.3　求解 *n* 阶 Hanoi 塔问题的递归算法。

```
void  Hanoi ( int   n,   char   x,   char   y,   char   z )
    /*将塔座 x 上从上到下编号为 1 至 n，且按直径由小到大叠放的 n 个圆盘，按规则移动到塔座
     z 上，塔座 y 用做辅助塔座。*/
  {  if   (n= =1 )
          move ( x,   n,   z ) ;              /*将编号为 1 的圆盘从塔座 x 移动到塔座 z*/
      else
        {  Hanoi ( n-1,   x,   z,   y );      /*将 x 上编号为 1 至 n−1 的圆盘移至 y，z 作为辅助塔座*/
           move ( x,   n,   z );             /*将编号为 n 的圆盘从 x 移动到 z */
           Hanoi ( n-1,   y,   x,   z );      /*将 y 上编号为 1 至 n−1 的圆盘移至 z，x 作为辅助塔座*/
        }
  }
```

掌握递归的具体执行过程对于理解递归具有重要作用。

下面就以三个圆盘的移动为例来说明以上递归函数 Hanoi （ 3,　A,　B,　C)的具体递归调用过程，如图 3.4 所示。

```
Hanoi ( 3,   A,   B,   C )          /*调用函数 hanoi 将 A 上的 3 个圆盘移至 B，C 作为辅助塔*/
     Hanoi ( 2,   A,   C,   B );       /*将 A 上的 2 个圆盘移至 B，C 作为辅助塔*/
          Hanoi ( 1,   A,   B,   C );   /*将 A 上的 1 个圆盘移至 C */
              move ( A,   1,   C );     /*将 1 号圆盘从 A 搬到 C */
          move ( A,   2,   C );         /*将 2 号圆盘从 A 搬到 B */
          Hanoi ( 1,   C,   A,   B );   /*将 C 上的 1 个圆盘移至 B */
              move ( C,   1,   B );     /*将 1 号圆盘从 C 搬回到 B*/
     move ( A,   3,   C );              /*将 3 号圆盘从 A 搬到 C */
     Hanoi ( 2,   B,   A,   C );       /*将 B 上的 2 个圆盘移至 C，A 作为辅助塔*/
          Hanoi ( 1,   B,   C,   A );   /*将 B 上的 1 个圆盘移至 C */
              move (B,   1,   A );      /*将 1 号圆盘从 B 搬到 A */
          move ( B,   2,   C );         /*将 2 号圆盘从 B 搬到 C */
```

```
Hanoi ( 1,   A,   B,   C );   /*将 A 上的 1 个圆盘移至 C */
  move (A,   1,   C );       /*将 1 号圆盘从 A 搬到 C */
```

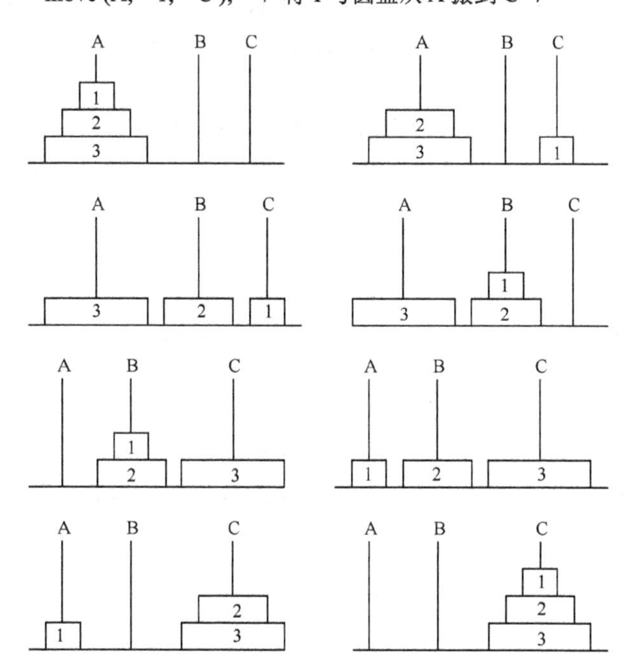

图 3.4　Hanoi 塔问题的递归函数运行示意图

通过上面的例子可以看出，递归既是强有力的数学方法，又是程序设计中一个非常有用的工具。其特点是对问题描述简洁，结构清晰。

2．递归算法的设计方法与递归过程的实现

所谓递归算法，就是在算法中直接或间接调用自身的算法。应用递归算法的前提有两个：

（1）原问题可以层层分解为类似的子问题，且子问题比原问题的规模更小；

（2）规模最小的子问题具有直接解，即不需要再调用自身。

设计递归算法的原则就是通过自身的简单情况来定义自身，设计递归算法的方法如下。

（1）寻找分解方法：将原问题转化为子问题求解（例如 $n!=n*(n-1)!$）。

（2）设计递归出口：即根据规模最小的子问题确定递归的终止条件（例如求解 $n!$，当 $n=1$ 时，$n!=1$）。

为更好地理解递归函数的实现过程，有必要回顾函数调用的系统实现过程。在实现函数调用过程时，需要解决两个问题：一是如何实现函数的调用；二是如何实现函数的返回。

实现函数调用，系统需要做三件事：

（1）保留调用函数本身的参数与返回地址；

（2）为被调用函数的局部变量分配存储空间，并给对应的参数赋值；

（3）将程序控制转移到被调用函数的入口。

从被调用函数返回到调用函数之前，系统也应完成三件事：

（1）保存被调用函数的计算结果，即返回结果；

（2）释放被调用函数的数据区，恢复调用函数原先保存的参数；

（3）依照原先保存的返回地址，将程序控制转移到调用函数的相应位置。

在实现函数调用时，应按照“先调用的后返回”原则处理调用过程，因此上述函数调用时函数之间的信息传递和控制转移必须通过栈来实现。在实际实现中，系统将整个程序运行所需的数据空间安排在一个栈中，每当调用一个函数时，就为它在栈顶分配一个存储区（压栈），而当从一个函数退出时，就释放它的存储区（出栈）。显然，当前正在运行的函数的数据区必然在栈顶。

在一个递归函数的运行过程中，调用函数和被调用函数是同一个函数，因此，与每次调用时相关的一个重要概念就是递归函数运行的“层次”。假设调用该递归函数的主函数为第 0 层，则从主函数调用递归函数为进入第 1 层，从第 1 层再次调用递归函数为进入第 2 层，以此类推，从第 i 层递归调用自身则进入“下一层”，即第 i+1 层。反之，退出第 i 层则应返回至“上一层”，即 i–1 层。为了保证递归函数正确执行，系统需要设立一个递归工作栈作为整个递归函数执行期间的数据存储区。每层递归所需信息构成一个工作记录，其中包括递归函数的所有实参和局部变量，以及上一层的返回地址等。每进入一层递归，就产生一个新的工作记录压栈；每退出一层递归，就从栈顶弹出一个工作记录释放。因此当前执行层的工作记录必为栈顶元素，称该记录为活动记录，并称指示活动记录的栈顶指针为环境指针。由于递归工作栈由系统来管理，不需要用户操心，所以用递归法编程非常方便。

【例 3.3】 2 阶 Fibonacci 数列的递归实现。

$$\mathrm{Fib}(n)=\begin{cases}0, & n=1\\ 1, & n=1\\ \mathrm{Fib}(n-1)+\mathrm{Fib}(n-2), & n>1\end{cases}$$

算法 3.4 求 2 阶 Fibonacci 数列的递归算法。

```
int  Fib ( int  n )
 {  if  ( n = = 0 )    return  0;
      else   if   ( n = = 1 )   return  1;
                else    return    Fib ( n –1 ) + Fib ( n–2 )
 }
```

图 3.5 给出了 Fib(4)递归调用过程的示意图，图 3.6 给出了递归调用过程中栈的状态变化情况。

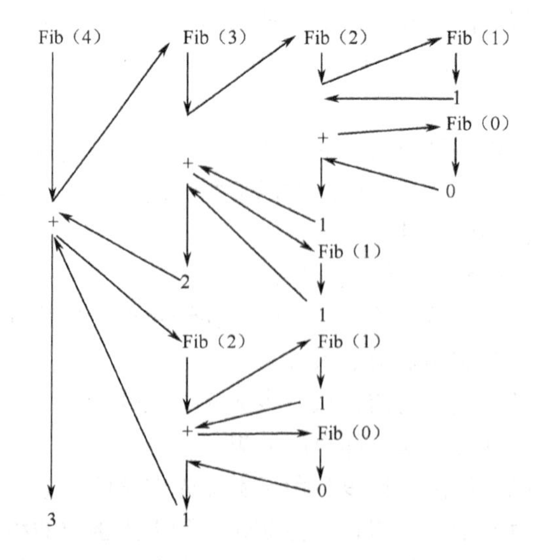

图 3.5 Fib(4)递归调用过程示意图

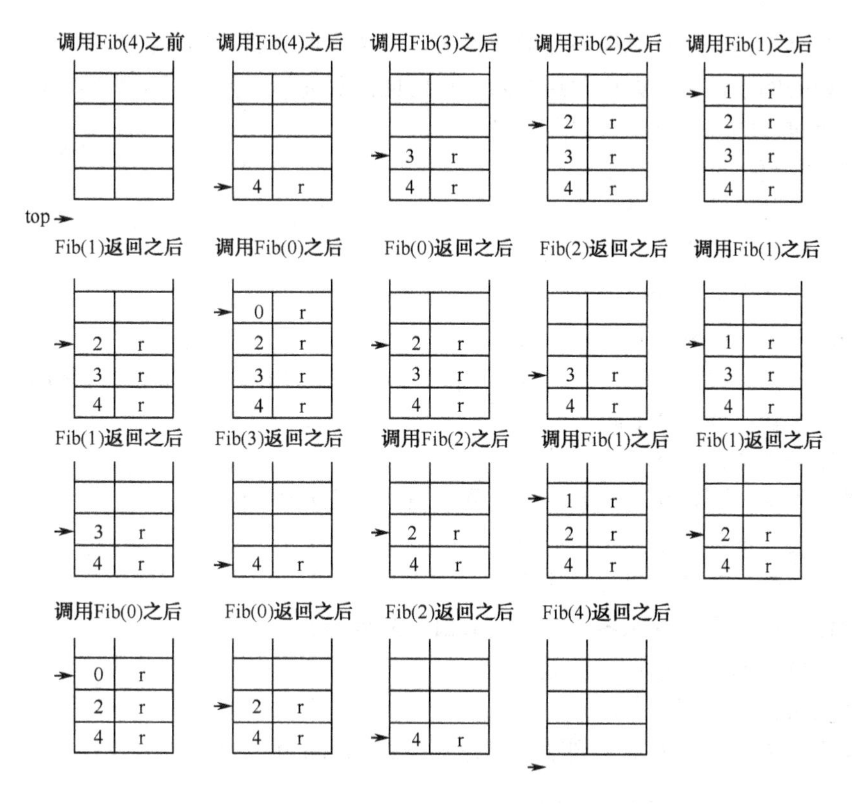

图 3.6　Fib(4)递归调用过程中栈的状态变化过程

可以看出，计算 Fib(n)的递归函数在 n>1 时的执行过程大致可分为五个阶段：

① 调用 Fib (n–1)，即进栈操作；

② 返回 Fib (n–1)的值，即出栈操作；

③ 调用 Fib(n–2)，再次进栈；

④ 返回 Fib (n–2)的值，出栈；

⑤ 计算 Fib (n)的值，然后返回。

3.2　队列

3.2.1　队列的定义及其基本运算

前面所讲的栈是一种后进先出的数据结构，而在实际问题中还经常使用一种“先进先出”（First-In First-Out，FIFO）的数据结构：即插入在表一端进行，而删除在表的另一端进行，这种数据结构被称为队或队列（Queue），允许插入的一端称为队尾（rear），允许删除的一端称为队头（front）。如图 3.7 所示是一个有 5 个元素的队列。

入队的顺序依次为 a_1、a_2、a_3、a_4、a_5，出队时的顺序将依然是 a_1、a_2、a_3、a_4、a_5。

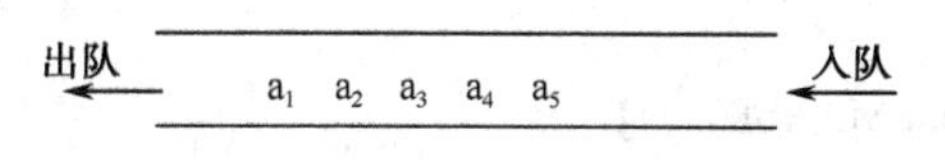

图 3.7　队列示意图

显然，队列也是一种运算受限制的线性表，所以又叫先进先出表，简称 FIFO 表。在日常生活中队列的例子很多，如排队买东西，排前面的买完后走掉，新来的排在队尾。

在队列上进行的基本操作有以下几种。

（1）列初始化：Init_Queue(q)。
　　初始条件：队列 q 不存在。
　　操作结果：构造了一个空队列。

（2）入队操作：In_Queue(q, x)。
　　初始条件：队列 q 存在。
　　操作结果：对已存在的队列 q，插入一个元素 x 到队尾，队列发生变化。

（3）出队操作：Out_Queue(q, x)。
　　初始条件：队列 q 存在且非空。
　　操作结果：删除队首元素，并返回其值，队列发生变化。

（4）读队头元素：Front_Queue(q, x)。
　　初始条件：队列 q 存在且非空。
　　操作结果：读队头元素，并返回其值，队列不变。

（5）判队空操作：Empty_Queue(q)。
　　初始条件：队列 q 存在。
　　操作结果：若 q 为空队列则返回为 1，否则返回为 0。

3.2.2　队列的存储结构和基本运算的实现

与线性表、栈类似，队列也有顺序存储和链式存储两种存储方法。

1. 顺序队

顺序存储的队列称为顺序队。因为队列的队头和队尾都是活动的，因此，除了队列的数据区外还有队头、队尾两个指针。顺序队的类型定义如下：

```
define   MAXSIZE   100                    /*队列的最大容量*/
typedef  struct
      {  datatype    data[MAXSIZE];       /*队列的存储空间*/
         int   rear，front;               /*队头队尾指针*/
       } SeQueue;
```

定义一个指向顺序队的指针变量：

```
SeQueue   *sq;
```

申请一个顺序队的存储空间，可使用 C 语言的存储空间申请函数 malloc，如下：

```
sq = malloc( sizeof ( SeQueue ) ) ;
```

队列的数据存储区为：

```
sq ->data[0] ~ sq ->data[MAXSIZE-1]
```

队头指针为：

sq ->front

队尾指针为：

sq ->rear

设队头指针指向队头元素前面一个位置，队尾指针指向队尾元素（这样的设置是为了某些运算的方便，并不是唯一的方法）。则置队列为空，可用以下语句设置：

```
sq ->front = sq ->rear = −1;
```

在不考虑溢出的情况下，入队操作队尾指针加 1，指向新位置后，元素入队。操作如下：

```
sq ->rear + + ;
sq ->data[sq ->rear] = x;                    /*将新元素 x 置入队尾*/
```

在不考虑队空的情况下，出队操作队头指针加 1，表明队头元素出队。操作如下：

```
sq ->front + +;
x = sq->data [sq->front];                    /*原队头元素送 x 中*/
```

队中元素的个数可以通过两个指针的差来计算：

```
m = (sq -> rear) - (q ->front ) ;
```

显然，队满时 m= MAXSIZE；队空时 m=0。

按照上述思想建立的空队、入队、出队过程如图 3.8 所示，设 MAXSIZE=10。

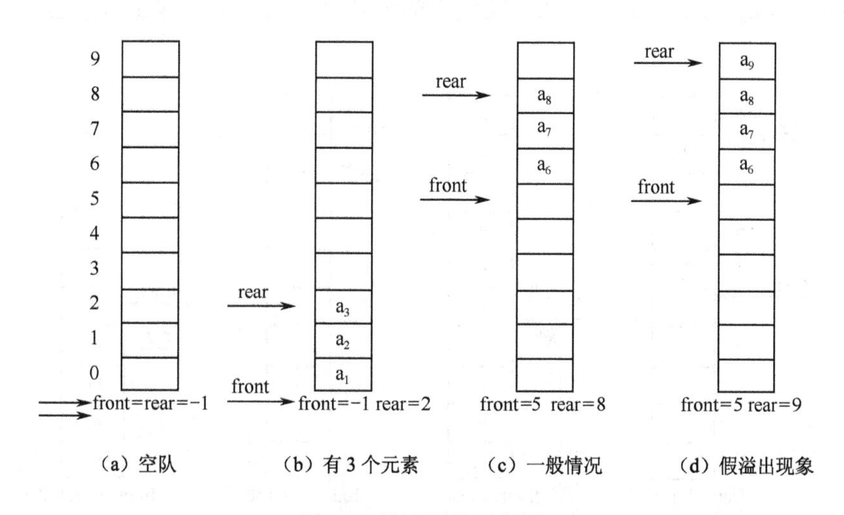

图 3.8　队列操作示意图

从图 3.8 中可以看到，随着入队出队的进行，会使整个队列整体向后移动，这样就出现了图 3.8（d）中的现象：队尾指针已经移到了最后，再有元素入队就会出现溢出，而事实上此时队中并未真的“满员”，这种现象为“假溢出”，这是由“队尾入队头出”这种受限制的操作所造成。解决假溢出的方法之一是将队列的数据区 data[0..MAXSIZE−1]看成头尾相接的循环结构，头尾指针的关系不变，将其称为“循环队列”，其示意图如图 3.9 所示。

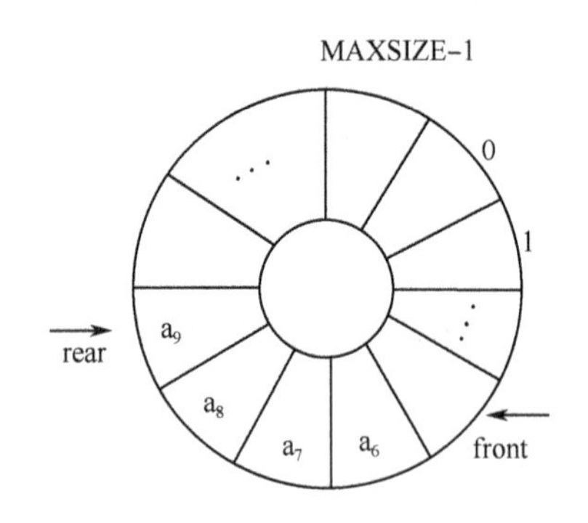

图 3.9　循环队列示意图

因为是头尾相接的循环结构，入队时的队尾指针加 1 操作修改为：

```
sq ->rear = (sq ->rear+1) % MAXSIZE;
```

出队时的队头指针加 1 操作修改为：

```
sq ->front = (sq ->front+1) % MAXSIZE;
```

设 MAXSIZE=10，图 3.10 是对循环队列进行操作的示意图。

从图 3.10 所示的循环队列可以看出，图 3.10（a）中具有 a_5，a_6，a_7，a_8 共 4 个元素，此时 front = 4，rear = 8，随着 a_9～a_{14} 相继入队，队中具有 10 个元素——队满，此时 front = 4，rear = 4，如图 3.10（b）所示，可见在队满情况下有 front = = rear。若在图 3.10（a）情况下，a_5～a_8 相继出队，此时队空，front = 8，rear = 8，如图 3.10（c）所示，即在队空情况下也有 front = = rear。也就是说，“队满”和“队空”的条件是相同的了。这显然是必须要解决的一个问题。

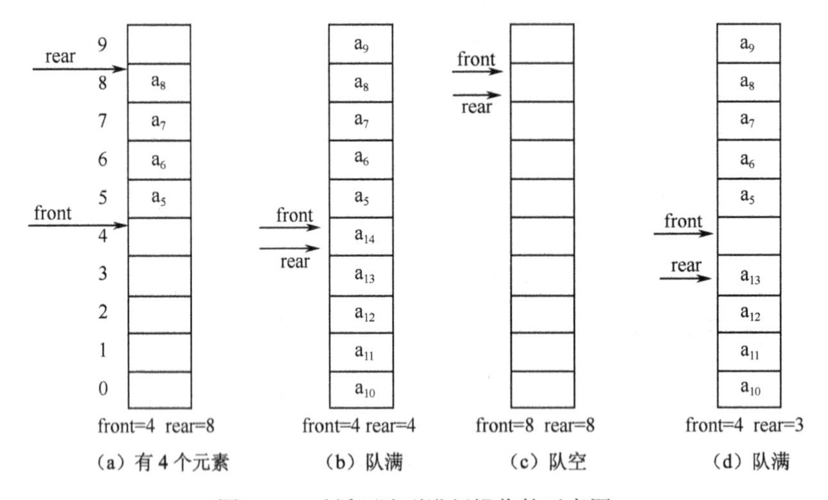

图 3.10　对循环队列进行操作的示意图

方法一：设一个存储队列中数据元素个数的变量，如 num。当 num = = 0 时队空，当 num = = MAXSIZE 时为队满。

方法二：少用一个元素空间，把图 3.10（d）所示的情况视为队满，此时的状态是队尾指针加 1 就会从后面赶上队头指针，这种情况下队满的条件是：(rear+1) % MAXSIZE = = front，也能和队空区别开。

下面的循环队列及操作按方法一实现。
循环队列的类型定义及基本运算如下：

```
typedef struct {   datatype   data[MAXSIZE];          /*数据的存储区*/
                   int   front,   rear;               /*队头队尾指针*/
                   int   num;                         /*队中元素的个数*/
               } c_SeQueue;                           /*循环队列*/
```

（1）置空队。

```
c_SeQueue*   Init_SeQueue( )
               {   q = malloc (sizeof (c_SeQueue));
                   q   ->front = q ->rear = -1;      q->num = 0;
                   return     q;
               }
```

（2）入队。

```
int     In_SeQueue ( c_SeQueue    *q ,   datatype    x)
   {   if   ( num= =MAXSIZE )
         { printf ("队满");     return   – 1;             /*队满不能入队*/
          }
         else   {   q ->rear = (q ->rear+1) % MAXSIZE;
                    q ->data[q ->rear] = x;         num + + ;
                    return    1;                      /*入队完成*/
                }
   }
```

（3）出队。

```
int     Out_SeQueue (c_SeQueue    *q ,   datatype    *x)
  {   if   ( num = =0 )
        {   printf ("队空");
            return   – 1;                             /*队空不能出队*/
        }
       else   {   q->front = (q->front+1) % MAXSIZE;
                  *x = q->data[q ->front];             /*读出队头元素*/
                  num - -;
                  return      1;                       /*出队完成*/
              }
}
```

（4）判队空。

```
int     Empty_SeQueue ( c_SeQueue    *q )
  {   if   (num= =0)   return    1;
        else   return    0;
  }
```

2. 链队列

链式存储的队称为链队列。和链栈类似，链队列可以用单链表来实现，根据队的 FIFO 原则，为了操作上的方便，可以分别设置一个头指针和一个尾指针，如图 3.11 所示。

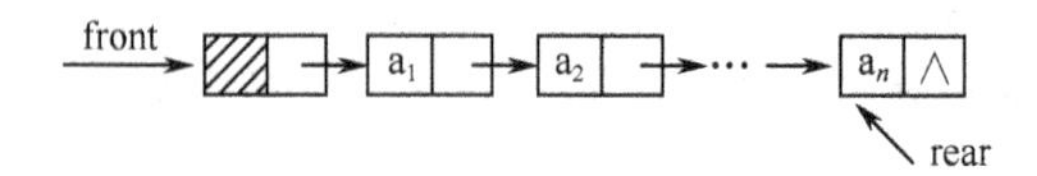

图 3.11　链队示意图

图 3.11 中头指针 front 和尾指针 rear 是两个独立的指针变量，从结构性上考虑，通常将二者封装在一个结构中。

链队列的定义如下：

```
typedef  struct  node
   {  datatype      data ;
      struct node   next ;
    } QNode;                          /*链队列结点的类型*/
typedef  struct
   {     QNode    *front,  *rear;
     }  LQueue;                       /*将头尾指针封装在一起的链队*/
```

定义一个指向链队列的指针：

```
LQueue  *q ;
```

按这种思想建立的带头结点的链队列如图 3.12 所示。

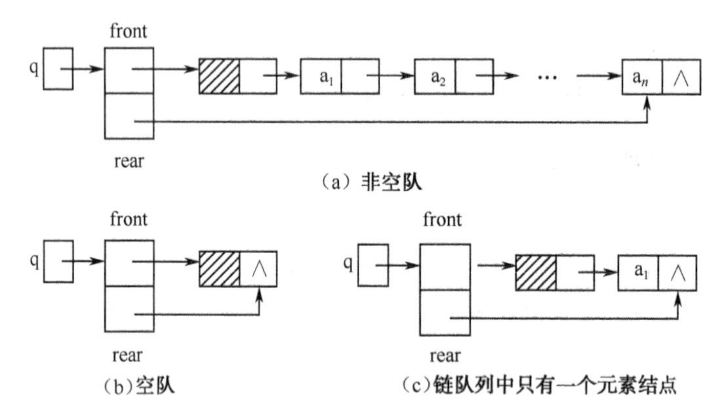

图 3.12　头尾指针封装在一起的链队列

链队列的基本运算如下所述。

（1）创建一个带头结点的空队。

```
LQueue  *Init_LQueue( )
       {  LQueue   *q,   *p;
          q = malloc (sizeof(LQueue));          /*申请头尾指针结点*/
          p = malloc (sizeof(QNode));           /*申请链队头结点*/
          p ->next = NULL;
```

```
        q ->front = p;   q->rear=p;
        return   q;
    }
```

（2）入队。

```
void   In_LQueue(LQueue   *q ,   datatype   x)
   {   QNode *p;
       p = malloc(sizeof (QNode));              /*申请新结点*/
       p ->data = x;      p ->next = NULL;
       q ->rear ->next = p;
       q ->rear = p;
   }
```

（3）判队空。

```
int   Empty_LQueue( LQueue   *q)
   {   if (q ->front= =q->rear)    return   0;
       else   return   1;
   }
```

（4）出队。

```
int   Out_LQueue(LQueue   *q ,   datatype   *x)
  {   QNode   *p;
      if   (Empty_LQueue(q) )
      {   printf ("队空");
          return   0;                              /*队空，出队失败*/
      }
     else
         { p=q ->front ->next;
          q->front ->next = p ->next;
          *x = p ->data;                           /*队头元素放 x 中*/
          free ( p );
          if (q ->front ->next = = NULL)     q ->rear = q ->front;
                /*只有一个元素时，出队后队空，此时还需要修改队尾指针，参考图 3.12(c)*/
          return   1;
          }
  }
```

3.2.3 队列应用举例

【例 3.4】 队列管理的模拟算法（队列采用带头结点的链表结构）。

用键盘输入数据来模拟队列操作，采用如下管理模式：

（1）队列初始化为空队列；

（2）键盘输入奇数时，奇数从队尾入队列；

（3）键盘输入偶数时，队头指针指向的奇数出队列；

（4）键盘输入 0 时，退出算法；

（5）每输入一个整数，显示操作后队列中的值。

```
void  outlinkqueue (LQueue  *q)
  {                                        /*显示队列 q 中所有元素的值*/
    QNode  *p;
    p=q ->front;
    printf("Queue：");
    while (p!= q->rear)
       { p = p ->next;
        printf ("%d"，p->data);
       }
    printf("\n");
  }
main( )
{ LQueue  lq，*p;
  int  j ;
  p = &lq;
  Init_ LQueue( p );
  printf ("Input  a  integer: ");
  scanf ("%d"，&j);
  while ( j != 0 )
    {  if ( j % 2 = =1)
         In_ LQueue ( p，j );              /*输入奇数：奇数入队列*/
       else
         j = Out_ LQueue ( p );            /*输入偶数：队头奇数出队列*/
         outlinkqueue ( p );
         printf("\n Input  a  integer: " );
         scanf ("%d"，&j );
    }
}
```

3.3 典型例题

【例 3.5】 循环队列应用——键盘输入循环缓冲区问题。

在操作系统中，循环队列经常用于实时应用程序。例如，当程序正在执行其他任务时，用户可以从键盘上不断输入内容，很多字处理软件就是这样工作的。系统在利用这种分时处理方法时，用户输入的内容不能在屏幕上立刻显示出来，直到当前正在工作的那个进程结束为止。但在这个进程执行时，系统在不断地检查键盘状态，如果检测到用户输入了一个新的字符，就立刻把它存到系统缓冲区中，然后继续运行原来的进程。当当前工作的进程结束后，系统就从缓冲区中取出输入的字符，并按要求进行处理。这里的键盘输入缓冲区采用了循环队列，队列的特性保证了先输入、先保存、先处理的要求，循环结构又有效地限制了缓冲区的大小，并避免了假溢出问题。下面用一段程序来模拟这种应用情况。

[问题描述]：有两个进程同时存在于一个程序中。其中第一个进程在屏幕上连续显示字符“A”，与此同时，程序不断检测键盘是否有输入，如果有，就读入用户输入的字符并保存

到输入缓冲区中。在用户输入时，输入的字符并不立即显示在屏幕上。当用户输入一个逗号（，）时，表示第一个进程结束，第二个进程从缓冲区中读取那些已输入的字符并显示在屏幕上。第二个进程结束后，程序又进入第一个进程，重新显示字符“A”，同时用户又可以继续输入字符，直到用户输入一个分号（；），才结束第一个进程，同时结束整个程序。

[算法描述]：

```
#include "stdio.h"
#include "conio.h"
#include "dos.h"
main()
{/*模拟键盘输入循环缓冲区*/
char ch1,ch2;
SeQueue    Q;
int f;
Init_Queue (&Q);           /* 队列初始化 */
for( ; ;)
{
  for( ; ;)     /*第一个进程*/
  {
    printf("A");
    if(kbhit())
     {
       ch1=getch();   /*读取输入的字符，但屏幕上不显示*/
       if (ch1==';'||ch1=='.') break;    /*第一进程正常中断*/
       f=In_Queue(&Q,ch1);
       if(f==FALSE)
       {
           printf("循环队列已满\n");
           break;           /* 循环队列满时，强制中断第一个进程*/
        }
     }
   }
  while (!Empty_Queue(Q))     /*第二个进程*/
  {
      Out_Queue (&Q,&ch2);
      putchar(ch2);         /*显示输入缓冲区的内容*/
  }
  if(ch1==';')
      break;        /*整个程序结束*/
  }
}
```

【例 3.6】 链列应用——模拟患者医院看病过程。

患者在医院看病过程：先排队等候，再看病治疗。在排队的过程中主要重复做两件事情，一是患者到达诊室时，将病历交给护士，排到等候队列中候诊；二是护士从等候队列中取出下一个患者的病历，该患者进入诊室看病。

[算法思想]：在排队时按照“先到先服务”的原则，设计一个算法模拟患者等候就诊的过程。其中，“患者到达”用命令 a 表示，“护士让下一位患者就诊”用命令 n 表示，“不再接受患者排队”用命令 q 表示。

本算法采用链队存放患者的病历号。

（1）当有“患者到达”命令时，则入队；

（2）当有“护士让下一位患者就诊”命令时，则出队；

（3）当有“不再接受患者排队”命令时，则队列中所有元素出队，程序终止。

[算法描述]：

```
void SeeDoctor()
{
Init_Queue(Q);
flag=1;
while (flag) {
      printf("\n 请输入命令：");
      ch=getchar();
      switch(ch) {
                  case ‘a’: printf("\n  病历号：");
                            scanf("%d",&n);
                            In_Queue(&Q,n);
                            break;
                 case 'n': if (!Empty_Queue(Q))
                                {Out_Queue(&Q,&n);
                                 printf("\n  病历号为%d 的患者就诊", n);
                                }
                           else
                                printf("\n  无患者等候就诊");
                           break;
                  case ‘q’: printf("\n  停止挂号，下列患者依次就诊：");
                              while ()
                               { Out_Queue (&Q,&n);
                                printf("\n  病历号为%d 的患者就诊", n);
                               }
                               flag=0;
                               break;
                  default: printf("\n  无效命令！ ");
                }
        }
}
```

本 章 小 结

（1）理解栈的定义和特点、栈的顺序存储表示和链式存储表示，以及栈在程序设计中的应用。特别要注意，链式栈的栈顶应在链头，插入与删除操作都在链头进行。

（2）需要理解队列的定义和特点、队列的顺序存储表示（循环队列）和链接存储表示。

对于循环队列，需要特别注意的是其队空条件和队满条件；而对于链队列，需要特别注意出队操作，一般情况下，出队仅对队头指针操作，当只有一个元素时，出队需要修改队尾指针。

（3）本章还简单介绍了递归函数的实现过程，需要强调的是，递归实质上就是通过栈来实现函数调用，只不过是调用自身而已。

（4）在算法设计方面，要求掌握栈的五种操作（进栈、出栈、取栈顶元素、判栈空和置空栈）在顺序存储表示下及在链接存储表示下的实现；掌握队列入队、出队、取队头元素的实现，以及在不同条件下判队空、队满的方法。

习　题　3

3.1　选择题

（1）下列说法正确的是________。

A．堆栈是在两端操作、先进后出的线性表

B．堆栈是在一端操作、先进先出的线性表

C．队列是在一端操作、先进先出的线性表

D．队列是在两端操作、先进先出的线性表

（2）栈和队列的共同点是________。

A．都是先进后出　　B．都是先进先出

C．只允许在端点处插入和删除元素　　D．没有共同点

（3）以下数据结构中________是非线性结构。

A．队列　　B．栈

C．线性表　　D．二叉树

（4）若已知一个栈的入栈序列是 1, 2, 3, …, n，其输出序列为 $p_1, p_2, p_3, \cdots, p_n$，若 $p_1=n$，则 p_i 为________。

A．i　　B．$n-i$

C．$n-i+1$　　D．不确定

（5）当利用大小为 N 的一维数组顺序存储一个栈时，假定用 top==N 表示栈空，则向这个栈插入一个元素时，首先应执行________语句修改 top 指针。

A．top++　　B．top−−

C．top=0　　D．top

（6）4 个元素进 S 栈的顺序是 A, B, C, D，经运算，POP(S)后栈顶元素是______。

A．A　　B．B

C．C　　D．D

（7）一个栈的输入序列是 a, b, c, d, e，则栈的不可能的输出序列是________。

A．edcba　　B．decba

C．dceab　　D．abcde

（8）设输入序列是 1, 2, 3, …, n，经过栈的作用后输出序列的第一个元素是 n，则输出序列中第 i 个输出元素是________。

A．$n-i$　　B．$n-1-i$

C．$n+1-i$　　D．不能确定

（9）字符 A、B、C、D 依次进入一个栈，按出栈的先后顺序组成不同的字符串，至多可以组成________个不同的字符串。

A．15　　　　B．14

C．16　　　　D．21

（10）递归函数 $f(n)=f(n-1)+n(n>1)$的递归出口是________。

A．f(1)=0　　　　B．f(1)=1

C．f(0)=1　　　　D．f(*n*)=*n*

（11）设指针变量 top 指向当前链式栈的栈顶，则删除栈顶元素的操作序列为______。

A．top=top+1;　　　　B．top=top−1;

C．top->next=top;　　　　D．top=top->next;

（12）中缀表达式 A−(B+C / D)*E 的后缀形式是________。

A．ABC+D / *E−　　　　B．ABCD / +E*−

C．AB−C+D / E*　　　　D．ABC−+D/E*

（13）用 front 和 rear 分别表示顺序循环队列的队首和队尾指针，判断队空的条件是____。

A．front+1==rear　　　　B．(rear+1) % maxSize == front

C．front==0　　　　D．front==rear

（14）判定一个循环队列 QU（最多元素为 m0）为满队列的条件是_______。

A．QU->front==QU->rear　　　　B．QU->front!=QU->rear

C．QU->front==(QU->rear+1)%m0　　　　D．QU->front!=(QU->rear+1)%m0

（15）设栈 S 和队列 Q 的初始状态为空，元素 E1、E2、E3、E4、E5 和 E6 依次通过栈 S，一个元素出栈后即进入队列 Q，若 6 个元素出列的顺序为 E2、E4、E3、E6、E5 和 E1，则栈 S 的容量至少应该是_______。

A．6　　　　B．4

C．3　　　　D．2

（16）用链接方式存储的队列，在进行插入运算时，_______。

A．仅修改头指针　　　　B．头、尾指针都要修改

C．仅修改尾指针　　　　D．头、尾指针可能都要修改

（17）若用一个大小为 6 的数组来实现循环队列，且当前 rear 和 front 的值分别为 0 和 3。当从队列中删除一个元素再加入两个元素后，rear 和 front 的值分别为________。

A．1 和 5　　　　B．2 和 4

C．4 和 2　　　　D．5 和 1

（18）设顺序循环队列 Q[0：M-1]的头指针和尾指针分别为 F 和 R，头指针 F 总是指向队头元素的前一位置，尾指针 R 总是指向队尾元素的当前位置，则该循环队列中的元素个数为________。

A．R−F　　　　B．F−R

C．(R−F+M)%M　　　　D．(F−R+M)%M

（19）设指针变量 front 表示链式队列的队头指针，指针变量 rear 表示链式队列的队尾指针，指针变量 s 指向将要入队列的结点 X，则入队列的操作序列为________。

A．front->next=s；front=s;　　　　B．s->next=rear；rear=s;

C．rear->next=s；rear=s;　　　　D．s->next=front；front=s;

（20）当利用大小为 n 的数组顺序存储一个队列时，该队列的最大长度为________。

A．$n-2$　　B．$n-1$

C．n　　D．$n+1$

3.2　填空题

（1）栈的插入和删除只能在栈的栈顶进行，后进栈的元素必定先出栈，所以又把栈称为________表；队列的插入和删除操作分别在队列的两端进行，先进队列的元素必定先出队列，所以又把队列称为________表。

（2）后缀算式 9 2 3 + − 10 2 / −的值为________。中缀算式（3+4X）−2Y/3 对应的后缀算式为________。

（3）下面程序段的功能实现数据 x 进栈，要求在下画线处填上正确的语句。

```
typedef struct {int s[100]; int top;} sqstack;
void push(sqstack &stack,int x)
{
if (stack.top==m-1) printf("overflow");
else {_______________; _____________________;}
```

（4）设指针变量 p 指向双向循环链表中的结点 X，则删除结点 X 需要执行的语句序列为________________; ____________;（设结点中的两个指针域分别为 llink 和 rlink）。

（5）设有一个顺序循环队列中有 M 个存储单元，则该循环队列中最多能够存储 $M-1$ 个队列元素；当前实际存储____________个队列元素（设头指针 F 指向当前队头元素的前一个位置，尾指针指向当前队尾元素的位置）。

（6）设有一个顺序共享栈 S[0：n−1]，其中第一个栈项指针 top1 的初值为−1，第二个栈顶指针 top2 的初值为 n，则判断共享栈满的条件是______________。

（7）设 F 和 R 分别表示顺序循环队列的头指针和尾指针，则判断该循环队列为空的条件为_____________________。

（8）顺序循环队列判空的条件是（使用 front, rear, n 表示）___________________。

（9）顺序循环队列判满的条件是（使用 front, rear, n 表示）___________________。

（10）顺序循环队列 MAXSIZE=N，最多可以存储________________元素。

3.3　简述栈和线性表的区别。

3.4　简述栈和队列这两种数据结构的相同点和不同点。

3.5　如果进栈的元素序列为 A，B，C，D，则可能得到的出栈序列有多少种？写出全部的可能序列。

3.6　如果进栈的元素序列为 1，2，3，4，5，6，能否得到 4，3，5，6，1，2 和 1，3，5，4，2，6 的出栈序列？并说明为什么不能得到或如何得到。

3.7　写出下列程序段的运行结果（栈中的元素类型是 char）。

```
main( )
{  SeqStack   s，*p;;
char x，y;
p=&s;
Init_Queue(p);
x= 'c';     y= 'k';
```

```
push (p, x);  push (p, 'a'); push (p, y);
x=pop     (p);
push (p, 't');   push (p, x);
x=pop (p);
push (p, 's');
while (!Empty_SeqStack(p))
    { y=pop (p);
      printf("%c", y);
}
printf("%c\n", x);
      }
```

3.8 将一个非负十进制整数转换成二进制数，用非递归算法和递归算法来实现。

3.9 写一算法将一顺序栈中的元素依次取出，并打印元素值。

3.10 写出下列程序段的运行结果（队列中的元素类型是 char）。

```
main( )
 {  SeQueue   a, *q;
char x, y;
q=&a;    x='e';    y='c';
Init_Queue(q);
In_Queue(q, 'h');    In_Queue(q, 'r');    In_Queue(q, y);
x=Out_Queue (q);
In_Queue(q, x);
x= Out_Queue (q);
In_Queue(q, 'a' );
while (!Empty_SeqStack(q))
    { y= Out_Queue(q);
      printf("%c", y);
}
printf("%C\n", x);
}
```

3.11 写一算法将一链队列中的元素依次取出，并打印这些元素值。

第4章　串 和 数 组

串（即字符串）也是一种特殊的线性表，其特殊性在于数据元素仅由一个个字符组成。作为一种基本数据类型，字符在计算机信息处理中意义非同一般，计算机非数值处理的对象经常是字符串数据，如在汇编和高级语言的编译程序中，源程序和目标程序都是字符串数据；在事务处理程序中，顾客的姓名、地址、货物的产地、名称等，一般也是作为字符串处理的。另外，串还具有自身的特性，常常把一个串作为一个整体来处理，因此，把串作为独立结构的概念加以研究是非常必要的。事实上，几乎所有的程序设计语言都能支持串的存储和串的基本运算，在实际应用中一般也都直接引用，本章简单介绍了串的存储结构及基本运算，使读者对串及其实现方法有一个大致的了解。

数组可视为线性表的推广，其特点是表中数据元素仍然是一个表。当然，从本质上看，维数大于 1 的数组中数据元素之间不再是简单的一对一关系，因此，严格地说多维数组是非线性的。然而，由于数组中数据元素类型的一致性和其内部结构上的同一性，在实际处理数组时可以借助线性表的方法来实现数组及其运算。本章主要讨论数组的逻辑结构和存储结构、稀疏矩阵及其压缩存储等内容。

4.1　串

4.1.1　串的基本概念

1. 串的定义

串（String）是由零个或多个任意字符组成的字符序列。一般记做：

$$s="a_1 a_2 \cdots a_n"$$

其中，s 是串名；在本书中，用双引号作为串的定界符，引号引起来的字符序列为串值，引号本身不属于串的内容；a_i（$1 \leqslant i \leqslant n$）是一个任意字符，它称为串的元素，是构成串的基本单位，i 是该元素在整个串中的序号；n 为串的长度，表示串中所包含的字符个数，当 $n=0$ 时，称为空串，通常记为 Φ。

2. 几个术语

子串与主串：串中任意连续的字符组成的子序列称为该串的子串；包含子串的串相应地称为主串。

子串的位置：子串的第一个字符在主串中的序号称为子串在主串中的位置。

串相等：若两个串的长度相等且每一个对应字符都相等，就称这两个串是相等的。

4.1.2 串的基本运算

串的运算有很多，下面介绍部分基本运算。

（1）求串长：StrLength(s)。

操作条件：串 s 存在。

操作结果：求出串 s 的长度（字符个数）。

（2）串赋值：StrAssign(s1, s2)。

操作条件：s1 是一个串变量，s2 或者是一个串常量，或者是一个串变量（通常 s2 是一个串常量时称为串赋值，是一个串变量称为串复制）。

操作结果：将 s2 的串值赋值给 s1，s1 原来的值被覆盖掉。

（3）连接运算：StrConcat(s1, s2, s)或 StrConcat(s1, s2)。

操作条件：串 s1, s2 存在。

操作结果：两个串的连接就是将一个串的串值紧接着放在另一个串的后面，连接成一个串。前者是产生新串 s, s1 和 s2 不改变；后者是在 s1 的后面连接 s2 的串值，s1 改变，s2 不改变。

例如：s1="zhe"，s2="jiang"，前者操作结果是 s="zhe jiang"；后者操作结果是 s1="zhe jiang"。

（4）求子串：SubStr(s, i, len)。

操作条件：串 s 存在，1≤*i*≤StrLength(s)，0≤len≤StrLength(s)−*i*+1。

操作结果：返回从串 s 的第 *i* 个字符开始的长度为 len 的子串。len=0 得到的是空串。

例如：SubStr ("abcdefghi", 3, 4)="cdef"

（5）串比较运算：StrComp(s1, s2)。

操作条件：串 s1, s2 存在。

操作结果：若 s1=s2，操作返回值为 0；若 s1<s2，返回值<0；若 s1>s2，返回值>0。

（6）串定位：StrIndex(s, t)，找子串 t 在主串 s 中首次出现的位置。

操作条件：串 s, t 存在。

操作结果：若 t∈s，则操作返回 t 在 s 中首次出现的位置，否则返回值为−1。

例如：StrIndex("abcdebda","bc") = 2，StrIndex ("abcdebda","ba") = −1。

（7）串插入操作：StrInsert(s, i, t)。

操作条件：串 s, t 存在，且 1≤*i*≤StrLength(s)+1。

操作结果：将串 t 插入到串 s 的第 *i* 个字符位置上，s 的串值发生改变。

（8）串删除操作：StrDelete (s, i, len)。

操作条件：串 s 存在，且 1≤*i*≤StrLength(s)，0≤len≤StrLength (s)−*i*+1。

操作结果：删除串 s 中从第 *i* 个字符开始的长度为 len 的子串，s 的串值改变。

（9）串替换操作：StrRep(s, t, r)。

操作条件：串 s, t, r 存在，且 t 不为空。

操作结果：用串 r 替换串 s 中出现的所有与串 t 相等的不重叠的子串，s 的串值改变。

以上是串的几个基本操作。其中前 5 个操作是最基本的，它们不能用其他操作来合成，因此通常将这 5 个基本操作称为最小操作集。

4.1.3 串的存储结构及其基本运算的实现

因为串是数据元素类型为字符型的线性表，所以线性表的存储方式仍适用于串，也因为字符的特殊性和字符串经常作为一个整体来处理的特点，串在存储时还有一些与一般线性表不同的地方。

1. 串的定长顺序存储结构

类似于顺序表，可以用一组地址连续的存储单元存储串值中的字符序列，所谓定长是指按预定义的大小为每一个串变量分配一个固定长度的存储区，如

```
#define  MAXSIZE  256
char    s[MAXSIZE];
```

则串的最大长度不能超过 256。

如何标识实际长度？常用的方法有以下三种。

（1）类似顺序表，用一个指针来指向最后一个字符，这样表示的串描述如下：

```
typedef  struct
            {  char   data[MAXSIZE];
               int     curlen;
            }  SeqString;
```

定义一个串变量：

```
SeqString   s;
```

这种存储方式可以直接得到串的长度：s.curlen+1，如图 4.1 所示。

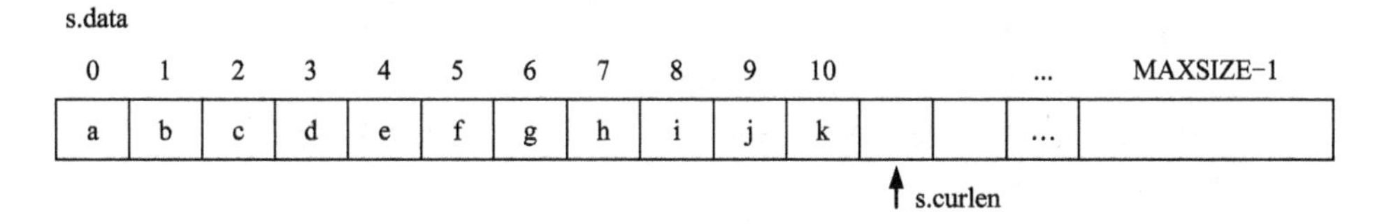

图 4.1　串的顺序存储方式 1

（2）在串尾存储一个不会在串中出现的特殊字符作为串的终结符，以此表示串的结尾。例如，C 语言中处理定长串的方法就是这样的，它是用“\0”来表示串的结束。这种存储方法不能直接得到串的长度，根据当前字符是否是“\0”来确定串是否结束，从而求得串的长度，如图 4.2 所示。

```
char   s[MAXSIZE];
```

0	1	2	3	4	5	6	7	8	9	10			...	MAXSIZE-1
a	b	c	d	e	f	g	h	i	j	k	\0		...	

图 4.2　串的顺序存储方式 2

（3）设定串长存储空间：char　s[MAXSIZE+1]，用 s[0]来存放串的实际长度，而串值存

放在 s[1]～s[MAXSIZE]中，字符的序号和存储位置一致，应用更为方便。

2．堆分配存储结构

在顺序串上的插入、删除操作并不方便，必须移动大量的字符，而且当操作中出现串值序列的长度超过上界 MAXSIZE 时，只能用截尾法处理。要克服这个弊病，只有不限定串的最大长度，动态分配串值的存储空间。

堆分配存储结构的特点是：仍以一组地址连续的存储单元存放串的字符序列，但其存储空间是在算法执行过程中动态分配得到的。在 C 语言中，由动态分配函数 malloc ( )和 free ( )来管理。利用函数 malloc ( )为每一个新产生的串分配一块实际需要的存储空间，若分配成功，则返回一个指针，指向串的起始地址。串的堆分配存储结构如下：

```
typedef   struct
          {  char    *ch;
             int     len;
          } HSTRING;
```

由于堆分配存储结构的串既有顺序存储结构的特点，在操作中又没有串长的限制，显得很灵活，因此，在串处理的应用程序中常被选用。

3．定长顺序串基本运算的实现

下面主要讨论定长串连接、求子串、串比较和串定位算法，顺序串的插入和删除等运算基本与顺序表相同，在此不再赘述。设串结束用"\0"来标识。

（1）串连接：把两个串 s1 和 s2 首尾连接成一个新串 s，即 s← s1+s2。

```
int   StrConcat ( s1,   s2,   s )
      char   s1[ ],   s2[ ],   s[ ];            /*将串 s1, s2 合并到串 s，合并成功返回 1，否则返回 0*/
   {  int   i = 0 ,   j,   len1,   len2;
      len1= StrLength(s1);      len2= StrLength(s2)
      if   (len1+ len2>MAXSIZE-1)      return    0 ;              /* s 长度不够*/
      j=0;
      while(s1[j]!='\0')     { s[i]=s1[j];    i++;     j++;   }
      j=0;
      while(s2[j]!='\0')     { s[i]=s2[j];    i++;     j++;   }
      s[i]='\0';
      return    1;
   }
```

（2）求子串。

```
int   StrSub ( char    *t,    char    *s,    int    i,    int    len )
                              /*用 t 返回串 s 中第 i 个字符开始的长度为 len 的子串，1≤i≤串长*/
   {  int    slen;
      slen = StrLength( s );
      i f   ( i<1 || i>slen || len<0 || len>slen−i+1)
   {  printf("参数不对");      return 0;    }
      for   (j=0;   j<len;   j++)
```

```
        t[j] = s[i+j-1];
      t[j]='\0';
      return   1;
   }
```

（3）串比较。

```
int   StrComp(char *s1,   char *s2)
   {   int   i = 0;
       while (s1[i]= =s2[i] && s1[i]!='\0')   i++;
       return (s1[i]-s2[i]);
   }
```

（4）串定位。

```
int   StrIndex ( char   *s,   char   *t )          /*返回子串 t 在主串 s 中的位置，若不存在则返回-1*/
{   int   i = 0,   j = 0;
     while   ( s[i] != '\0' && t[j] !='\0' )
          if   ( s[i] = = t[j] )   { + + i;   + + j ; }          /*当前匹配成功，继续比较下一个字符*/
          else                    /*当前匹配不成功，主串换一个起始位置，子串从 0 重新开始*/
             {   i = i -j + 1;   j = 0;   }
     if   ( t[j] = = '\0' )   return   i-j ;              /*匹配成功，返回匹配的第一个字符位置*/
       else   return   -1;                                /*匹配不成功，返回-1*/
   }
```

子串的定位操作通常称做串的模式匹配，是各种串处理系统中最重要的操作之一。以上算法是一种简单的带回溯的匹配算法，该算法思路比较简单，容易理解，但其时间复杂度较高，最坏情况下为 *O*(slen*tlen)。改进的模式匹配算法 KMP 可参见参考书[2]。

4.1.4 串的其他运算举例

【例 4.1】 在串的堆分配存储结构上实现求子串函数 SubStr（s，i，j）。

前面讨论了在串的顺序定长存储结构上实现 SubStr（s，i，j）函数的算法。下面是在串的堆分配存储结构上实现 SubStr（s，i，j）函数的算法。此算法中，对给定的参数须做合法性判断，当参数非法时，函数返回空串。可和上面的算法比较，进一步掌握串的两种存储结构。

```
HString   SubStr_h(HString   s，int   i，int   j)   /*返回 s 串中的第 i 个字符起长度为 j 的子串*/
      {   HString   sub;
          int   n;
      if   ( i<1 || i>s.len || j<0 || j>s.len-i+1 )       /*参数不合法，返回空串*/
          {   sub.ch = NULL;
              sub.len＝0;
       }
      else
         { sub.ch = malloc (j*sizeof (char) );          /*为子串申请存储空间*/
          for ( n=1;   n<=j;   n++)
              sub.ch[n] = s.ch[n+i-1];
```

```
                sub.len = j;
                return   sub;
            }
        }
```

4.2 数组

4.2.1 数组的逻辑结构和基本操作

数组（Array）是一种数据结构，高级语言一般都支持数组这种数据类型。数组作为一种数据结构，其特点是结构中的元素本身可以是具有某种结构的数据，但属于同一数据类型。从逻辑结构上，可以把数组看做一般线性表的扩充。例如，一维数组可以看做一个线性表，二维数组可以看做“数据元素是一维数组”的一维数组。依此类推，即可得到多维数组的定义。图 4.3 所示是一个 m 行 n 列的二维数组。

$$A=\begin{matrix} a_{11} & a_{12} & \cdots & a_{1j} & \cdots & a_{1n} \\ a_{21} & a_{22} & \cdots & a_{2j} & \cdots & a_{2n} \\ \vdots & \vdots & & \vdots & & \vdots \\ a_{i1} & a_{i2} & \cdots & a_{ij} & \cdots & a_{in} \\ \vdots & \vdots & & \vdots & & \vdots \\ a_{m1} & a_{m2} & \cdots & a_{mj} & \cdots & a_{mn} \end{matrix}$$

图 4.3　m 行 n 列二维数组示例

可以把二维数组看成是一个线性表：$A = (\alpha_1, \alpha_2, \cdots, \alpha_n)$，其中$\alpha_j\,(1\leqslant j\leqslant n)$本身也是一个线性表，称为列向量（Column Vector），即$\alpha_j = (a_{1j}, a_{2j}, \cdots, a_{mj})$，如图 4.4（a）所示。同样，还可以将数组 A 看成另外一个线性表：$B = (\beta_1, \beta_2, \cdots, \beta_m)$，其中$\beta_i(1\leqslant i\leqslant n)$本身也是一个线性表，称为行向量（Row Vector），即$\beta_i = (a_{i1}, a_{i2}, \cdots, a_{im})$，如图 4.4（b）所示。

如图 4.4 所示，在二维数组中，元素 a_{ij} 处在第 i 行和第 j 列的交叉处，即元素 a_{ij} 同时有两个线性关系约束，a_{ij} 既是同行元素 a_{ij-1} 的“行后继”，又是同列元素 a_{i-1j} 的“列后继”。同理，三维数组可以看成这样的一个线性表，即其中每个数据元素均是一个二维数组，即三维数组中每个元素同时有三个线性关系约束，推广之，n 维数组就是“数据元素为 $n-1$ 维数组”的线性表。

由数组的结构可以看出，数组中的每一个元素由一个值和一组下标来描述。值表示数组中元素的数据信息，下标用来描述该元素在数组中的相对位置。数组的维数不同，描述其相对位置的下标的个数也不同。例如，在二维数组中，元素 a_{ij} 由两个下标 i，j 来描述，其中 i 表示该元素的行号，j 表示该元素的列号。

数组是一个具有固定格式和数量的数据有序集，即，一旦定义了数组的维数和每维的上、下限，数组的元素个数就固定了，而且数组中的每一个元素也由唯一的一组下标来标识。因此，在数组上一般不能做插入、删除数据元素的操作。对数组的操作通常只有下面两类。

（1）取值操作：给定一组下标，读其对应的数据元素。

（2）赋值操作：给定一组下标，存储或修改与其相对应的数据元素。

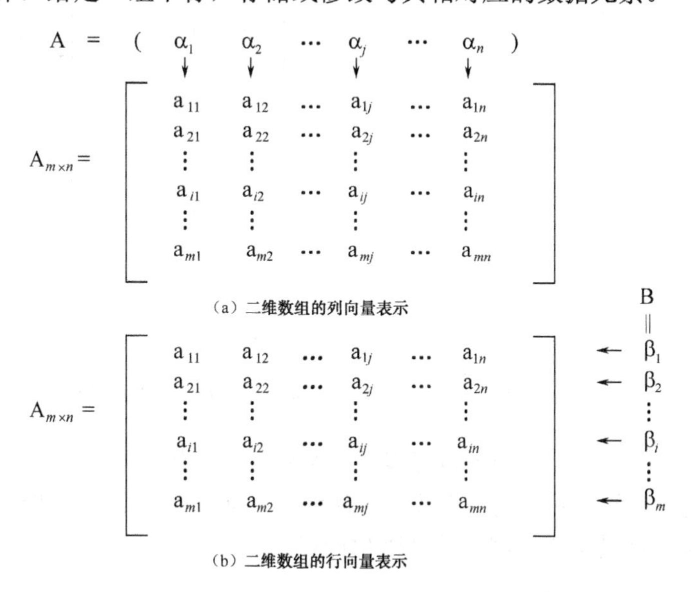

（a）二维数组的列向量表示

（b）二维数组的行向量表示

图 4.4　二维数组的向量表示法

因此，数组的操作主要是数据元素的定位，即给定元素的下标，得到该元素在计算机中的存储位置。其本质就是地址计算问题。

本章以二维数组为例展开说明，因为二维数组的应用是最广泛的，也是最基本的。对大于二维的多维数组，其存储和操作方法可以类推。

4.2.2　数组的存储结构

由于数组的特点（即数组中数据元素的个数固定且其结构不变化），数组操作基本就是取值、赋值运算，因此，对于数组而言，采用顺序存储结构表示比较适合。

在计算机中，内存的地址空间是一维的。对于一维数组，可直接按其下标顺序分配内存空间；而对于多维数组，必须按某种次序将数组中元素排成一个线性序列，然后按该序列将数据元素存放在一维的内存空间中。

存储二维数组时，一般有两种存储方式：一种是以行序为主序（或先行后列）的顺序存储方式，即从第一行开始存放，一行存放完了接着存放下一行，直到最后一行为止，如 BASIC、PASCAL、COBOL、C 等程序设计语言中都是以行序为主序的；另一种是以列序为主序（先列后行）的顺序存储方式，即一列一列地存储，如 FORTRAN 语言就是采用以列序为主序的存储分配。

显然，对于多维数组来说，以行序为主序的存储分配的规律是：最右边的下标先变化，即最右下标从小到大，循环一遍后，右边第二个下标再变，…，从右向左，最后是左下标。以列序为主序存储分配的规律恰好相反：最左边的下标先变化，即最左下标从小到大，循环一遍后，左边第二个下标再变，…，从左向右，最后是右下标。

例如，一个 2×3 的二维数组，逻辑结构可以用图 4.5 表示。以行序为主序的内存映像如图 4.6（a）所示，分配顺序为：$a_{11}, a_{12}, a_{13}, a_{21}, a_{22}, a_{23}$；以列序为主序的分配顺序为：$a_{11}, a_{21}, a_{12}$,

a_{22}, a_{13}, a_{23}，它的内存映像如图 4.6（b）所示。

a_{11}	a_{12}	a_{13}
a_{21}	a_{22}	a_{23}

图 4.5　2×3 二维数组的逻辑结构

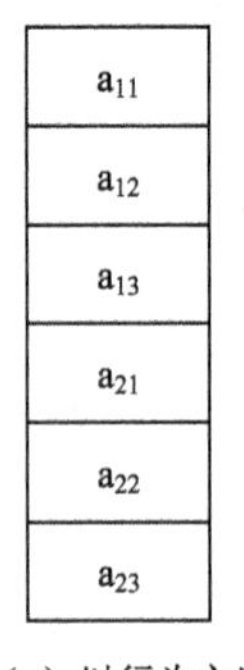

（a）以行为主序

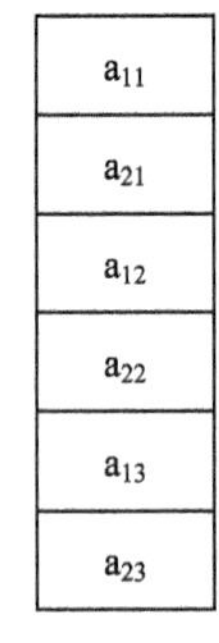

（b）以列为主序

图 4.6　2×3 二维数组的物理结构

设有 $m \times n$ 二维数组 A_{mn}，下面看按元素的下标求其地址的计算。

以“以行为主序”的分配为例：设数组的基址为 $LOC(a_{11})$，每个数组元素占据 L 个地址单元，那么 a_{ij} 的物理地址可用一线性寻址函数计算：

$$LOC(a_{ij}) = LOC(a_{11}) + ((i-1) \times n + j-1) \times L$$

这是因为数组元素 a_{ij} 的前面有 i-1 行，每一行的元素个数为 n，在第 i 行中它的前面还有 j-1 个数组元素。

在 C 语言中，数组中每一维的下界定义为 0，则：

$$LOC(a_{ij}) = LOC(a_{00}) + (i \times n + j) \times L$$

推广到一般的二维数组 $A[c_1 \cdots d_1]\ [c_2 \cdots d_2]$，则 a_{ij} 的物理地址计算函数为：

$$LOC(a_{ij}) = LOC\ (a_{c_1 c_2}) + (\ (i-c_1) \times (d_2-c_2+1) + (\ j-c_2)) \times L$$

同理，对于三维数组 A_{mnp}，即 $m \times n \times p$ 数组，数组元素 a_{ijk} 的物理地址为：

$$LOC(a_{ijk}) = LOC(a_{111}) + ((i-1) \times n \times p + (j-1) \times p + k-1) \times L$$

4.2.3　稀疏矩阵

稀疏矩阵（Sparse Matrix）是指矩阵中大多数元素为零元素的矩阵，即设 $m \times n$ 矩阵中有 t 个非零元素且 $t \ll m \times n$，则称为稀疏矩阵。很多科学管理及工程计算中，常会遇到阶数很高的大型稀疏矩阵。如果按常规分配方法，顺序分配在计算机内，那将是相当浪费内存的。为此提出另外一种存储方法，仅存放非零元素。但对于这类矩阵，通常零元素分布没有规律，为了能找到相应的元素，仅存储非零元素的值是不够的，还要记下它所在的行和列。于是采取如下方法：非零元素所在的行、列及它的值构成一个三元组（i, j, v），然后按某种规律存储这些三元组，这种方法可以大大节约存储空间。

1．稀疏矩阵的三元组表存储

将三元组按行优先的顺序，同一行中列号从小到大的规律排列成一个线性表，称为三元组表，采用顺序存储方法存储该表。如图 4.7 所示的稀疏矩阵对应的三元组表为图 4.8。显然，要唯一地表示一个稀疏矩阵，还需要在存储三元组表的同时存储该矩阵的最大行数和最大列数，为了运算方便，矩阵的非零元素的个数也同时存储。

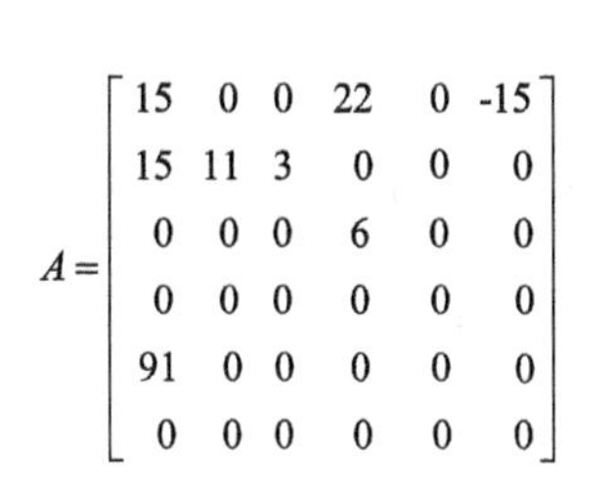

$$A=\begin{bmatrix}15 & 0 & 0 & 22 & 0 & -15\\ 15 & 11 & 3 & 0 & 0 & 0\\ 0 & 0 & 0 & 6 & 0 & 0\\ 0 & 0 & 0 & 0 & 0 & 0\\ 91 & 0 & 0 & 0 & 0 & 0\\ 0 & 0 & 0 & 0 & 0 & 0\end{bmatrix}$$

图 4.7　稀疏矩阵

	i	*j*	*v*
1	1	1	15
2	1	4	22
3	1	6	−15
4	2	2	11
5	2	3	3
6	3	4	6
7	5	1	91

图 4.8　三元组表

这种存储结构的具体实现如下：

```
#define  SMAX   1024              /*一个足够大的数*/
typedef  struct
      {  int   i,  j;             /*非零元素的行、列*/
         datatype   v;            /*非零元素值*/
      }  SPNode;                  /*三元组类型*/
typedef  struct
      {  int   mu,  nu,  tu;      /*矩阵的行、列及非零元素的个数*/
         SPNode  data[SMAX];      /*三元组表*/
      }  SPMatrix;                /*三元组表的存储类型*/
```

定义一个稀疏矩阵的变量：

```
SPMatrix    M;
```

这样的存储方法确实节约了存储空间，但矩阵的运算从算法上可能变得复杂些。下面来讨论这种存储方式下的稀疏矩阵的转置运算。

2．稀疏矩阵的转置运算

设 ***A*** 为一个 $m\times n$ 的稀疏矩阵，则其转置矩阵 ***B*** 就是一个 $n\times m$ 的稀疏矩阵，因此它们可以采用相同的数据类型，即

```
SPMatrix  A,  B;
```

转置运算需要完成的工作包括：***A*** 的行、列分别转化成 ***B*** 的列、行；将 A.data 中每一个三元组的行与列交换后复制到 B.data 中。

以上两点完成之后，似乎完成了 ***B***，但实际上没有。因为前面规定的三元组表是按行从小到大且同一行中的元素按列号从小到大的规律顺序存放的，因此转置后的矩阵 ***B*** 也必须按此规律排列。***A*** 的转置矩阵 ***B*** 如图 4.9 所示，图 4.10 是它对应的三元组表存储，就是说，在 ***A*** 的三元组表存储基础上得到 ***B*** 的三元组表存储（为了运算方便，矩阵的行列都从 1 算起，三元组表 data 也从 1 单元用起）。

算法思路：

（1）***A*** 的行、列转化成 ***B*** 的列、行；

（2）在 A.data 中依次找第一列的、第二列的直到最后一列的三元组，并将找到的每个三元组的行、列交换后顺序存储到 B.data 中即可。

$$B=\begin{bmatrix}15&0&0&22&91&0\\0&11&3&0&0&0\\0&3&0&6&0&0\\22&0&6&0&0&0\\0&0&0&0&0&0\\15&0&0&0&0&0\end{bmatrix}$$

图 4.9　$\boldsymbol{A}$ 的转置矩阵 $\boldsymbol{B}$

	i	*j*	*v*
1	1	1	15
2	1	5	91
3	2	2	11
4	3	2	3
5	4	1	22
6	4	3	6
7	6	1	−15

图 4.10　矩阵 B 的三元组表

算法 4.1　稀疏矩阵的转置算法。

```
void   TransM1 (SPMatrix   *A)
  {  SPMatrix   *B;
     int  p,  q,  col;
     B=malloc (sizeof (SPMatrix));                          /*申请存储空间*/
     B->mu=A->nu;   B->nu=A->mu;   B->tu=A->tu;             /*稀疏矩阵的行、列、元素个数*/
   if (B->tu>0)                                             /*有非零元素则转换*/
     {  q=0;
        for  (col=1;  col<=(A->nu);  col++)                 /*按 A 的列序转换*/
          for  (p=1;  p<= (A->tu);  p++)                    /*扫描整个三元组表*/
             if  (A->data[p].j = = col )
                {  B->data[q].i = A->data[p].j ;
                   B->data[q].j = A->data[p].i ;
                   B->data[q].v = A->data[p].v;
                   q++;
                }                                           /*if*/
     }                                                      /*if(B->tu>0)*/
   return  B;                                               /*返回的是转置矩阵的指针*/
  }                                                         /*TransM1*/
```

分析该算法，其时间主要耗费在 col 和 p 的二重循环上，所以时间复杂性为 $O(n \times t)$（设 m、n 是原矩阵的行、列数，t 是稀疏矩阵的非零元素个数），显然，当非零元素的个数 t 和 $m \times n$ 同数量级时，算法的时间复杂度为 $O(m \times n^2)$，和通常存储方式下矩阵转置算法相比，可能节约了一定量的存储空间，但算法的时间复杂度更差一些。

3. 稀疏矩阵转置的改进算法

稀疏矩阵转置算法效率低的原因是算法要从 $\boldsymbol{A}$ 的三元组表中寻找第一列、第二列、…，要反复查找 $\boldsymbol{A}$，若能直接确定 $\boldsymbol{A}$ 中每一三元组在 $\boldsymbol{B}$ 中的位置，则对 $\boldsymbol{A}$ 的三元组表扫描一次即可。这是可以做到的，因为 $\boldsymbol{A}$ 中第一列的第一个非零元素一定存储在 B.data[1]中，如果还知道第一列的非零元素的个数，那么第二列的第一个非零元素在 B.data 中的位置便等于第一列的第一个非零元素在 B.data 中的位置加上第一列的非零元素的个数，以此类推，因为 $\boldsymbol{A}$ 中三元组的存放顺序是先行后列，对同一行来说，必定先遇到列号小的元素，这样只需扫描一遍

A.data 即可。

根据这个想法，需引入两个向量来实现：num[n+1]和 cpot[n+1]，num[col]表示矩阵 ***A*** 中第 col 列的非零元素的个数（为了方便均从 1 单元用起），cpot［col］初始值表示矩阵 ***A*** 中的第 col 列的第一个非零元素在 B.data 中的位置。于是 cpot 的初始值为：

```
cpot[1]=1；
cpot[col]=cpot[col-1]+num[col-1]；      2≤col≤n
```

例如，图 4.7 中矩阵 ***A*** 的 num 和 cpot 的值如下：

col	1	2	3	4	5	6
num[col]	2	1	1	2	0	1
cpot[col]	1	3	4	5	7	7

图 4.11　矩阵 ***A*** 的 num 与 cpot 值

依次扫描 A.data，当扫描到一个 col 列元素时，直接将其存放在 B.data 的 cpot[col]位置上，cpot[col]加 1，cpot[col]中始终是下一个 col 列元素在 B.data 中的位置。

按以上思路得到如下改进的转置算法。

算法 4.2　改进的稀疏矩阵转置算法。

```
SPMatrix  * TransM2 (SPMatrix *A)
  {  SPMatrix *B;
     int   i, j, k;
     int   num[n+1], cpot[n+1];
     B=malloc(sizeof(SPMatrix));                      /*申请存储空间*/
     B->mu=A->nu;   B->nu=A->mu;   B->tu=A->tu;  /*稀疏矩阵的行、列、元素个数*/
     if   ( B->tu>0 )                                    /*有非零元素则转换*/
       {  for (i=1;   i<=A->nu;   i++)   num[i]=0;
          for (i=1;   i<=A->tu;   i++)                   /*求矩阵 A 中每一列非零元素的个数*/
            { j= A->data[i].j;
             num[j]++;
             }
          cpot[1]=1;                    /*求矩阵 A 中每一列第一个非零元素在 B.data 中的位置*/
          for   ( i=2;   i<=A->nu;   i++)
            cpot[i]= cpot[i-1]+num[i-1];
          for   ( i=1;   i<= (A->tu);   i++)               /*扫描三元组表*/
            { j=A->data[i].j;                              /*当前三元组的列号*/
             k=cpot[j];                                    /*当前三元组在 B.data 中的位置*/
             B->data[k].i= A->data[i].j ;
             B->data[k].j= A->data[i].i ;
             B->data[k].v= A->data[i].v;
             cpot[j]++;
            }                                              /*for   i */
     }                                                     /*if   (B->tu>0)*/
    return   B;                                            /*返回的是转置矩阵的指针*/
```

```
    }                                           /*TransM2*/
```

分析这个算法的时间复杂度：这个算法中有四个循环，分别执行了 n，t，$n-1$，t 次，在每个循环中，每次迭代的时间是一常量，因此总的时间复杂度是 $O(n+t)$。当然，它所需要的存储空间比前一个算法多了两个向量的存储空间。

4.2.4 矩阵的其他运算举例

【例 4.2】 若矩阵 $\boldsymbol{A}_{m\times n}$ 中存在某个元素 a_{ij} 满足：a_{ij} 是第 i 行中最小值且是第 j 列中的最大值，则称该元素为矩阵 $\boldsymbol{A}$ 的一个鞍点。试编写一个算法，找出 $\boldsymbol{A}$ 中的所有鞍点。

基本思想：在矩阵 $\boldsymbol{A}$ 中求出每一行的最小值元素，然后判断该元素是否是其所在列中的最大值，是则打印输出，接着处理下一行。矩阵 $\boldsymbol{A}$ 用一个二维数组表示。

算法 4.3 求矩阵的鞍点算法。

```
void  saddle (int A[ ][ ],  int  m,  int  n)         /*m, n 是矩阵 A 的行和列*/
  {  int  i,  j,  min,  k,  p;
     for (i=0; i<m; i++)                              /*按行处理*/
       { min=A[i][0];
        for (j=1;  j<n;  j++)
          if (A[i][j]<min )   min=A[i][j];            /*找第 i 行最小值*/
        for (j=0;  j<n;  j++)                          /*检测该行中的最小值是否是鞍点*/
          if (A[i][j]= =min )
            {  k=j;   p=0;
               while (p<m && A[p][j]<min)
                    p++;
               if ( p>=m)   printf ("%d, %d, %d\n", i , k , min);
            }                                         /* if (A[i][j]= =min)语句结束 */
     }                                                /* for (i=0; i<m; i++) 语句结束*/
  }
```

算法的时间复杂度为 $O(m\times(n+m\times n))$。

【例 4.3】 已知一个二维数组 A，行下标 $0\leqslant i\leqslant 7$，列下标 $0\leqslant j\leqslant 9$，每个元素的长度为 3 字节，从首地址 200 开始连续存放在内存中，该数组元素按行优先存放，问：元素 A_{74} 的起始地址是多少?

该二维数组是用顺序存储结构存放元素的，可用前面介绍的计算公式进行计算。A 数组的行号数是 8，列号数是 10。题中给出的存放形式和 C 语言中一致，数组下标的下界是 0，因此地址的计算公式是：

$$\mathrm{LOC}(a_{ij}) = \mathrm{LOC}(a_{00})+(i*n+j)*b$$

套用此公式，求得结果：$200+(7\times10+4)\times3 = 422$。

4.3 典型例题

【例 4.4】 设计一个算法，将按行优先顺序存储的二维数组转置，要求转置结果仍占用原来的存储空间。

[算法描述]:

```
#include    <stdio.h>
void tm(int *a, int n)
{
int i,j,t;
for (i=0; i<=n; i++)
        {
         for (j=0; j<i; j++)
              {
              t=*(a+i*n+j);
              *(a+i*n+j)=*(a+j*n+i);
              *(a+j*n+i)=t;
              }
        }
}
```

【例 4.5】 要求编写一个用带头结点的单链表实现串的模式匹配算法，每个结点存放一个字符（结点大小为 1）。

[算法思想]：从主串 s 的第一个字符和模式串 t 的第一个字符开始比较，如果相等，就继续比较后续字符，如果不等，则从主串 s 的下一个字符开始重新和模式串 t 比较。直到模式串 t 中的每一个字符依次和主串 s 中的对应字符相等，则匹配成功，返回主串的当前起始位置指针。否则，则称匹配不成功，返回空指针 NULL。

[算法描述]：

```
typedef struct Block{
      char ch;
      struct Block *next;
}Block;

typedef struct {
      Block *head;
      Block *tail;
      int len;
}LKString;

Link *StrIndex(LKString *s, LKString *t)
/*求模式串 t 在主串 s 中第一次出现的位置指针*/
{
      Link *sp, *tp, *start;
      if (t->len == 0)
            return s->head->next;     /*空串是任意串的子串*/
      start = s->head->next;          /*记录主串的起始比较位置*/
      sp = start;                     /*主串从 start 开始*/
      tp = t->head->next;             /*模式串从第一个结点开始*/
      while (sp!=NULL && tp!=NULL)
      {
```

```
        if (sp->ch == tp->ch)          /*若当前对应字符相同，则继续比较*/
            {
             sp = sp->next;
             tp = tp->next;
            }
        else      /*发现失配字符，则返回到主串当前起始位置的下一个结点继续比较*/
            {
             start = start->next;      /*更新主串的起始位置*/
             sp = start;
             tp = t->head->next;       /*模式串从第一个结点重新开始*/
            }
        }
        if (tp == NULL)
            return start;              /*匹配成功，返回主串当前起始位置指针*/
        else
            return NULL;               /*匹配成功，返回空指针*/
}
```

本 章 小 结

（1）字符串作为一种线性表，其特殊性在于表中每个元素就是单个字符。事实上，许多高级语言都提供了字符串操作的基本功能，在此希望读者通过对本章的学习，了解各种程序设计语言中在实现字符串操作时的具体实现方法。

（2）理解数组的特点：① n 维数组可看成是这样一个线性表，其中每个元素均是一个 $n-1$ 维的数组；②数组是一组有固定个数的元素的集合，即给出数组的维数和每一维的上下界，数组中的元素个数就固定了；③数组采用顺序存储结构，其主要操作是元素定位操作，因此要求掌握一维数组、二维数组的地址计算方法。

（3）稀疏矩阵是一种常见的数据结构，利用三元组表存储它的非零元素可以极大地压缩存储空间。

（4）在算法设计方面，要求掌握字符串的合并、数组中数据元素的原地逆置及矩阵的转置运算等。

习 题 4

4.1 选择题

（1）如下陈述中正确的是________。

A．串是一种特殊的线性表　　　　B．串的长度必须大于零

C．串中的元素只能是字母　　　　D．空串就是空白串

（2）下列关于串的叙述中，正确的是________。

A．串长度是指串中不同字符的个数

B．串是 n 个字母的有限序列

C．如果两个串含有相同的字符，则它们相等

D．只有当两个串的长度相等，并且各个对应位置的字符都相符时串才相等

（3）字符串的长度是指________。

A．串中不同字符的个数　　B．串中不同字母的个数

C．串中所含字符的个数　　D．串中不同数字的个数

（4）两个字符串相等的充要条件是________。

A．两个字符串的长度相等　　B．两个字符串中对应位置上的字符相等

C．同时具备(A)和(B)两个条件　　D．以上答案都不对

（5）串是一种特殊的线性表，其特殊性体现在________。

A．可以顺序存储　　B．数据元素是一个字符

C．可以链接存储　　D．数据元素可以是多个字符

（6）设有两个串 p 和 q，求 q 在 p 中首次出现的位置的运算称为________。

A．连接　　B．模式匹配

C．求子串　　D．求串长

（7）设串 sI="ABCDEFG"，s2="PQRST"，函数 con(x, y)返回 x 和 y 串的连接串，subs(s, i, j)返回串 s 的从序号 *i* 的字符开始的 *j* 个字符组成的子串，len(s)返回串 s 的长度，则 con(subs(s1,2,1en(s2))，subs(sl,len(s2)，2))的结果串是________。

A．BCDEF　　B．BCDEFG

C．BCPQRST　　D．BCDEFEF

（8）函数 substr(“DATASTRUCTURE”，5，9)的返回值为________。

A．“STRUCTURE”　　B．“DATA”

C．“ASTRUCTUR”　　D．“DATASTRUCTURE”

（9）常对数组进行的两种基本操作是________。

A．建立与删除　　B．索引与修改

C．查找与修改　　D．查找与索引

（10）设串 S=“I AM A TEACHER!”，其长度是________。

A．16　　B．11

C．14　　D．15

4.2　填空题

（1）两个串相等的充要条件是________________。

（2）空串是________，其长度为________。

（3）空格串是________________，其长度是________________。

（4）s=“I am a man”长度为________________。

（5）s1=“hello”，s2=“boy”，s1,s2 连接后为________________。

（6）s=“this is the main string”，sub=“string”，strindex(s,sub)是________________。

（7）int a[10][10]，已知 a=1000，sizeof(int)=2，求 a[3][3]地址________________。

（8）设有两个串 p 和 q，求 q 在 p 中首次出现的位置的运算称为________________。

（9）串的长度是指：________________。

（10）s=“xiaotech”所含子串的个数是________________。

4.3　设 s=“I AM A STUDENT”，t=“GOOD”，q=“WORKER”。

求：StrLength(s)，StrLength(t)，SubStr(s, 8, 7)，SubStr(t, 2, 1)，StrIndex(s,“A”)，StrIndex(s, t)，StrRep(s,“STUDENT”, q)，SubStr (SubStr (s, 6, 2)，StrConcat (t, SubStr(s, 7, 8)))。

4.4　已知：s=“(XYZ)+*”，t=“(X+Z)*Y”，试利用连接、求子串和置换等基本运算，将s转化为t。

4.5　简述下列每对术语的区别。

空串和空格串；串变量和串常量；主串和子串；串变量的名字和串变量的值。

4.6　编一算法，在顺序串上实现串的判等操作EQUAL(S, T)。

4.7　设有二维数组A(6×8)，每个元素占6字节存储，顺序存放，A的起地址为1000，计算：

（1）数组A的体积（即存储量）；

（2）数组的最后一个元素A_{57}的起始地址；

（3）按行优先存放时，元素A_{14}的起始地址；

（4）按列优先存放时，元素A_{47}的起始地址。

4.8　已知稀疏矩阵如图4.12所示，画出它的三元组表的示意图。

$$A=\begin{bmatrix}0&1&0&0&0&-1\\4&0&3&0&0&0\\0&0&0&0&7&0\\0&6&6&0&0&0\\8&0&0&9&0&0\\0&0&0&0&0&0\end{bmatrix}$$

图4.12　4.8题图

第5章　树与二叉树

本章和第6章分别介绍两种重要的非线性结构：树和图。线性结构中结点具有唯一前趋和唯一后继的关系，而非线性结构中结点之间的关系不再具有这种唯一性。其中，树形结构中结点间的关系是前趋唯一而后继不唯一，即元素之间是一对多的关系；在图结构中结点之间的关系是前趋、后继均不唯一，因此也就无所谓前趋、后继了。直观地看，树形结构既有分支关系，又具有层次关系，它非常类似于自然界中的树。树形结构在现实世界中广泛存在，如家谱、各单位的行政组织机构等都可用树来表示。树在计算机领域中也有着广泛的应用，DOS 和 Windows 操作系统中对磁盘文件的管理就采用了树形目录结构；在数据库中，树形结构也是数据的重要组织形式之一。本章重点讨论二叉树的存储结构及其各种操作，并研究树和森林与二叉树的转换关系，最后介绍二叉树的一个应用实例——哈夫曼编码。

5.1　树的概念与基本操作

5.1.1　树的定义及相关术语

1．树的定义

树（Tree）是 n（$n \geqslant 0$）个结点的有限集合。当 $n=0$ 时，称这棵树为空树；当 $n>0$ 时，该集合满足以下条件：

（1）有且只有一个特殊的结点称为树的根（root），根结点没有直接前趋结点，但有零个或多个直接后继结点（这里的前趋、后继暂时沿用线性表中的概念，在树中，前趋、后继其实是另外的术语）。

（2）除根结点之外的其余 $n-1$ 个结点被分成 m（$m>0$）个互不相交的集合 $T_1, T_2, \cdots, T_m$，其中每一个集合 T_i（$1 \leqslant i \leqslant m$）本身又是一棵树。树 $T_1, T_2, \cdots, T_m$ 称为根结点的**子树**。

可以看出，在树的定义中用了递归概念，即用树来定义树。因此，树形结构的算法也常常使用递归方法。

树的定义还可形式化地描述为二元组的形式：

$$T=(D, R)$$

其中，D 为树 T 中结点的集合，R 为树中结点之间关系的集合。

当树 T 为空树时，即 $D=\Phi$；

当树 T 不为空树时，有：

$$D=\{\text{Root}\} \cup D_{\text{F}}$$

其中，Root 为树 T 的根结点，D_{F} 为树 T 的根 Root 的子树集合。D_{F} 可由下式表示：

$$D_{\text{F}}=D_1 \cup D_2 \cup \cdots \cup D_m \text{ 且 } D_i \cap D_j=\Phi \ (i \neq j, 1 \leqslant i \leqslant m, 1 \leqslant j \leqslant m)$$

当树 T 结点个数 $n \leqslant 1$ 时，$R = \Phi$；

当树 T 中结点个数 $n>1$ 时有：

$$R = \{<\text{Root}, r_i>, i = 1, 2, \cdots, m\}$$

其中，Root 为树 T 的根结点，r_i 是树 T 的根结点 Root 的子树 T_i 的根结点。

树定义的形式化，主要用于树的理论描述。

图 5.1（a）是一棵具有 9 个结点的树 T，按照上述二元组的形式化描述，有 T =（{A, B, C, D, E, F, G, H, I}，{<A, B>, <A, C>, <B, D>, <B, E>, <B, F>, <C, G>, <E, H>,<E, I>}）

其中，{A, B, C, D, E, F, G, H, I}为树中结点的集合，{<A, B>, <A, C>, <B, D>, <B, E>, <B, F>, <C, G>, <E, H>,<E, I>}为树中结点之间关系的集合，如<A, B>表示 A 是 B 的直接前趋，B 是 A 直接后继，<A, B>称为树的一条分支。为了简化表示，也可以将如图 5.1（a）所示的树写成 T={A, B, C, D, E, F, G, H, I}的形式。

在树 T 中，结点 A 为树 T 的根结点，除根结点 A 之外的其余结点分为两个不相交的集合：T_1 = {B, D, E, F, H, I}和 T_2={C, G}，T_1 和 T_2 构成了结点 A 的两棵子树，T_1 和 T_2 本身也分别是一棵树。例如，子树 T_1 的根结点为 B，其余结点又分为三个不相交的集合：T_{11} = {D}，T_{12} = {E, H, I}和 T_{13} = {F}。T_{11}、T_{12} 和 T_{13} 构成了子树 T_1 的根结点 B 的三棵子树。如此可继续向下分为更小的子树，直到每棵子树只有一个根结点为止。

从树的定义和图 5.1（a）的示例可以看出，树具有下面两个特点：

（1）树的根结点没有直接前趋，除根结点之外的所有结点有且只有一个直接前趋。

（2）树中所有结点可以有零个或多个直接后继。

由此特点可知，图 5.1（b）、图 5.1（c）、图 5.1（d）所示的都不是树结构。

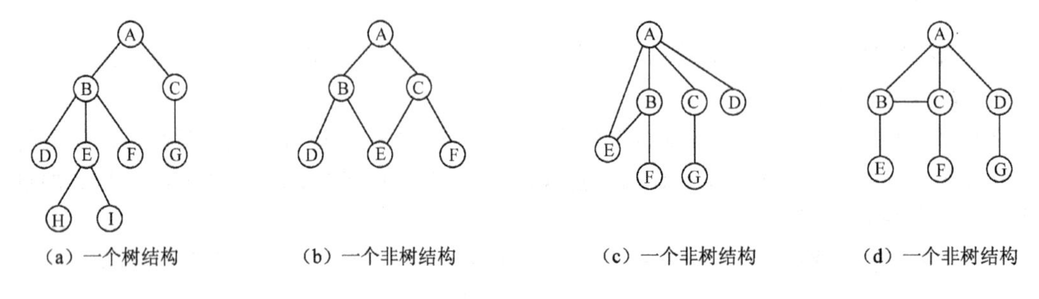

（a）一个树结构　（b）一个非树结构　（c）一个非树结构　（d）一个非树结构

图 5.1　树结构和非树结构示意图

2．相关术语

（1）结点：包含一个数据元素及若干指向其他结点的分支信息的数据结构。

（2）结点的度：结点所拥有的子树的个数称为该结点的度。

（3）叶子结点：度为 0 的结点称为叶子结点，或者称为终端结点。

（4）分支结点：度不为 0 的结点称为分支结点，或者称为非终端结点。一棵树的结点除叶子结点外，其余的结点都是分支结点。

（5）孩子结点、双亲结点、兄弟结点：树中一个结点的子树的根结点称为这个结点的孩子结点，这个结点称为它孩子结点的双亲结点。具有同一个双亲结点的孩子结点互称为兄弟结点。

（6）路径、路径长度：设 $n_1, n_2, \cdots, n_k$ 为一棵树的结点序列，若结点 n_i 是 n_{i+1} 的双亲结点

（$1 \leqslant i < k$），则把 $n_1, n_2, \cdots, n_k$ 称为一条由 n_1 至 n_k 的路径。这条路径的长度是 $k-1$。

（7）祖先、子孙：在树中，如果有一条路径从结点 M 到结点 N，那么 M 就称为 N 的祖先，而 N 称为 M 的子孙。

（8）结点的层次：规定树的根结点的层数为 1，其余结点的层数等于它的双亲结点的层数加 1。

（9）树的深度（高度）：树中所有结点的层次的最大数称为树的深度。

（10）树的度：树中所有结点的度的最大值称为该树的度。

（11）有序树和无序树：如果一棵树中结点的各子树从左到右是有次序的，即若交换了某结点各子树的相对位置，则构成不同的树，称这棵树为有序树；反之，则称为无序树。

（12）森林：m（$m \geqslant 0$）棵不相交的树的集合称为森林。自然界中树和森林是不同的概念，但在数据结构中，树和森林只有很小的差别。任何一棵树，删去根结点就变成了森林；反之，给森林增加一个统一的根结点，森林就变成了一棵树。

5.1.2 树的基本操作

树的基本操作通常有以下几种。

（1）Initiate(t)：初始化一棵空树 t。

（2）Root(x)：求结点 x 所在树的根结点。

（3）Parent(t, x)：求树 t 中结点 x 的双亲结点。

（4）Child(t, x, i)：求树 t 中结点 x 的第 *i* 个孩子结点。

（5）RightSibling(t, x)：求树 t 中结点 x 右边的第一个兄弟结点（也称右兄弟结点）。

（6）Insert(t, x, i, s)：把以 s 为根结点的树插入到树 t 中作为结点 x 的第 *i* 棵子树。

（7）Delete(t, x, i)：在树 t 中删除结点 x 的第 *i* 棵子树。

（8）Traverse(t)：是树的遍历操作，即按某种方式访问树 t 中的每个结点，且使每个结点只被访问一次。遍历操作是非线性结构中非常常用的基本操作，许多对树的操作都是借助该操作实现的。

5.2 二叉树

在进一步讨论树之前，先讨论一种简单而又非常重要的树形结构——二叉树。由于任何树都可以转换为二叉树进行处理，而二叉树又有许多好的性质，非常适合于计算机处理，因此二叉树也是数据结构研究的重点。

5.2.1 二叉树的基本概念

1. 二叉树的定义

二叉树（Binary Tree）是 *n* 个结点的有限集合，该集合或者为空、或者由一个称为根（Root）的结点及两个不相交的、被分别称为根结点的左子树和右子树的二叉树组成。当集合为空时，称该二叉树为空二叉树。

由此定义可看出，一棵二叉树中的每个结点只能含有 0、1 或 2 个孩子结点，而且其孩子结点有左右之分，位于左边的称左孩子，位于右边的称右孩子。显然，二叉树是有序的，若将其左、右孩子颠倒，就成为另一棵不同的二叉树。即使二叉树中的结点只有一棵子树，也要区分它是左子树还是右子树。

图 5.2 给出了二叉树的五种基本形态。图 5.2（a）所示为一棵空的二叉树；图 5.2（b）所示为一棵只有根结点的二叉树；图 5.2（c）所示为一棵只有左子树的二叉树；图 5.2（d）所示为一棵只有右子树的二叉树；而图 5.2（e）所示为一棵左、右子树均不为空的二叉树。

尽管二叉树的定义不同于树，在理论上二叉树和树是不同的两个概念，但两者都属于树形结构，因此，前面有关树的一些术语同样适用于二叉树。

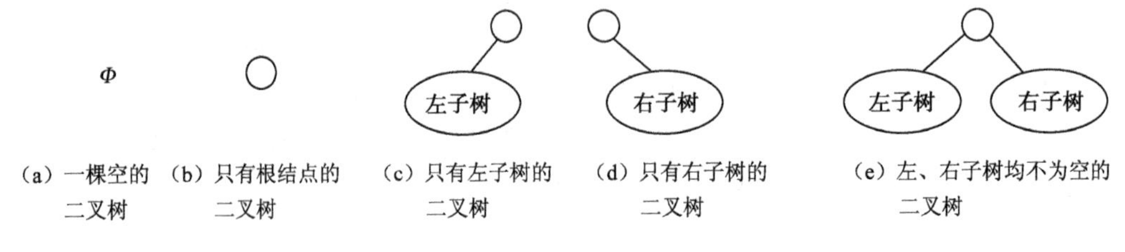

图 5.2　二叉树的五种基本形态

2. 二叉树的相关概念

（1）满二叉树

在一棵二叉树中，如果所有分支结点都存在左子树和右子树，并且所有叶子结点都在同一层上，这样的一棵二叉树称为满二叉树。

如图 5.3（a）就是一棵满二叉树，图 5.3（b）则不是满二叉树，因为，虽然其所有结点要么是含有左右子树的分支结点，要么是叶子结点，但由于其叶子结点未在同一层上，故不是满二叉树。

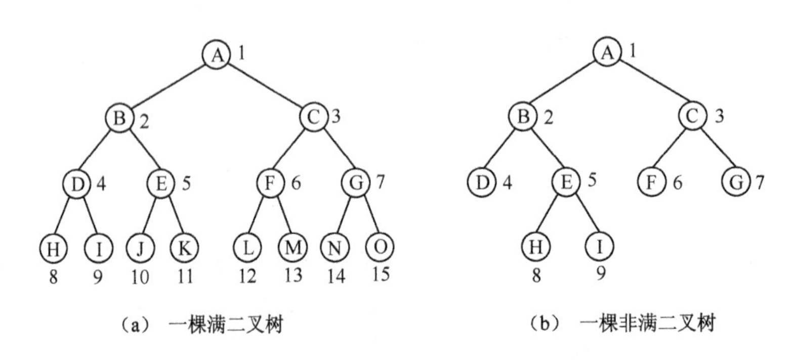

图 5.3　满二叉树和非满二叉树示意图

（2）完全二叉树

一棵深度为 k 的有 n 个结点的二叉树，对树中的结点按从上至下、从左到右的顺序进行编号，如果编号为 i（$1 \leqslant i \leqslant n$）的结点与满二叉树中编号为 i 的结点在二叉树中的位置相同，则这棵二叉树称为完全二叉树。

完全二叉树的特点是：叶子结点只能出现在最下层和次下层，且最下层的叶子结点集中在树的左部。显然，一棵满二叉树必定是一棵完全二叉树，而完全二叉树未必是满二叉树。图 5.4（a）为一棵完全二叉树，而图 5.4（b）和图 5.3（b）都不是完全二叉树。

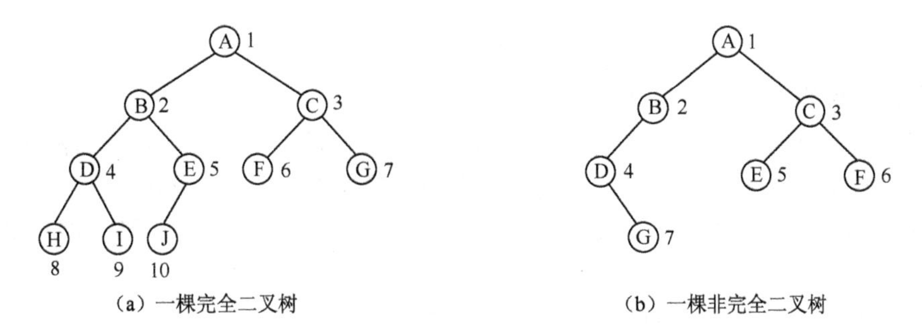

图 5.4　完全二叉树和非完全二叉树示意图

5.2.2　二叉树的主要性质

性质 1　一棵非空二叉树的第 i 层上最多有 2^{i-1} 个结点（$i \geqslant 1$）。

证明：用数学归纳法证明。

当 i=1 时，$2^{i-1}=2^{1-1}=2^0=1$，第一层只有根结点，结论成立。当 $i \geqslant 1$ 时，设第 $i-1$ 层上最多有 $2^{(i-1)-1}=2^{i-2}$ 个结点，因为是二叉树，每个结点最多有两个孩子结点，所以第 i 层最多有 $2 \times 2^{i-2}=2^{i-1}$ 个结点。

性质 2　一棵深度为 k 的二叉树中，最多具有 2^k-1 个结点。

证明：设第 i 层的结点数为 x_i（$1 \leqslant i \leqslant k$），深度为 k 的二叉树的结点数为 M，x_i 最多为 2^{i-1}，则有：

$$M=\sum_{i=1}^{k} x_i \leqslant \sum_{i=1}^{k} 2^{i-1}=2^k-1$$

性质 3　对于一棵非空的二叉树，如果叶子结点数为 n_0，度数为 2 的结点数为 n_2，则有：$n_0 = n_2 + 1$。

证明：设 n 为二叉树的结点总数，n_1 为二叉树中度为 1 的结点数，则有：

$$n = n_0 + n_1 + n_2 \tag{5-1}$$

在二叉树中，除根结点外，其余结点都有唯一的一个进入分支。设 B 为二叉树中的分支数，那么有：

$$B = n-1 \tag{5-2}$$

这些分支是由度为 1 和度为 2 的结点发出的，一个度为 1 的结点发出一个分支，一个度为 2 的结点发出两个分支，所以有：

$$B = n_1 + 2n_2 \tag{5-3}$$

综合式（5-1）、式（5-2）、式（5-3）可以得到：

$$n_0 = n_2 + 1$$

性质 4　具有 n 个结点的完全二叉树的深度 k 为 $\lfloor \log_2 n \rfloor +1$。（其中 $\lfloor \log_2 n \rfloor$ 表示不大于 $\log_2 n$ 的最大整数）。

证明：根据完全二叉树的定义和性质 2 可知，当一棵完全二叉树的深度为 k、结点个数为 n 时，有

$$2^{k-1}-1 < n \leqslant 2^k-1$$

即

$$2^{k-1} \leqslant n < 2^k$$

对不等式取对数，有

注：符号⌊ ⌋为向下取整。

$$k-1 \leqslant \log_2 n < k$$

由于 k 是整数，所以有 $k=\lfloor \log_2 n \rfloor+1$。

性质 5 对于具有 n 个结点的完全二叉树，如果按照从上至下和从左到右的顺序对二叉树中的所有结点从 1 开始顺序编号，则对于任意的编号为 i 的结点，有：

（1）如果 $i>1$，则该结点 i 的双亲结点的编号为 $\lfloor i/2 \rfloor$；如果 $i=1$，则该结点是根结点，无双亲结点。

（2）如果 $2i \leqslant n$，则该结点 i 的左孩子结点的编号为 $2i$；如果 $2i>n$，则该结点 i 无左孩子。

（3）如果 $2i+1 \leqslant n$，则该结点 i 的右孩子结点的编号为 $2i+1$；如果 $2i+1>n$，则该结点 i 无右孩子。

此外，若对完全二叉树的根结点从 0 开始编号，则相应的结点 i 的双亲结点的编号为 $\lfloor (i-1)/2 \rfloor$，左孩子的编号为 $2i+1$，右孩子的编号为 $2i+2$。

证明：先证明结论（2）和结论（3）成立，用数学归纳法。

当 i=1 时，结点是根，由完全二叉树的定义可知，若根有左孩子，则根的左孩子编号为 2，若根有右孩子，则其右孩子编号 3。于是，可描述为，当 $i=1$ 时，若 $2i \leqslant n$，则根结点有左孩子，左孩的编号为 $2=2\times 1=2i$。若 $2i>n$，则根结点无左孩子；若 $2i+1 \leqslant n$，则根结点有右孩子，右孩子的编号为 $3=2\times 1+1=2i+1$。若 $2i+1>n$，则根结点无右孩子。

由完全二叉树的定义和性质 2 可知，第 j 层（$1 \leqslant j \leqslant \lfloor \log_2 n \rfloor$）上的结点编号从 2^{j-1} 至 2^j-1。

当 $i=2^{j-1}$ 时，i 为第 j 结层的第一个结点（最左端的结点），则第 $j+1$ 层的第一个结点就是 i 的左孩子，其编号为第 j 层最后一个结点编号加 1，即 2^j, $2^j=2\times 2^{j-1}=2i$。若 i 有右孩子，则第 j+1 层的第二个结点就是 i 的右孩子，其编号为 $2^j+1=2\times 2^{j-1}+1=2i+1$。

现假设 $2^{j-1} \leqslant i < 2^j-1$，结论（2）和结论（3）成立，则结点 $i+1$ 的左孩子编号就是结点 i 的右孩子编号加 1，即 $(2i+1)+1=2(i+1)$，而结点 i+1 的右孩子编号必为其左孩子编号加 1，即 $2(i+1)+1$。于是，可描述为：

若 $2(i+1) \leqslant n$，则结点 i+1 有左孩子，其左孩子编号为 $2(i+1)$。若 $2(i+1)>n$，则 i+1 无左孩子；若 $2(i+1)+1 \leqslant n$，则结点 i+1 有右孩子，其右孩子的编号为 $2(i+1)+1$。若 $2(i+1)+1>n$，则 i+1 无右孩子。

结论（2）和结论（3）得证。

再证明结论（1）成立。当 i=1 时，i 为根结点，显然没有双亲结点。因为 i 必为偶数或奇数，所以当 i>1 时，若 i 为偶数，则存在某个 j，满足 $i=2j$，根据结论（2）可知，i 就是 j 的左孩子，反过来 j 就是 i 的双亲结点；若 i 为奇数，则存在某个 j，满足 $i=2j+1$，根据结论（3）可知，i 就是 j 的右孩子，反过来 j 是 i 的双亲结点。综合得知，当 i>1 时，i 的双亲结点为 $j=\lfloor i/2 \rfloor$。结论（1）得证。

5.2.3 二叉树的存储结构与基本操作

1. 二叉树的顺序存储结构

所谓二叉树的顺序存储，就是用一组连续的存储单元存放二叉树中的结点。一般按照二叉树结点从上至下、从左到右的顺序存储。这样结点在存储位置上的前趋后继关系并不一定就是它们在逻辑上的邻接关系，然而只有通过一些方法确定某结点在逻辑上的双亲结点和孩子结点，这种存储才有意义。因此，依据二叉树的性质，完全二叉树和满二叉树采用顺序存储比较合适，树中结点的序号可以唯一地反映出结点之间的逻辑关系，这样既能最大限度地节省存储空间，又可以利用数组元素的下标值确定结点在二叉树中的位置及结点之间的关系。图 5.5 给出的是图 5.4（a）中完全二叉树的顺序存储示意图。

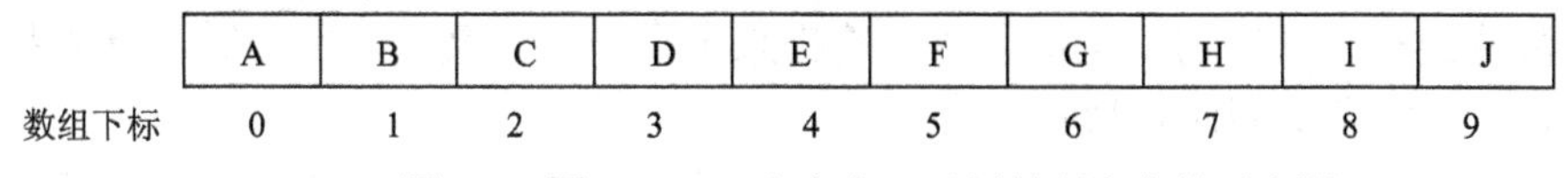

	A	B	C	D	E	F	G	H	I	J
数组下标	0	1	2	3	4	5	6	7	8	9

图 5.5　图 5.4（a）中完全二叉树的顺序存储示意图

对于一般的二叉树，如果仍按从上至下和从左到右的顺序将树中的结点顺序存储在一维数组中，则数组元素下标之间的关系不能反映二叉树中结点之间的逻辑关系，只有增添一些并不存在的空结点，使之成为一棵完全二叉树的形式，然后用一维数组顺序存储。图 5.6 给出了一棵一般二叉树改造后的完全二叉树形态（虚线表示原二叉树中不存在的结点）和其顺序存储状态示意图。显然，这种存储对于需增加许多空结点才能将一棵二叉树改造成为一棵完全二叉树的存储时，会造成空间的大量浪费，不宜用顺序存储结构。最坏的情况是右单支树，如图 5.7 所示，一棵深度为 k 的右单支树，只有 k 个结点，却需要分配 2^k-1 个存储单元。

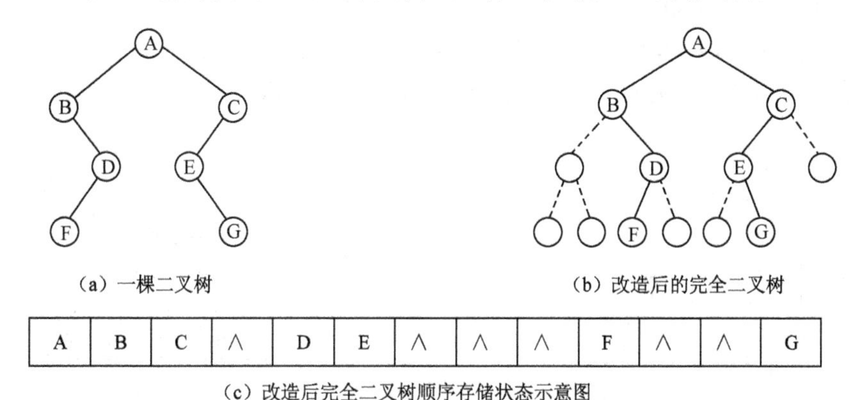

（a）一棵二叉树　（b）改造后的完全二叉树

（c）改造后完全二叉树顺序存储状态示意图

图 5.6　一般二叉树及其顺序存储示意图

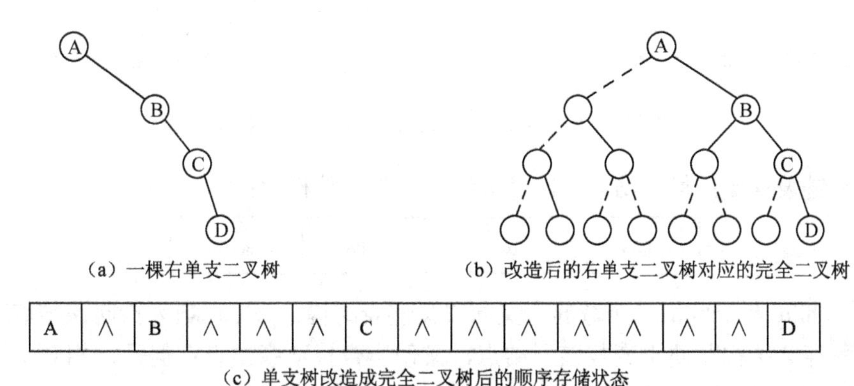

（a）一棵右单支二叉树　（b）改造后的右单支二叉树对应的完全二叉树

（c）单支树改造成完全二叉树后的顺序存储状态

图 5.7　右单支二叉树及其顺序存储示意图

二叉树的顺序存储表示可描述为：

```
#define MAXNODE                                /*二叉树的最大结点数*/
typedef   elemtype   SqBiTree[MAXNODE]         /*0 号单元存放根结点*/
SqBiTree   bt;
```

即将 bt 定义为含有 MAXNODE 个 elemtype 类型元素的一维数组。

2．二叉树的链式存储结构

所谓二叉树的链式存储结构，是指用链表结构来表示一棵二叉树，即用链指针来指示其元素的逻辑关系。通常有下面两种形式。

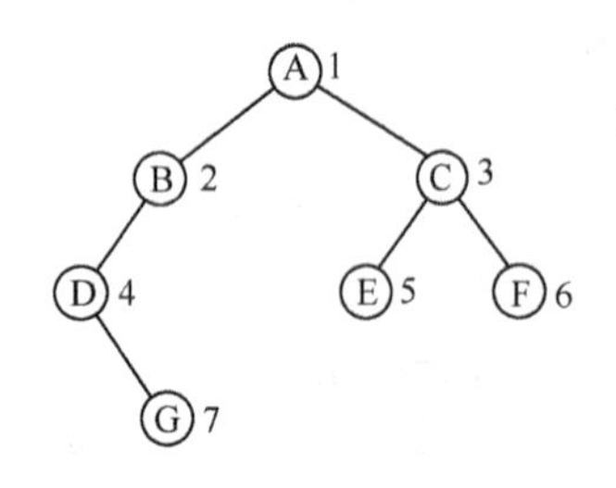

图 5.8　一棵非完全二叉树

（1）二叉链表存储。链表中每个结点由三个域组成，除了数据域外，还有两个指针域，分别用来给出该结点左孩子和右孩子所在的链结点的存储地址。

结点的存储结构如下：

lchild	data	rchild

其中，data 域存放结点的数据信息；lchild 与 rchild 分别存放指向左孩子和右孩子的指针，当左孩子或右孩子不存在时，相应指针域值为空（用符号∧或 NULL 表示）。

图 5.9（a）给出了图 5.8 所示的一棵二叉树的二叉链表示意图。

二叉链表也可以带头结点的方式存放，如图 5.9（b）所示。

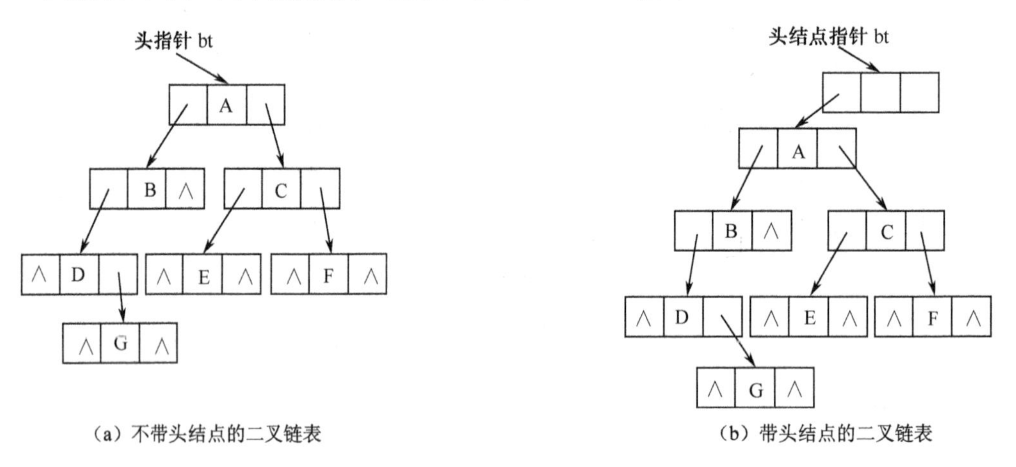

（a）不带头结点的二叉链表　　（b）带头结点的二叉链表

图 5.9　图 5.8 所示二叉树的二叉链表示意图

（2）三叉链表存储：每个结点由四个域组成，具体结构为：

lchild	data	rchild	parent

其中，data、lchild 及 rchild 三个域的意义同二叉链表结构；parent 域为指向该结点双亲结点的指针。这种存储结构既便于查找孩子结点，又便于查找双亲结点；但是，相对于二叉链表存储结构而言，它增加了空间开销。

图 5.10 给出了图 5.8 所示的二叉树的三叉链表示意图。

尽管在二叉链表中无法由结点直接找到其双亲，但由于二叉链表结构灵活，操作方便，对于一般情况的二叉树，甚至比顺序存储结构还节省空间。因此，二叉链表是最常用的二叉树存储方式。本书后面所涉及的二叉树的链式存储结构不加特别说明的都是指二叉链表结构。

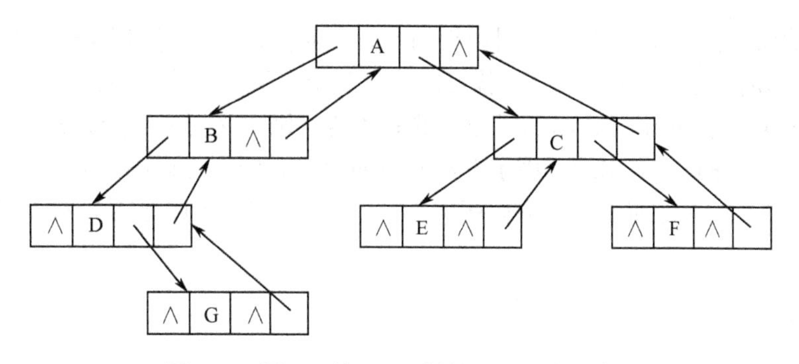

图 5.10　图 5.8 所示二叉树的三叉链表示意图

二叉树的二叉链表存储表示可描述为：

```
typedef  struct  BiTNode
     {  elemtype  data;
        struct  BiTNode  *lchild,  *rchild;        /*左右孩子指针*/
     }  BiTNode,  *BiTree;
```

即将 BiTree 定义为指向二叉链表结点结构的指针类型。

3. 二叉树的基本操作

二叉树的基本操作通常有以下几种。

（1）Initiate(bt)：建立一棵空二叉树。

（2）Create(x, lbt, rbt)：生成一棵以 x 为根结点的数据域信息，以二叉树 lbt 和 rbt 为左子树和右子树的二叉树。

（3）InsertL(bt, x, parent)：将数据域信息为 x 的结点插入到二叉树 bt 中作为结点 parent 的左孩子结点。如果结点 parent 原来有左孩子结点，则将结点 parent 原来的左孩子结点作为结点 x 的左孩子结点。

（4）InsertR(bt, x, parent)：将数据域信息为 x 的结点插入到二叉树 bt 中作为结点 parent 的右孩子结点。如果结点 parent 原来有右孩子结点，则将结点 parent 原来的右孩子结点作为结点 x 的右孩子结点。

（5）DeleteL(bt, parent)：在二叉树 bt 中删除结点 parent 的左子树。

（6）DeleteR(bt, parent)：在二叉树 bt 中删除结点 parent 的右子树。

（7）Search(bt, x)：在二叉树 bt 中查找数据元素 x。

（8）Traverse(bt)：按某种方式遍历二叉树 bt 中的全部结点。

5.2.4　二叉树的遍历

二叉树的遍历是指按照某种顺序访问二叉树中的每个结点，使每个结点被访问一次且仅被访问一次。

遍历是二叉树中经常要用到的一种操作。因为在实际应用问题中，常常需要按一定顺序对二叉树中的每个结点逐个进行访问，查找具有某一特点的结点，然后对满足条件的结点进行处理。

通过一次完整的遍历，可使二叉树中结点信息由非线性排列变为某种意义上的线性序列。也就是说，遍历操作可使非线性结构线性化。

由二叉树的定义可知，一棵二叉树由根结点、根结点的左子树和根结点的右子树三部分组成。因此，只要依次遍历这三部分，就可以遍历整个二叉树。若以 D、L、R 分别表示访问根结点、遍历根结点的左子树、遍历根结点的右子树，则二叉树的遍历方式有六种：DLR、LDR、LRD、DRL、RDL 和 RLD。由于左右具有对称性，因此可以限定先左后右，则只有前三种方式，即 DLR（称为前序遍历或先序遍历）、LDR（称为中序遍历）和 LRD（称为后序遍历）。

1．先序遍历

先序遍历（DLR）的递归过程为：若二叉树为空，遍历结束。否则：

（1）访问根结点；

（2）先序遍历根结点的左子树；

（3）先序遍历根结点的右子树。

算法 5.1 先序遍历二叉树的递归算法。

```
void  PreOrder (BiTree  bt)              /*先序遍历二叉树 bt*/
  { if (bt= =NULL)  return;              /*递归调用的结束条件*/
    Visit(bt->data);                     /*访问结点的数据域*/
    PreOrder(bt->lchild);                /*先序递归遍历 bt 的左子树*/
    PreOrder(bt->rchild);                /*先序递归遍历 bt 的右子树*/
  }
```

对于图 5.8 所示的二叉树，按先序遍历所得到的结点序列为：

A B D G C E F

算法 5.2 先序遍历二叉树的非递归算法。

分析：先序遍历的过程是首先访问根结点，然后先序遍历根的左子树，最后先序遍历根的右子树。对于根的左子树和右子树而言，遍历的过程相同。如果用非递归方法，就要在遍历左子树之前保存右子树根结点的地址（指针），以便在完成左子树的遍历之后，取出右子树根结点的地址，再遍历这棵右子树。同样，在遍历左子树的左子树之前，也要先保存左子树的右子树根结点的地址，依此类推。可以看出，对这些地址的保存和取出符合后进先出的原则，可设置一个辅助栈来保存这些右子树根结点的地址。为了方便算法的编写，这个辅助栈保存所有经过的结点的指针，包括空的根指针和空的孩子指针。先序遍历二叉树的非递归算法如下。

```
void PreOrderNonRec(BiTree  bt)
{/*先序遍历二叉树 bt 的非递归算法*/
   Stack  s; /* 设辅助栈的类型为 Stack，栈中存储二叉链表结点的地址*/
   BiTree  p;
   Init_Stack ( &s ); /*初始化栈 s  */
   Push_Stack ( &s，bt ); /*根结点的地址 bt 入栈 s ，包括空的二叉树*/
   while(!Empty_Stack ( s )) { /* 栈 s 非空执行循环体 */
     p= Top_Stack ( s ); /*取栈顶元素 */
     while(p!=NULL) {
          Visit(p->data);
```

```
            Push_Stack (&s, p->lchild); /*向左走到尽头，空的左孩子指针也入栈*/
            p= Top_Stack ( s ); /*取栈顶元素  */
        }
        Pop_Stack (&s); /*空指针退栈，栈中不可能有两个连续的空指针*/
        if (!Empty_Stack ( s )) {
            p=Pop_Stack (&s);
            Push_Stack (&s, p->rchild); /*向右一步，右孩子的地址入栈*/
        }
    }
}
```

2. 中序遍历

中序遍历（LDR）的递归过程为：若二叉树为空，遍历结束。否则：

（1）中序遍历根结点的左子树；

（2）访问根结点；

（3）中序遍历根结点的右子树。

算法 5.3 中序遍历二叉树的递归算法。

```
void   InOrder (BiTree   bt)              /*中序遍历二叉树 bt*/
  {  if (bt= =NULL)   return ;            /*递归调用的结束条件*/
     InOrder(bt->lchild);                 /*中序递归遍历 bt 的左子树*/
     Visit(bt->data);                     /*访问结点的数据域*/
     InOrder(bt->rchild);                 /*中序递归遍历 bt 的右子树*/
  }
```

对于图 5.8 所示的二叉树，按中序遍历所得到的结点序列为：

D G B A E C F

算法 5.4 中序遍历二叉树的非递归算法。

分析：中序遍历的过程是首先中序遍历左子树，然后访问根结点，最后中序遍历根的右子树。对于根的左子树和右子树而言，遍历的过程相同。如果用非递归方法，就要在遍历左子树之前，先保存根结点的地址（指针），以便在完成左子树的遍历之后，取出根结点的地址，访问根结点，然后中序遍历右子树。同样，在中序遍历左子树的左子树之前，要先保存左子树的根结点地址，依此类推。可以看出，对这些地址的保存和取出符合后进先出的原则，可设置一个辅助栈来保存所经过的结点的地址。为了方便算法的编写，栈中也保存空树的空指针。中序遍历二叉树的非递归算法如下。

```
void InOrderNonRec(BiTree   bt)
{/*  中序遍历二叉树 bt 的非递归算法*/
    Stack s; /*  设栈类型为 Stack */
    BiTree   p;
    Init_Stack ( &s ); /*初始化栈 s   */
    Push_Stack ( &s, bt ); /*根结点的指针 bt 入栈 s */
    while(!Empty_Stack ( s )) {
      p= Top_Stack ( s );
```

```
        while(p!=NULL) {
            Push_Stack (&s, p->lchild); /*向左走到尽头，空的左孩子指针也入栈*/
            p= Top_Stack ( s );
        }
        p=Pop_Stack (&s); /*空指针退栈*/
        if (!Empty_Stack ( s )) {
            p=Pop_Stack (&s);
            Visit(p->data); /* 访问当前根结点 */
            Push_Stack (&s, p->rchild); /*向右一步，右孩子的指针入栈*/
        }
    }
}
```

3. 后序遍历

后序遍历（LRD）的递归过程为：若二叉树为空，遍历结束。否则：

（1）后序遍历根结点的左子树；

（2）后序遍历根结点的右子树；

（3）访问根结点。

算法 5.5 后序遍历二叉树的递归算法。

```
void  PostOrder(BiTree bt)              /*后序遍历二叉树 bt*/
  {  if (bt==NULL) return;              /*递归调用的结束条件*/
     PostOrder(bt->lchild);             /*后序递归遍历 bt 的左子树*/
     PostOrder(bt->rchild);             /*后序递归遍历 bt 的右子树*/
     Visit(bt->data);                   /*访问结点的数据域*/
  }
```

对于图 5.8 所示的二叉树，按先序遍历所得到的结点序列为：

G D B E F C A

算法 5.6 后序遍历二叉树的非递归算法。

分析：后序遍历的过程是首先后序遍历左子树，然后后序遍历根的右子树，最后访问根结点。如果用非递归方法，就要在遍历左子树之前，先保存根结点的地址，以便在完成左子树遍历之后，根据根结点的地址去遍历右子树和访问根结点。对于根的左子树和根的右子树而言，遍历的过程相同。对这些地址的保存和使用符合后进先出的原则，可设置一个辅助栈来保存所经过的结点的地址。因为后序遍历的特点是只有遍历了左子树和右子树之后，才能访问根结点，所以为了标明子树是否被遍历过，可再设置一个辅助变量。

后序遍历二叉树的非递归算法如下。

```
void PostOrderNonRec(BiTree   bt)
{/* 后序遍历二叉树 bt 的非递归算法*/
    Stack s; /* 设栈类型为 Stack */
    BiTree   p,q; /*q 指向最近被访问过的结点，用做标志*/
    Init_Stack ( &s ); /*初始化栈 s   */
    p=bt;
```

```
    do {
        while(p) /*向左走到尽头，左孩子指针入栈*/
        {     Push_Stack(&s,p);
              p=p->lchild;
        }
        q=NULL;
        while(!Empty_Stack ( s )) {
              p= Top_Stack ( s );
              if(p->rchild == NULL )||(p->rchild ==q )) {/*右子树为空或已经访问过*/
                Visit(p->data); /*访问当前的根结点*/
                q=p;
                 Pop_Stack ( &s ); /*退栈 */
              }
              else { /*右子树非空且未被遍历*/
                 p=p->rchild;   /*向右一步*/
                 break;
              }
         } /*while*/
    }while(!Empty_Stack ( s ));
}
```

4. 层次遍历

所谓二叉树的层次遍历，是指从二叉树的第一层（根结点）开始，从上至下逐层遍历，在同一层中，则按从左到右的顺序对结点逐个访问。对于图 5.8 所示的二叉树，按层次遍历所得到的结果序列为：

A B C D E F G

下面讨论层次遍历的算法。

由层次遍历的定义可以推知，在进行层次遍历时，对一层结点访问完后，再按照它们的访问次序对各个结点的左孩子和右孩子顺序访问，这样一层一层进行，先遇到的结点先访问，这与队列的操作原则比较吻合。因此，在进行层次遍历时，可设置一个队列结构，遍历从二叉树的根结点开始，首先将根结点指针入队列，然后从队头取出一个元素，每取一个元素，执行下面两个操作：

（1）访问该元素所指的结点；

（2）若该元素所指结点的左、右孩子指针非空，则将该元素所指结点的非空左孩子指针和右孩子指针顺序入队。

若队列非空，重复以上过程，当队列为空时，二叉树的层次遍历结束。

在下面的层次遍历算法中，二叉树以二叉链表存储，一维数组 Queue[MAXNODE]用以实现队列，变量 front 和 rear 分别表示当前队列首元素和队列尾元素在数组中的位置。

算法 5.7 二叉树的层次遍历算法。

```
void  LevelOrder(BiTree  bt)                    /*层次遍历二叉树 bt*/
  {  BiTree  Queue[MAXNODE];
     int  front,  rear;
```

```
    if  ( bt= =NULL)   return ;
    front = −1;                                /*队列初始化*/
    rear=0;
    queue[rear]=bt;                            /*根结点入队*/
    while (front!=rear)
      {  front++;
         Visit(queue[front]->data);            /*访问队首结点的数据域*/
         if (queue[front]->lchild!=NULL)       /*将队首结点的左孩子结点入队列*/
          {  rear++;
             queue[rear]=queue[front]->lchild;
          }
         if (queue[front]->rchild!=NULL)       /*将队首结点的右孩子结点入队列*/
          {  rear++;
             queue[rear]=queue[front]->rchild;
          }
      }
}
```

*5.2.5　线索二叉树

1．线索二叉树的结点结构

二叉树的遍历本质上是将一个复杂的非线性结构转换为线性结构，使每个结点都有了唯一前驱和后继（第一个结点无前驱，最后一个结点无后继）。对于二叉树的一个结点，查找其左右子女是方便的，其前驱后继只有在遍历中得到。为了容易找到前驱和后继，有两种方法：一是在结点结构中增加向前和向后的指针 fwd 和 bkd，这种方法增加了存储开销，不可取；二是利用二叉树的空链指针。现将二叉树的结点结构重新定义如下：

lchild	ltag	data	rtag	rchild

其中：

ltag=0 时 lchild 指向左子女；

ltag=1 时 lchild 指向前驱；

rtag=0 时 rchild 指向右子女；

rtag=1 时 rchild 指向后继；

以这种结点结构构成的二叉链表作为二叉树的存储结构，叫做线索链表，指向前驱和后继的指针叫线索，加上线索的二叉树叫线索二叉树，对二叉树进行某种形式遍历使其变为线索二叉树的过程叫线索化。

学习线索化时，有三点必须注意：一是何种“序”的线索化，是先序、中序还是后序；二是要“前驱”线索化、“后继”线索化还是“全”线索化（前驱后继都要）；三是只有空指针处才能加线索。

二叉树的二叉线索链表表示如下：

```
typedef struct BiThrNode{
EelemType    data;
struct BiThrNode   *lchild, *rchild;  //左、右孩子指针
int    ltag, rtag;
} BiThrNode,    *BiThrTree
```

2．对二叉树进行线索化的算法

前驱线索化：

```
void  PreorderThread(BiThrTree  p)
    //初始时，p 指向根结点 T,pre 的初值为 NULL
   {if (p)
   {if (pre!=null && pre->rtag==1) pre->rchild=p;  // 结点 p 的前驱做后继线索化
       if (p->lchild==null) {p->ltag=1; p->lchild=pre;}// 前驱线索化
       if (p->rchild==null)  p->rtag=1;            //置后序线索标志
   pre=p; //修改，使指向新的当前结点的前驱
   if (p->ltag==0) PreorderThread (p->lchild); //左子树线索化
   PreorderThread (p->rchild)      //右子树线索化
   }//if
}// PreorderThread
```

中序线索化：

```
void  InorderThread(BiThrTree  p)
    //初始时，p 指向根结点 T,pre 的初值为 NULL
   {if (p)
   {InorderThread (p->lchild); //左子树线索化
    if (pre!=null && pre->rtag==1) pre->rchild=p;  // 结点 p 的前驱作后继线索化
       if (p->lchild==null) {p->ltag=1; p->lchild=pre;}// 前驱线索化
       if (p->rchild==null)  p->rtag=1;            //置后序线索标志
   pre=p; //修改，使指向新的当前结点的前驱
   InorderThread (p->rchild)     //右子树线索化
   }//if
 }// InorderThread
```

后序线索化：

```
void  PostorderThread(BiThrTree  p)
    //初始时，p 指向根结点 T,pre 的初值为 NULL
   {if (p)
   {PostorderThread (p->lchild); //左子树线索化
   PostorderThread (p->rchild)     //右子树线索化
    if (pre!=null && pre->rtag==1) pre->rchild=p;  // 结点 p 的前驱作后继线索化
       if (p->lchild==null) {p->ltag=1; p->lchild=pre;}// 前驱线索化
       if (p->rchild==null)  p->rtag=1;            //置后序线索标志
   pre=p; //修改，使指向新的当前结点的前驱
   }//if
     }// PostorderThread
```

3．线索二叉树上查找前驱和后继

（1）前序前驱：若结点的 ltag=1，lchild 指向其前驱；否则，求前驱很困难；
前序后继：若 ltag=0，lchild 指向其后继；否则，rchild 指向其后继。

（2）中序前驱：若结点的 ltag=1，lchild 指向其前驱；否则，该结点的前驱是以该结点为根的左子树上按中序遍历的最后一个结点。

中序线索二叉树中求中序前驱结点的算法：

```
InorderPre(BiThrTree  p)
{// 在中序线索二叉树中找结点 p 的中序前驱结点
BiThrTree  *q;
if (p->ltag= =1) //  结点的左子树为空
return(p->lchild) //结点的左指针域为左线索，指向其前驱
else
   {q=p->lchild; //p 结点左子树中最右边结点是 p 结点的中序前驱
    while (q->rtag )   q=q->rchild;
    return (q);
 } // if
} // InorderPre
```

中序后继：若 rtag=1，rchild 指向其后继；否则，该结点的后驱是以该结点为根的右子树上按中序遍历的第一个结点。

```
InorderNext(BiThrTree  p)
{// 在中序线索二叉树中找结点 p 的中序后继结点
 BiThrTree  *q;
if (p->rtag= =1) //  结点的右子树为空
return(p->rchild) //结点的右指针域为右线索，指向其后继
else
   {q=p->rchild; //p 结点的右子树中最左边结点是 p 结点的中序后继
    while (q->ltag )   q=q->lchild;
    return (q);
 } // if
} // InorderNext
```

（3）后序后继：在后序线索二叉树中查找结点的前驱和后继要知道其双亲的信息，要使用栈，所以说后序线索二叉树是不完善的。

后序前驱: 若 rtag=0，rchild 指向其前驱,否则, lchild 指向其前驱。

```
PostPre (BiThrTree  p)
{// 在后序线索二叉树中找结点 p 的后序前驱结点
   if(p->rtag==0)   return (p->rchild);
   else   return   (p->lchild);
}// PostPre
```

4．线索二叉树进行中序遍历的算法

```
void InorderTraverseThr(BiThrTree  p)
{ //  遍历中序线索二叉树  p
   while(p) //   二叉树非空
     { while (p->ltag==0)   p=p->lchild; //  找中序序列的开始结点
      printf(p->data);
      while(p && p->rtag==1)
       {p=p->rchild; printf(p-data);}//找 p 的中序后继结点
      p=p->rchild;
```

```
    }//while
} // InorderTraverseThr

}
```

5. 对线索二叉树的插入算法

（1）y 无右子树。

```
x->ltag=1; x->rtag=1;
x->lchild=y; x->rchild=y->rchild;
y->rchild=x;
y->rtag=0;
```

（2）y 有右子树。

```
x->rchild=y->rchild;
x->ltag=1;
x->lchild=y;
y->rchild=x;
if(p->ltag==1) p->lchild=x  //p 是 y 的右子树上按中序遍历的第 1 个结点
```

5.2.6 二叉树的其他操作举例

【例 5.1】 查找数据元素。

Search(bt, x)：在以 bt 为二叉树的根结点指针的二叉树中查找数据元素 x。查找成功时返回该结点的指针；查找失败时返回空指针。

算法实现如下，注意遍历算法中的 Visit (bt->data) 等同于其中的一组操作步骤。

算法 5.8 二叉树的元素查找算法。

```
BiTree  Search（BiTree  *bt，elemtype  x）
    {                                        /*在 bt 为根结点指针的二叉树中查找数据元素 x*/
        BiTree  p;
        p=bt;
        if  (p->data= =x)  return  p;        /*查找成功返回*/
        if  ( p->lchild!=NULL)               /*在 p->lchild 为根结点指针的二叉树中查找数据元素 x*/
            return (Search (p->lchild,  x) );
        if  ( p->rchild!=NULL)               /*在 p->rchild 为根结点指针的二叉树中查找数据元素 x*/
            return (Search (p->rchild,  x));
        return  NULL;                        /*查找失败返回*/
    }
```

【例 5.2】 统计出给定二叉树中叶子结点的数目。

可以利用中序递归遍历算法求二叉树中叶子结点的个数，其算法如下。

算法 5.9 中序遍历求二叉树的叶子结点个数算法。

```
void  inorder_leaf (BiTree  *bt)
  {  if  (bt!=NULL)
       {  inorder_leaf (bt->lchild);
          printf (h->data);
          if  (bt->lchild= =NULL)&&(bt->rchild= =NULL)    k++;
          inorder_leaf (bt->rchild);
```

```
        }
    }
```

上面函数中的 k 是全局变量，在主程序中先置零，在调用 inorder_ leaf 后，k 值就是二叉树 bt 中叶子结点的个数。

还可以用另一种递归来实现，其算法如下。

算法 5.10 求二叉树叶子结点个数的另一种递归算法。

```
int  CountLeaf2 (BiTree  *bt)
 {                          /*开始时，bt 为根结点所在链结点的指针，返回值为 bt 的叶子数*/
    if (bt= =NULL)   return(0);
      else  if  (bt->lchild= = NULL && bt->rchild= = NULL)
              return  (1);
            else
              return (CountLeaf2 (bt->lchild)+CountLeaf2 (bt->rchild));
 }
```

【例 5.3】 求二叉树的深度运算。

求深度算法同样可以通过遍历操作来实现，算法如下。

算法 5.11 求二叉树的深度算法。

```
int  treehigh (BiTree  *bt)
  {  int  lh, rh, h;
     if  (bt= =NULL)   h = 0;
    else
       {  lh = treehigh(bt->lchild);
          rh = treehigh (bt->rchild);
          h = (1h>rh?1h: rh)+1;
       }
    return  h;
  }
```

【例 5.4】 创建二叉树的二叉链表存储并显示。

设创建时，按二叉树带空指针的前序（即先输入根结点，再输入左子树，最后输入右子树）的次序输入结点值，结点值类型为字符型。输出按中序遍历序列输出。

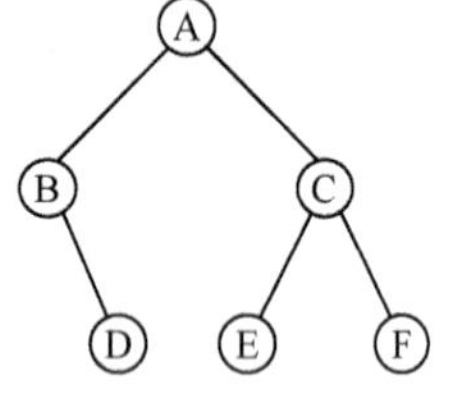

图 5.11　二叉树

CreateBinTree（BinTree *bt）是以二叉链表为存储结构建立一棵二叉树 T 的存储，bt 为指向二叉树 T 根结点指针的指针。设建立时的输入序列为：A B 0 D 0 0 C E 0 0 F0 0，其中 0 表示空结点，则建立二叉树的二叉链表如图 5.11 所示。

InOrderOut（bt）为按中序输出二叉树 bt 的结点。

算法实现如下，注意在以下创建算法中，遍历算法中的 Visit(bt->data) 被读入结点、申请空间和存储的操作所代替；在输出算法中，遍历算法中的 Visit(bt->data) 被 C 语言中的格式输出语句所代替。

```
void  CreateBinTree (BinTree  *T)
     {   /*以先序序列输入结点的值，构造二叉链表*/
     char  ch;
        scanf ("\n %c",  &ch );
```

```
        if (ch = = '0')   *T=NULL;                      /*读入 0 时，将相应结点置空*/
         else
            { *T = (BinTNode*)malloc (sizeof (BinTNode));   /*生成结点空间*/
              (*T ) ->data=ch;
              CreateBinTree(&(*T)->lchild);          /*构造二叉树的左子树*/
              CreateBinTree(&(*T)->rchild);          /*构造二叉树的右子树*/
            }
         }
    void   InOrderOut (BinTree   T)
      {                                             /*中序遍历输出二叉树 T 的结点值*/
      if   (T)
      { InOrderOut(T->lchild);                      /*中序遍历二叉树的左子树*/
        printf("%3c", T->data);                     /*访问结点的数据*/
        InOrderOut(T->rchild);                      /*中序遍历二叉树的右子树*/
      }
    }
main( )
   {  BiTree   bt;
      CreateBinTree(&bt);
      InOrderOut(bt);
   }
```

【例 5.5】 已知结点的前序序列和中序序列分别如下。

前序序列：A B C D E F G

中序序列：C B E D A F G

则可按上述分解求得整棵二叉树。其构造过程如图 5.12 所示。首先由前序序列得知二叉树的根为 A，则其左子树的中序序列为（C B E D），右子树的中序序列为（F G）。反过来得知其左子树的前序序列必为（B C D E），右子树的前序序列为（F G）。类似地，可由左子树的前序序列和中序序列构造得 A 的左子树，由右子树的前序序列和中序序列构造得 A 的右子树。

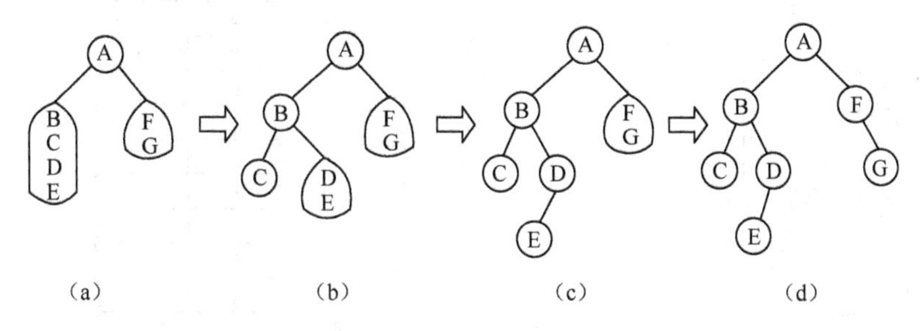

图 5.12 由前序和中序序列构造一棵二叉树的过程

上述构造过程说明了给定结点的前序序列和中序序列，可确定一棵二叉树。至于它的唯一性，读者可试用归纳法证明。

5.3 树与森林

5.3.1 树的存储

在计算机中，树的存储有多种方式，既可以采用顺序存储结构，又可以采用链式存储结构，但无论采用何种存储方式，都要求存储结构不但能存储各结点本身的数据信息，还要能唯一地反映树中各结点之间的逻辑关系。下面介绍几种树的基本存储方式。

1. 双亲表示法

由树的定义可以知道，树中的每个结点（除根结点外）都有唯一的一个双亲结点，根据这一特性，可用一组连续的存储空间（一维数组）存储树中的各个结点，数组中的一个元素表示树中的一个结点，数组元素为结构体类型，其中包括结点本身的信息及该结点的双亲结点在数组中的序号，树的这种存储方法称为双亲表示法。

双亲表示法的存储结构定义可描述如下。

```
#define   MAXNODE   100        /*树中结点的最大个数*/
typedef   struct
     {    elemtype   data;
          int      parent;
     }   NodeType;
NodeType   t[MAXNODE];
```

图 5.13（a）所示的树的双亲表示如图 5.13（b）所示。图 5.13（b）中用 parent 域的值为−1 表示该结点无双亲结点，即该结点是一个根结点。

树的双亲表示法对于实现 Parent(t, x)操作和 Root(x)操作很方便，但若求某结点的孩子结点，即实现 Child(t, x, i)操作时，则需要查询整个数组。此外，这种存储方式不能反映各兄弟结点之间的关系，所以实现 RightSibling(t, x)操作也比较困难。在实际中，如果需要实现这些操作，可在结点结构中增设存放第一个孩子的域和存放右兄弟的域，就能较方便地实现上述操作了。

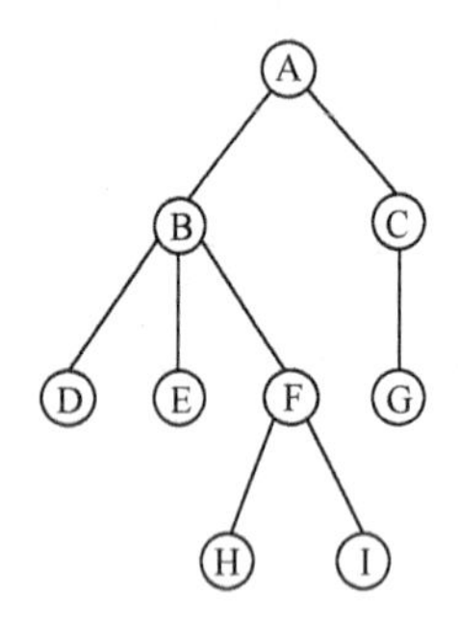

（a）树的逻辑结构

序号	data	parent
0	A	−1
1	B	0
2	C	0
3	D	1
4	E	1
5	F	1
6	G	2
7	H	5
8	I	5

（b）树的存储结构（双亲表示法）

图 5.13　树的双亲表示法示意图

2. 孩子表示法

孩子表示法是将树按如图 5.14 所示的形式存储。其主体是一个与结点个数一样大小的一维数组，数组的每一个元素都由两个域组成：一个域用来存放结点本身的信息；另一个用来存放指针，该指针指向由该结点孩子组成的单链表的首位置。单链表的基本结构也由两个域组成：一个存放孩子结点在一维数组中的序号；另一个是指针域，指向下一个孩子。

显然，在孩子表示法中查找双亲比较困难，查找孩子却十分方便，故适用于对孩子操作多的应用。孩子表示法的存储结构可描述如下。

```
#define MAXNODE     100                    /*树中结点的最大个数*/
typedef   struct   ChildNode
    {    int    childcode;
         struct   ChildNode    *nextchild;
    }
typedef   struct
    {    elemtype    data;
         struct ChildNode    *firstchild;
     }   NodeType;
NodeType    t[MAXNODE];
```

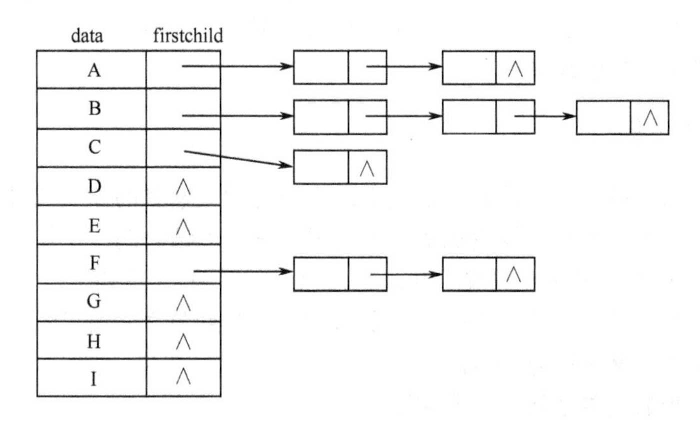

图 5.14　图 5.13（a）所示树的孩子表示法示意图

3. 孩子兄弟表示法

这是一种常用的存储结构，其方法是：在树中，每个结点除其信息域外，再增加两个分别指向该结点的第一个孩子结点和右兄弟结点的指针。在这种存储结构下，树中结点的存储结构可描述如下。

```
typedef   struct   TreeNode
{   elemtype   data;
            struct TreeNode    *firstchild;
            struct TreeNode    *nextsibling;
      } NodeType;
```

定义一棵树如下：

```
NodeType    *t;
```

图 5.15 给出了图 5.13（a）所示的树采用孩子兄弟表示法时的存储示意图。从图中可看出，该存储结构与二叉树的二叉链表结构非常相似，而且事实上，如果剔除了字面上的含义，其实质是一样的。因此树、森林与二叉树的转换才得以方便地实现。

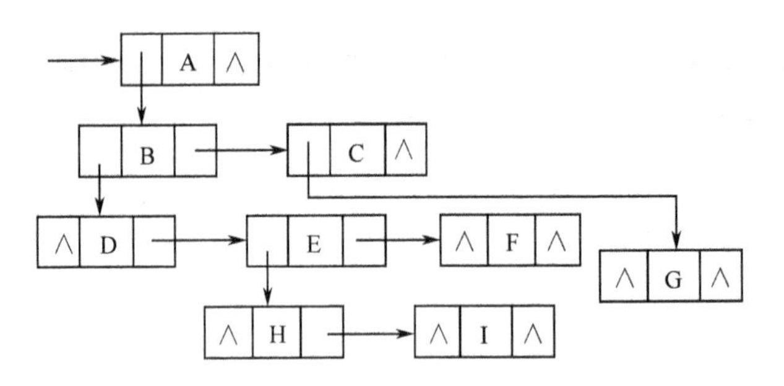

图 5.15　图 5.13（a）所示树的孩子兄弟表示法存储示意图

5.3.2　树、森林与二叉树的相互转换

从树的孩子兄弟表示法可以看到，如果设定一定的规则，就可用二叉树结构表示树和森林，这样，对树的操作实现就可以借助二叉树存储，利用二叉树上的操作来实现。本节将讨论树、森林与二叉树之间的转换方法。

1．树转换为二叉树

对于一棵无序树，树中结点的各孩子结点的次序是无关紧要的，而二叉树中结点的左、右孩子结点是有区别的。为避免发生混淆，约定树中每一个结点的孩子结点按从左到右的次序顺序编号。如图 5.16 所示的一棵树，根结点 A 有 B、C、D 三个孩子，可以认为结点 B 为 A 的第一个孩子结点，结点 C 为 A 的第二个孩子结点，结点 D 为 A 的第三个孩子结点。

将一棵树转换为二叉树的方法是：

（1）树中所有相邻兄弟之间加一条连线；

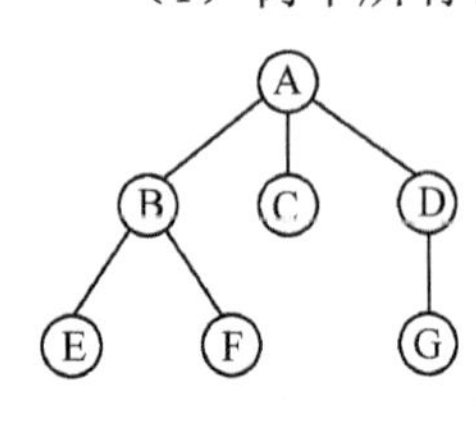

图 5.16　一棵树

（2）对树中的每个结点，只保留它与第一个孩子结点之间的连线，删去它与其他孩子结点之间的连线；

（3）以树的根结点为轴心，将整棵树顺时针转动一定的角度，使之结构层次分明。

可以证明，树做这样的转换所构成的二叉树是唯一的。

图 5.17 给出了图 5.16 所示的树转换为二叉树的转换过程示意图。

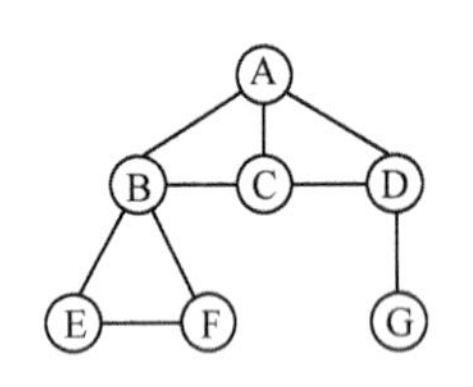

（a）相邻兄弟加连线

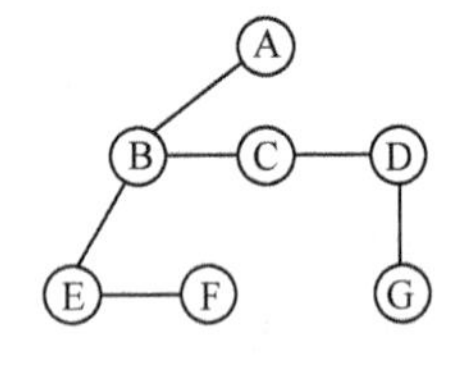

（b）删去双亲与其他孩子的连线

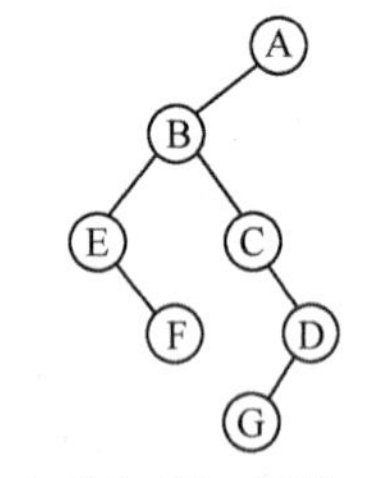

（c）转换后的二叉树

图 5.17　图 5.16 所示树转换为二叉树的过程示意图

由上面的转换可以看出，在二叉树中，左分支上的各结点在原来的树中是父子关系，而右分支上的各结点在原来的树中是兄弟关系。由于树的根结点没有兄弟，所以变换后的二叉树的根结点的右孩子必为空。

事实上，一棵树采用孩子兄弟表示法所建立的存储结构与它所对应的二叉树的二叉链表存储结构是完全相同的。

2. 森林转换为二叉树

由森林的概念可知，森林是若干棵树的集合，只要将森林中各棵树的根视为兄弟，每棵树又可以用二叉树表示，这样，森林同样可以用二叉树表示。

森林转换为二叉树的方法如下：

（1）将森林中的每棵树转换成相应的二叉树；

（2）第一棵二叉树不动，从第二棵二叉树开始，依次把后一棵二叉树的根结点作为前一棵二叉树根结点的右孩子，当所有二叉树连起来后，所得到的二叉树就是由森林转换得到的二叉树。

这一方法可形式化描述为：如果 $F = \{T_1, T_2, \cdots, T_m\}$是森林，则可按如下规则转换成一棵二叉树 $B = (\text{Root}, \text{LB}, \text{RB})$。

（1）若 F 为空，即 $m = 0$，则 B 为空树；

（2）若 F 非空，即 $m \neq 0$，则 B 的根 Root 即为森林中第一棵树的根 Root(T_1)；B 的左子树 LB 是从 T_1 中根结点的子树森林 $F_1 = \{T_{11}, T_{12}, \cdots, T_{1m}\}$转换而成的二叉树；其右子树 RB 是从森林 $F' = \{T_2, T_3, \cdots, T_m\}$转换而成的二叉树。

图 5.18 给出了森林及其转换为二叉树的过程示意图。

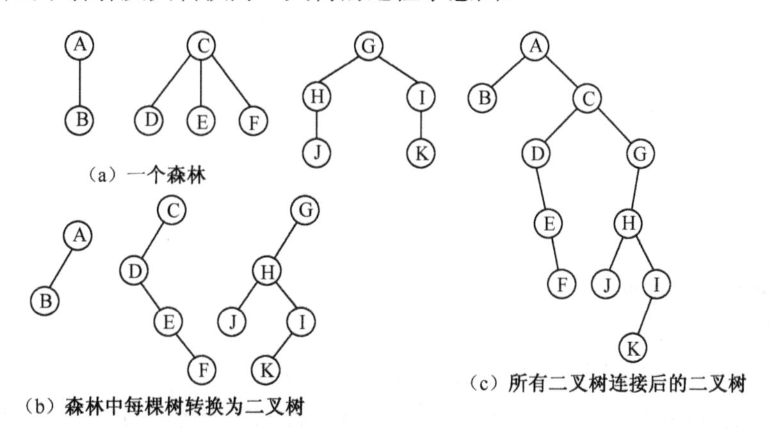

图 5.18　森林及其转换为二叉树的过程示意图

3. 二叉树转换为树和森林

树和森林都可以转换为二叉树，二者不同的是：树转换成的二叉树的根结点无右分支，而森林转换后的二叉树的根结点有右分支。显然这一转换过程是可逆的，即可以依据二叉树的根结点有无右分支，将一棵二叉树还原为树或森林，具体方法如下：

（1）若某结点是其双亲的左孩子，则把该结点的右孩子、右孩子的右孩子……都与该结点的双亲结点用线连起来；

（2）删去原二叉树中所有的双亲结点与右孩子结点的连线；

（3）整理由（1）、（2）两步所得到的树或森林，使之结构层次分明。

这一方法可形式化描述为：如果 $B = (\text{Root}, \text{LB}, \text{RB})$是一棵二叉树，则可按如下规则转换成森林 $F = \{T_1, T_2, \cdots, T_m\}$：

（1）若 B 为空，则 F 为空；

（2）若 B 非空，则森林中第一棵树 $T1$ 的根 Root($T1$)即为 B 的根 Root；$T1$ 中根结点的子树森林 $F1$ 是由 B 的左子树 LB 转换而成的森林；F 中除 $T1$ 之外其余树组成的森林 $F' = \{T_2, T_3, \cdots, T_m\}$是由 B 的右子树 RB 转换而成的森林。

图 5.19 给出了一棵二叉树还原为森林的过程示意图。

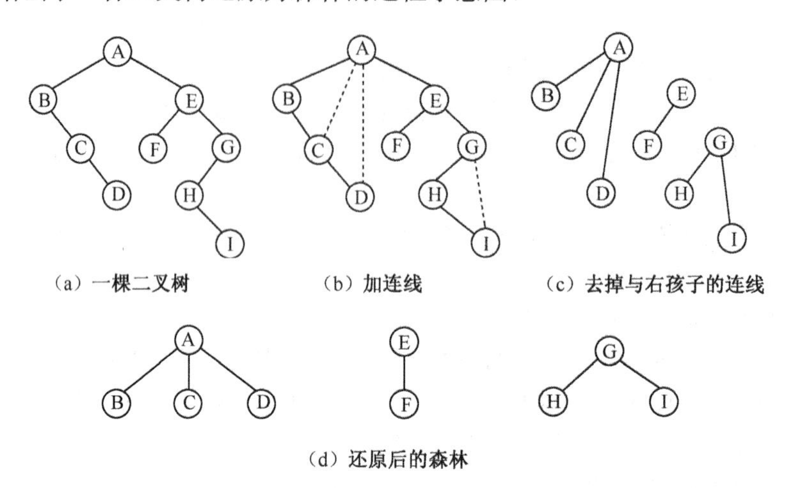

图 5.19　二叉树还原为森林的过程示意图

5.3.3　树和森林的遍历

1．树的遍历

树的遍历通常有以下两种方式。

（1）先根遍历。先根遍历的定义为：

① 访问根结点；

② 按照从左到右的顺序先根遍历根结点的每一棵子树。

按照树的先根遍历的定义，对图 5.16 所示的树进行先根遍历，得到的结果序列为：

A　B　E　F　C　D　G

（2）后根遍历。后根遍历的定义为：

① 按照从左到右的顺序后根遍历根结点的每一棵子树；

② 访问根结点。

按照树的后根遍历的定义，对图 5.16 所示的树进行后根遍历，得到的结果序列为：

E　F　B　C　G　D　A

根据树与二叉树的转换关系及树和二叉树的遍历定义可以推知，树的先根遍历与其转换的相应二叉树的先序遍历的结果序列相同；树的后根遍历与其转换的相应二叉树的中序遍历的结果序列相同。因此树的遍历算法是可以采用相应二叉树的遍历算法来实现的。

2．树的遍历算法实现

在选定树的存储结构后可按上述对应规则实现其遍历算法。例如，以孩子兄弟表示法实现树的先根遍历，算法如下。

算法 5.12 树的遍历算法。

```
void   RootFirst ( NodeType    t )                /*先根遍历用孩子兄弟表示的树*/
  {    NodeType    *p ;
       if   ( t != NULL )
         {   Visit ( t ->data ) ;                 /*访问树根结点*/
             p = t ->firstchild ;                 /*指向根的第一个孩子结点*/
             while   ( p )
                 {   RootFirst ( p );             /*访问孩子结点*/
                     p = p ->nextsibling ;        /*指向下一个孩子结点，即当前结点的右兄弟结点*/
                 }
         }
  }
```

当然，树的遍历算法也可以直接借助二叉树的遍历算法来实现，即将树转换成二叉树后进行。

3. 森林的遍历

森林的遍历有前序遍历和中序遍历两种方式。

（1）前序遍历。前序遍历的定义为：

① 访问森林中第一棵树的根结点；

② 前序遍历第一棵树的根结点的子树；

③ 前序遍历去掉第一棵树后的子森林。

对于图 5.18（a）所示的森林进行前序遍历，得到的结果序列为：

A B C D E F G H J I K

（2）中序遍历。中序遍历的定义为：

① 中序遍历第一棵树的根结点的子树；

② 访问森林中第一棵树的根结点；

③ 中序遍历去掉第一棵树后的子森林。

对于图 5.18（a）所示的森林进行中序遍历，得到的结果序列为：

B A D E F C J H K I G

根据森林与二叉树的转换关系及森林和二叉树的遍历定义可以推知，森林的前序遍历和后序遍历与所转换的二叉树的前序遍历和中序遍历的结果序列相同。

5.4 最优二叉树——哈夫曼树

5.4.1 哈夫曼树的基本概念

最优二叉树也称哈夫曼（Huffman）树，是指对于一组带有确定权值的叶子结点，构造的具有最小带权路径长度的二叉树。权值是指一个与特定结点相关的数值。

那么什么是二叉树的带权路径长度（Weighted Path Length）呢？

前面介绍过路径和结点的路径长度的概念，而二叉树的路径长度则是指由根结点到所有叶子结点的路径长度之和。如果二叉树中的所有叶子结点都具有一个特定的权值，则可将这一概念加以推广。设二叉树具有 n 个带权值的叶子结点，那么从根结点到各个叶子结点的路径长度与该叶子结点相应的权值的乘积之和叫做二叉树的带权路径长度，记为：

$$\mathrm{WPL}=\sum_{k=1}^{n} W_k \cdot L_k$$

其中，w_k 为第 k 个叶子结点的权值，L_k 为第 k 个叶子结点的路径长度。如图 5.20 所示的二叉树，它的带权路径长度值为 WPL = 2×2 + 4×2 + 5×2 + 3×2 = 28。

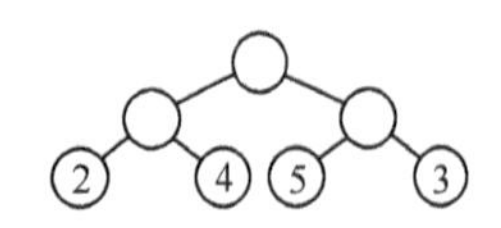

图 5.20　一棵带权二叉树

给定一组具有确定权值的叶子结点，可以构造出不同的带权二叉树。例如，给出 4 个叶子结点，设其权值分别为 1，3，5，5，可以构造出形状不同的多个二叉树。这些形状不同的二叉树的带权路径长度各不相同。图 5.21 给出了其中 3 个不同形状的二叉树。

这 3 棵树的带权路径长度如下。

① 图 5.21（a）：WPL = 1×2 + 3×2 + 5×2 + 5×2 = 32；

② 图 5.21（b）：WPL = 1×3 + 3×3 + 5×2 + 5×1 = 29；

③ 图 5.21（c）：WPL = 1×2 + 3×3 + 5×3 + 5×1 = 33；

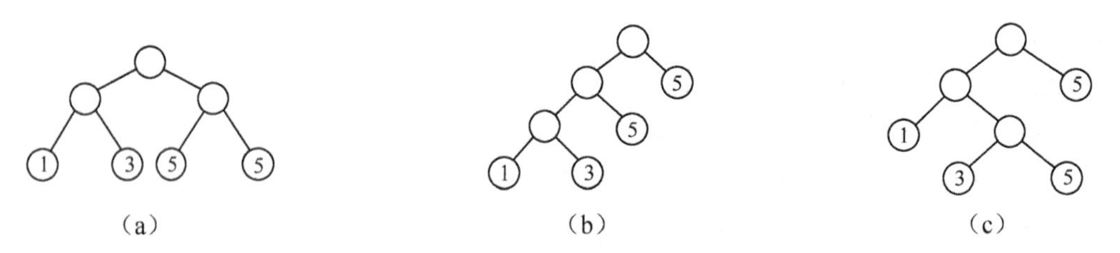

图 5.21　具有相同叶子结点和不同带权路径长度的二叉树

由此可见，由相同权值的一组叶子结点所构成的二叉树有不同的形态和不同的带权路径长度，那么如何找到带权路径长度最小的二叉树（即哈夫曼树）呢？根据哈夫曼树的定义，一棵二叉树要使其 WPL 值最小，必须使权值越大的叶子结点越靠近根结点，而权值越小的叶子结点越远离根结点。哈夫曼（Huffman）依据这一特点提出了一种构造最优二叉树的方法，这种方法的基本思想是：

（1）由给定的 n 个权值$\{w_1, w_2, \cdots, w_n\}$构造 n 棵只有一个叶子结点的二叉树，从而得到一个二叉树的集合 $F = \{T_1, T_2, \cdots, T_n\}$；

（2）在 F 中选取根结点的权值最小和次小的两棵二叉树作为左、右子树构造一棵新的二叉树，这棵新的二叉树根结点的权值为其左、右子树根结点权值之和；

（3）在集合 F 中删除作为左、右子树的两棵二叉树，并将新建立的二叉树加入到集合 F 中；

（4）重复（2）、（3）两步，当 F 中只剩下一棵二叉树时，这棵二叉树便是所要建立的哈夫曼树。

图 5.22 给出了前面提到的叶子结点权值集合为 $W = \{1, 3, 5, 5\}$的哈夫曼树的构造过程。可以计算出其带权路径长度为 29，由此可见，对于同一组给定叶子结点所构造的哈夫曼树，

树的形状可能不同，但带权路径长度值是相同的，一定是最小的。

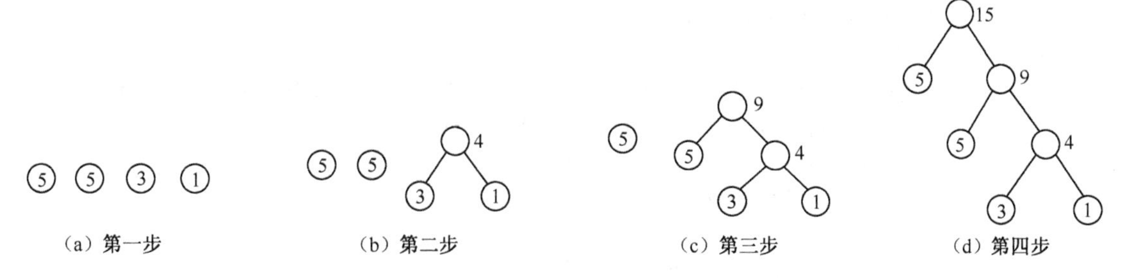

图 5.22　哈夫曼树的构造过程

5.4.2　哈夫曼树的构造算法

在构造哈夫曼树时，可以设置一个结构数组 HuffNode 保存哈夫曼树中各结点的信息，根据二叉树的性质可知，具有 n 个叶子结点的哈夫曼树共有 $2n-1$ 个结点，所以数组 HuffNode 的大小设置为 $2n-1$，数组元素的结构形式如下：

weight	lchild	rchild	parent

其中，weight 域保存结点的权值，lchild 和 rchild 域分别保存该结点的左、右孩子结点在数组 HuffNode 中的序号，从而建立起结点之间的关系。为了判定一个结点是否已加入到要建立的哈夫曼树中，可通过 parent 域的值来确定。初始时 parent 的值为−1，当结点加入到树中时，该结点 parent 的值为其双亲结点在数组 HuffNode 中的序号，就不会是−1 了。

构造哈夫曼树时，首先将由 n 个字符形成的 n 个叶子结点存放到数组 HuffNode 的前 n 个分量中，然后根据前面介绍的哈夫曼方法的基本思想，不断将两个小子树合并为一个较大的子树，每次构成的新子树的根结点顺序放到 HuffNode 数组中前 n 个分量的后面。

算法 5.13　哈夫曼树的构造算法。

```
#define  MAXVALUE   10000                /*定义最大权值*/
#define  MAXLEAF   30                    /*定义哈夫曼树中叶子结点的最大个数*/
#define  MAXNODE   MAXLEAF*2-1           /*定义哈夫曼树中结点的最大数*/
typedef  struct
      {  int  weight;
         int  parent;
         int  lchild;
         int  rchild;
         } HNode,   HuffmanTree[ MAXNODE ];
void  CrtHuffmanTree( HuffmanTree   ht,   int   w[ ],   int   n )  /*数组 w[ ]传递 n 个权值*/
  {  int   i,   j,   m1,   m2,   x1,   x2 ;
     for   (i=0;   i<2*n-1;   i++)                  /* ht 初始化*/
     {  ht [ i ].weight = 0;
        ht [ i ].parent = −1;
        ht [ i ].lchild = −1;
        ht [ i ].rchild = −1;
  }
```

```
    for  ( i=0;   i<n;   i++ )   ht [ i ].weight = w [ i ] ;   /*赋予 n 个叶子结点的权值*/
    for  ( i=0;   i<n -1;   i++)                               /*构造哈夫曼树*/
      {  m1=m2=MAXVALUE;
     x1=x2=0;
    for  (j=0;  j<n+i;  j++)                                   /*寻找权值最小和次小的两棵子树*/
     {  if  ( ht [ j ].weight< m1 && ht [ j ].parent = = −1)
          {  m2=m1;        x2=x1;       x1 = j;
             m1 = ht [ j ].weight;
          }
          else  if  ( ht [ j ].weight< m2 && ht [ j ].parent = = −1)
                {  m2 = ht [ j ].weight;
                   x2 = j;
                }
    }
    /*将找出的两棵子树合并为一棵子树*/
    ht [x1].parent = n+i;              ht [x2].parent = n+i;
    ht [n+i].weight= ht [x1].weight +ht [x2].weight;
    ht [n+i].lchild=x1;                ht [n+i].rchild=x2;
    }
}
```

根据以上算法，图 5.22 建立的哈夫曼树的结果如表 5.1 和表 5.2 所示。

表 5.1　哈夫曼树的初态

	weight	parent	lchild	rchild
0	1	−1	−1	−1
1	3	−1	−1	−1
2	5	−1	−1	−1
3	5	−1	−1	−1
4	0	−1	−1	−1
5	0	−1	−1	−1
6	0	−1	−1	−1

表 5.2　哈夫曼树的终态

	weight	parent	lchild	rchild	
0	1	4	−1	−1	n个叶子结点
1	3	4	−1	−1	
2	5	5	−1	−1	
3	5	6	−1	−1	
4	4	5	1	0	
5	9	6	2	4	
6	14	−1	3	5	

5.4.3　哈夫曼编码

在数据通信中，经常需要将传送的文字转换成由二进制字符 0、1 组成的二进制串，即进行符号的二进制编码。常见的如 ASCII 码就是 8 位的二进制编码，此外，还有汉字国标码、电报明码等。

ASCII 码是一种**定长编码**，即每个字符用相同数目的二进制位表示。为了缩短数据文件（报文）长度，可采用**不定长编码**。例如，假设要传送的报文为 ABACCDA，报文中只含有 A、B、C、D 四种字符，表 5.3 给出了四种不同的编码方案。表 5.3（a）所示的编码，报文的代码为 000010000100100111000，长度为 21；表 5.3（b）所示的编码，报文的代码为 00010010101100，长度为 14。这两种编码均是定长编码，码长分别为 3 和 2。采用表 5.3（c）所示的编码，上述报文的代码为 0110010101110，长度为 13；而用表 5.3（d）所示的编码，则报文的代码为

01010010010011001，长度为 17。显然，不同的编码方案，其最终形成的报文代码总长度是不同的。如何使最终的报文最短，可以借鉴哈夫曼思想，在编码时考虑字符出现的频率，让出现频率高的字符采用尽可能短的编码，出现频率低的字符采用稍长的编码，构造的不定长编码，则报文的代码就可能达到更短。

表 5.3　字符的四种不同的编码方案

字符	编码
A	000
B	010
C	100
D	111

（a）

字符	编码
A	00
B	01
C	10
D	11

（b）

字符	编码
A	0
B	110
C	10
D	111

（c）

字符	编码
A	01
B	010
C	001
D	10

（d）

因此，利用哈夫曼树来构造编码方案，就是哈夫曼树的典型应用。具体做法如下。

设需要编码的字符集合为{d_1, d_2, …, d_n}，它们在报文中出现的次数或频率集合为{w_1, w_2, …, w_n}，以 $d_1, d_2, \cdots, d_n$ 为叶子结点，$w_1, w_2, \cdots, w_n$ 为它们的权值，构造一棵哈夫曼树，规定对哈夫曼树中的左分支赋予 0，右分支赋予 1，则从根结点到每个叶子结点所经过的路径分支组成的 0 和 1 序列便为该叶子结点对应字符的编码，称为**哈夫曼编码**，这样的哈夫曼树也称为哈夫曼编码树。

在哈夫曼编码树中，树的带权路径长度的含义是各个字符的码长与其出现次数的乘积之和，也就是报文的代码总长，所以采用哈夫曼树构造的编码是一种能使报文代码总长最短的不定长编码。

在建立不定长编码时，必须使任何一个字符的编码都不是另一个字符编码的前缀，这样才能保证译码的唯一性。例如表 5.3（d）所示的编码方案，字符 A 的编码 01 是字符 B 的编码 010 的前缀部分，这样对于代码串 0101001，既是 AAC 的代码，又是 ABA 和 BDA 的代码，因此，这样的编码不能保证译码的唯一性，称为具有二义性的译码。同时把满足“任意一个符号的编码都不是其他符号的编码的前缀”这一条件的编码称为**前缀编码**。

采用哈夫曼树进行编码，则不会产生上述二义性问题。因为，在哈夫曼树中，每个字符结点都是叶子结点，它们不可能在根结点到其他字符结点的路径上，所以一个字符的哈夫曼编码不可能是另一个字符的哈夫曼编码的前缀，从而保证了译码的非二义性。

设 A、B、C、D 出现的频率分别为 0.4，0.3，0.2，0.1，则得到的哈夫曼树和二进制前缀编码如图 5.23 所示。

按此编码，前面的报文可转换成总长为 14 bit 的二进制位串“0l001101101110”，可以看出，这种不定长的前缀编码能将报文唯一地无二义性地翻译成原文。当原文较长、频率很不均匀时，这种编码可使传送的报文缩短很多。当然，也可以在哈夫曼树中规定左分支表示“1”，右分支表示“0”，得到的二进制前缀编码虽然不一样，但使用效果一样。

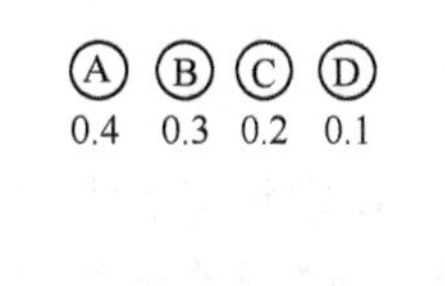

（a）字母出现的频率

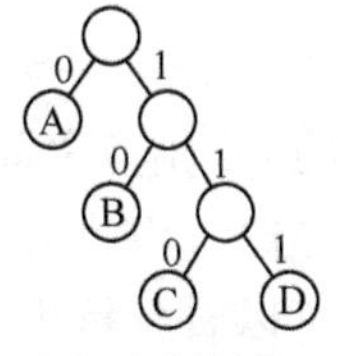

（b）哈夫曼树

A: 0
B: 10
C: 110
D: 111

（c）哈夫曼编码

图 5.23　哈夫曼编码构造示例

5.4.4 哈夫曼编码的算法实现

前面已经给出了哈夫曼树的构造算法，因此哈夫曼编码中需要构造哈夫曼数时可以调用前面的构造算法。为实现哈夫曼编码，自然需要定义一个编码表的存储结构。定义如下：

```
typerdef    struct    codenode
      {    char    ch ;                /*存放要表示的符号*/
           char    *code;              /*存放相应代码*/
       }   CodeNode ;
typedef    CodeNode    HuffmanCode[ MAXLEAF ];
```

哈夫曼编码的算法思路：在哈夫曼树中，从每个叶子结点开始，一直往上搜索，判断该结点是其双亲结点的左孩子还是右孩子，若是左孩子，则相应位置上的代码为 0，否则为 1，直至搜索到根结点为止。具体实现算法如下。

算法 5.14 哈夫曼编码算法。

```
viod  CrtHuffmanCode ( HuffmanTree   ht,   HuffmanCode   hc,   int   n )
                         /*从叶子结点到根，逆向搜索求每个叶子结点对应符号的哈夫曼编码*/
  {  char   *cd ;
     int   i,   c,   p ,   start ;
     cd = malloc ( n*sizeof ( char ));           /*为当前工作区分配空间*/
     cd [ n -1 ] = '\0' ;                        /*从右到左逐位存放编码，首先存放结束符*/
     for   ( i =1;   i<= n;   i++ )              /*求 n 个叶子结点对应的哈夫曼编码*/
      {    start = n –1 ;                                    /*编码存放的起始位置*/
           c = i ;    p = ht [ i ].parent ;                  /*从叶子结点开始往上搜索*/
           while   ( p != 0 )
               {  - - start;
                  if   ( ht [ p ].lchild = = c )    cd [ start ] = '0';    /*左分支标 0*/
                     else    cd [start ] = '1' ;                        /*右分支标 1*/
                  c = p ;      p = ht [ p ].parent ;                    /*向上倒推*/
               }
           hc [ i ] = malloc ( ( n - start)*sizeof ((char));       /*为第 i 个编码分配空间*/
           scanf (  "%c" ,   &(hc[ i ].ch ) )                     /*输入相应待编码字符*/
           strcpy ( hc [ i ],   &ch[ start ] );                   /*将工作区中编码复制到编码表中*/
      }
     free ( cd );
  }
```

5.5 典型例题

【例 5.6】 求从二叉树根结点到 r 结点之间的路径。

设二叉树的存储采用二叉链表方式，T 为根结点指针，r 为指定结点的指针。利用非递归后序遍历法访问到 r 所指结点时，可以看到栈中所有结点均为 r 所指结点的祖先，然后依次输出栈中所有相关结点，则可得到从 t 到 r 所指结点之间的路径。

算法 5.15 求从二叉树根结点到 r 所指结点之间的路径并依次输出这些结点。

```
void PathInBiTree( BiTree   T)
{/* 非递归后序遍历，求从二叉树链表根结点到 r 所指结点之间的路径，T 为根结点指针*/
  BiTree s[MAXSIZE]; /* 辅助栈 */
  int i,top=0; /* top 为栈顶指针,top=0 表示空栈 */
  BiTree   p,q;
  q=NULL; /* q 指向最近被访问过的结点，q 初始为空指针 */
  p = T;
  while(p != NULL || top != 0) {
       while(p != NULL) {/* 遍历左子树，使左孩子指针入栈 */
          top++;
          s[top]=p;
          p=p->lchild;
       }
       if( top > 0 ) {
          p=s[top];
          if( p->rchild == NULL || p->rchild == q ) {
                if( p == r) {/*找到 r 所指的结点，依次显示从根到该结点之间的路径 */
                     for (i=1; i <= top; i++ )
                           printf( " %d, ", s[i]->data );
                     top =0 ; /*强制退出循环*/
                }
                 else { /* 未找到 r 所指结点，继续查找 */
                     q=p; /* q 始终指向最近被访问过的结点 */
                     top--;
                     p=NULL; /*跳过前面遍历左子树的循环，继续退栈 */
                }
          }
          else p = p -> rchild; /* 向右一步*/
       }/* End of   if( top > 0 )   */
       } /* End of   while(p != NULL || top != 0)   */
  } /*   PathInBiTree   */
```

【例 5.7】　中序线索二叉树及其中序遍历。

具有 n 个结点的二叉链表共有 $2n$ 个指针域，但是仅使用了 $n-1$ 个，还有 $n+1$ 个为空。线索二叉树就是利用这些空的指针域，使二叉树空的 lchild 域指向其直接前趋结点，使空的 rchild 域指向其直接后继结点。由于二叉树是一种非线性结构，同一个结点在不同的遍历序列中其直接前趋和直接后继可以不同，因此构建一棵线索二叉树必须要与确定的遍历方法结合起来。建立一棵中序线索二叉树就是在中序遍历这棵二叉树的过程中不断修改结点的空指针域，使其指向直接前趋或直接后继的过程。

为了区分指针是指向孩子结点还是指向直接前趋或直接后继，在每个结点中增设两个标志域：ltag 和 rtag，取值 0 或 1。ltag=0 表示 lchild 域指向结点的左孩子，ltag=1 表示 lchild 域指向结点的直接前趋；rtag=0 表示 rchild 域指向结点的右孩子，rtag=1 表示 rchild 域指向结点的直接后继。线索二叉树的结点结构描述如下：

```
typedef struct ThreadNode
```

```
{
        elemtype  data;
        struct  ThreadNode  *lchild,  *rchild;  /*左、右孩子指针域*/
        int ltag, rtag ; /* 左、右标志域，取值 0 或 1*/
} ThreadNode, *PThreadBiTree;
PThreadBiTree  pre;  /* pre 始终指向刚刚访问过的结点，全局变量*/
```

为了方便算法的实现，在根结点之前为线索二叉链表增加一个头结点（类似于带头结点的单链表中的头结点）。该头结点的 lchild 域指向二叉树的根结点，rchild 域指向所遍历的最后一个结点。

算法 5.16 建立中序线索二叉树及其中序遍历的算法。

（1）建立中序线索二叉树。

```
void InThread (PThreadBiTree  p); /* 线索化过程 */
PThreadBiTree  CreateInThreadBT (PThreadBiTree  T);/*根据二叉链表 T，建立中序线索二叉树*/

PThreadBiTree  CreateInThreadBT (PThreadBiTree  T)
{ /* 中序线索化， T 指向二叉树的根结点 */
  PThreadBiTree  thrt; /* thrt 指向头结点*/
  thrt=( PThreadBiTree ) malloc(sizeof(ThreadNode )); /* 生成头结点*/
  thrt ->rtag =1; thrt -> rchild =thrt; /* 头结点的右指针回指*/
 thrt -> ltag =0;
 if( T==NULL) thrt -> lchild = thrt; /* 若为二叉树为空，则头结点的左指针也回指*/
  else
  {
     thrt -> lchild = T; /* 指向二叉树的根结点 */
     pre = thrt; /* pre 指向头结点 */
     InTread(T); /* 中序线索化二叉树 T */
     pre -> rchild = thrt;  /* 中序遍历最后一个结点的右指针域指向头结点 */
     pre -> rtag =1 ;
     thrt -> rchild = pre; /* 头结点的右指针域指向中序遍历最后一个结点*/
  }
  return thrt; /* 返回头结点的指针 */
} /*  InOrderThreadBiTree  */

 void InThread (PThreadBiTree  T)
 { /* 中序线索化二叉树的过程*/
 if( T != NULL)
  {
     InTread(T -> lchild); /*左子树线索化 */
     if ( T->lchild == NULL )
     { /*左指针域指向其直接前趋*/
         T -> ltag =1 ;
         T -> lchild = pre;
     }
     else T -> ltag =0 ;
     if (pre -> rchild == NULL )
```

```
        { /*直接前趋（即 pre 所指的结点）的右指针域指向该结点 T*/
            pre -> rtag =1 ;
            pre -> rchild = T;
        }
        else pre->rtag=0;
        pre = T; /* pre 跟上，使 pre 始终指向刚刚访问过的结点 */
        InTread(T -> rchild); /*右子树线索化 */
    }
} /*   InThread    */
```

（2）遍历中序线索二叉树。

```
void ThreadInOrder(PThreadBiTree    thrt)
{/* 中序线索二叉树的遍历，thrt 指向头结点*/
    PThreadBiTree    p=thrt->lchild; /* p 的初值指向根结点 */
    while(p != thrt)
    {
        while(p->ltag==0) p=p->lchild;
        visit( p->data); /*  访问结点*/
        while(p->rtag ==1&& p->rchild != thrt)
        { /*  根据右线索访问直接后继 */
            p=p->rchild;
            visit( p->data);
        }
        p=p->rchild;
    }/* while */
} /* ThreadInOrder */
```

本 章 小 结

本章主要介绍了树与森林、二叉树的定义、性质、操作和相关算法的实现。特别是二叉树的遍历算法，它们是许多二叉树应用的算法设计基础，必须熟练掌握。对于树的遍历算法，由于树的先根遍历次序与对应二叉树表示的前序遍历次序一致；树的后根遍历次序与对应二叉树的中序遍历次序一致，因此可以据此得出树的遍历算法。

本章最后讨论的哈夫曼树是一种扩充的二叉树，即在终端结点上带有相应的权值，并使其带权路径长度最短。作为哈夫曼树的应用，引入了哈夫曼编码。通常让哈夫曼树的左分支代表编码“0”，右分支代表编码“1”，得到哈夫曼编码。这是一种不定长编码，可以有效地实现数据压缩。

本章要点如下所述。

（1）理解树、二叉树、森林的定义，尤其要清楚树与二叉树在本质上的不同；掌握二叉树的性质，二叉树的顺序存储和链表存储表示，以及树的各种存储结构。同时要求掌握树、森林与二叉树的相互转换方法。

（2）熟练掌握二叉树的各种遍历算法，这是本章的重点，原因有三：一是通过遍历得到了二叉树中结点的线性序列，实现了非线性结构的线性化；二是几乎所有对二叉树的操作都可以通过遍历算法扩充来实现，遍历算法是基础；三是二叉树遍历算法的递归实现是程序设计中的重要技术，对理解递归含义、使用递归控制条件都非常重要。当然，在理解遍历应用时要注意分析应用问题对遍历顺序的要求。此外，还要掌握根据二叉树遍历结果得到二叉树的方法。

（3）掌握哈夫曼树的概念，理解哈夫曼树的构造过程与实现算法，以及为解决数据压缩问题的哈夫曼编码方法。

习　题　5

5.1 选择题

（1）树最适合用来表示___________。

A．有序数据元素　　B．无序数据元素

C．元素间具有分层次关系的数据　　D．元素间无联系的数据

（2）在 m 叉树中，度为 0 的结点称为___________。

A．兄弟　　B．树叶　　C．树根　　D．分支结点

（3）如果树的结点 A 有 4 个兄弟，而且 B 为 A 的双亲，则 B 的度为___________。

A．3　　B．4　　C．5　　D．1

（4）根据二叉树的定义可知二叉树共有___________种不同的形态。

A．4　　B．5　　C．6　　D．7

（5）由 3 个结点可以构造出___________种不同形态的二叉树。

A．3　　B．4　　C．5　　D．6

（6）具有 20 个结点的二叉树，其深度最多为______________。

A．4　　B．5　　C．6　　D．20

（7）高度为 h 的满二叉树的结点数是___________个。

A．$\log_2 h+1$　　B．2^h+1　　C．2^h-1　　D．2^{h-1}

（8）深度为 5 的二叉树至多有___________个结点。

A．16　　B．32　　C．31　　D．10

（9）设一棵二叉树共有 50 个叶子结点（终端结点），则共有___________个度为 2 的结点。

A．25　　B．49　　C．50　　D．51

（10）一颗完全二叉树中根结点的编号为 1，而且 23 号结点有左孩子但没有右孩子，则完全二叉树总共有_______个结点。

A．24　　B．45　　C．46　　D．47

（11）二叉树的第 3 层最少有__________个结点。

A．0　　B．1　　C．2　　D．3

（12）设 n、m 为一棵二叉树上的两个结点，在中序遍历时，n 在 m 之前的条件是______。

A．n 在 m 右方　　B．n 是 m 祖先　　C．n 在 m 左方　　D．n 是 m 子孙

（13）某二叉树的先序序列和后序序列正好相同，则该二叉树可能是_________的二叉树。

A．高度大于 1 的左单支　　B．高度大于 1 的右单支

C．最多只有一个结点　　D．既有左孩子又有右孩子

（14）某二叉树的中序序列和后序序列正好相反，则该二叉树一定是_________的二叉树。

A．空或只有一个结点　　B．高度等于其结点数

C．任一结点无左孩子　　D．任一结点无右孩子

（15）有 n 个结点的二叉树链表共有________个空指针域。

A．$n-1$　　B．n　　C．$n+1$　　D．$n+2$

5.2　填空题

（1）一颗深度为 5 的二叉树，至少有_______个叶子结点。

（2）一棵完全二叉树采用顺序存储结构，每个结点占 4 字节，设编号为 5 的元素地址为 1016，且它有左孩子和右孩子，则该左孩子和右孩子的地址分别为________ 和________。

（3）一棵完全二叉树采用顺序存储结构，若编号为 i 的元素有左孩子，则该左孩子的编号为__________。

（4）一棵含有 $n(n>1)$个结点的 k 叉树，当 $k=$ _______时深度最大，此最大深度为_______；当 $k=$_________时深度最小，此最小深度为____________。

（5）深度为 k 的完全二叉树至少有____________个结点，至多有____________个结点。

（6）已知一棵二叉树的先序遍历序列为 EBADCFHGIKJ，中序遍历序列为 ABCDEFGHIJK，则该二叉树的后序遍历序列为_______________。

（7）如果指针 p 指向一棵二叉树的一个结点，则判断 p 没有左孩子的逻辑表达式为____________。

（8）在由 n 个带权叶子结点构造出的所有二叉树中，带权路径长度最小的二叉树称为________。

（9）在树的孩子兄弟表示法中，每个结点有两个指针域，一个指向___________；另一个指向________________。

（10）树的先根遍历结果与其转换的相应二叉树的_________________结果相同；树的后根遍历结果与其转换的相应二叉树的______________结果相同。

5.3　写出图 5.24 中树的叶子结点、非终端结点、各结点的度和树深。

5.4　分别画出含 3 个结点的无序树与二叉树的所有不同形态。

5.5　分别画出图 5.25 中所示二叉树的二叉链表、三叉链表和顺序存储结构示意图。

5.6　分别写出图 5.25 中所示二叉树的先序遍历、中序遍历、后序遍历的结点访问序列。

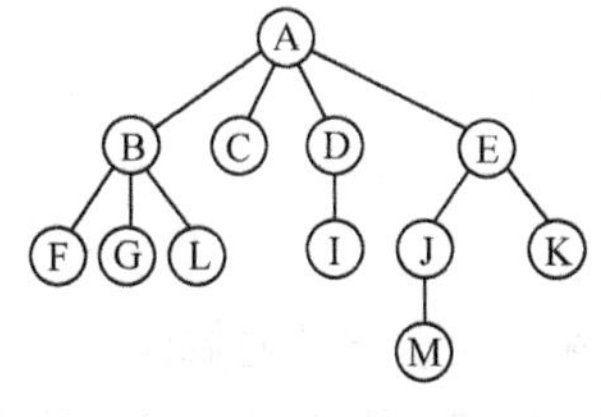

图 5.24　5.3 题图

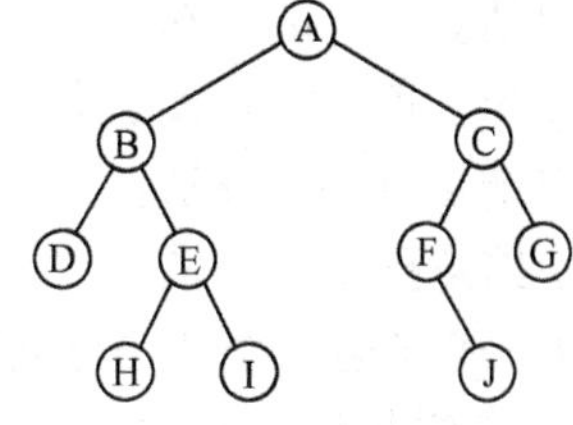

图 5.25　5.5 题和 5.6 题图

5.7　试找出分别满足下列条件的所有二叉树：

（1）先序序列和中序序列相同；

（2）后序序列和中序序列相同；

（3）先序序列和后序序列相同。

5.8　已知一棵二叉树的中序序列和后序序列分别为 BDCEAFHG 和 DECBHGFA，试画出这棵二叉树。

5.9　分别写出图 5.24 所示树的先根遍历、后根遍历和层次遍历的结点访问序列。

5.10　如果一棵树有 n_1 个度为 1 的结点，n_2 个度为 2 的结点，…，n_m 个度为 m 的结点，则该树共有多少个叶子结点?

5.11　已知在一棵含有 n 个结点的树中，只有度为 k 的分支结点和度为 0 的叶子结点，试求该树含有的叶子结点的数目。

5.12　写一算法求二叉树中结点的总数。

5.13　写一算法将二叉树中所有结点的左、右子树相互交换。

5.14　编一算法判别给定的二叉树是否是完全二叉树。

5.15　将图 5.26 所示的森林转换为二叉树。

5.16　分别画出图 5.27 所示二叉树对应的森林。

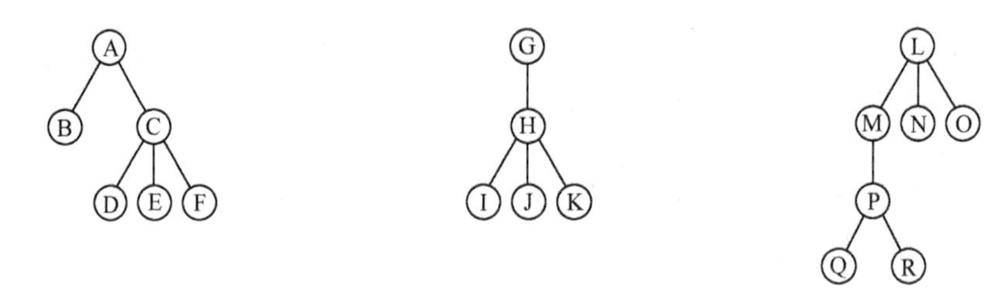

图 5.26　5.15 题图

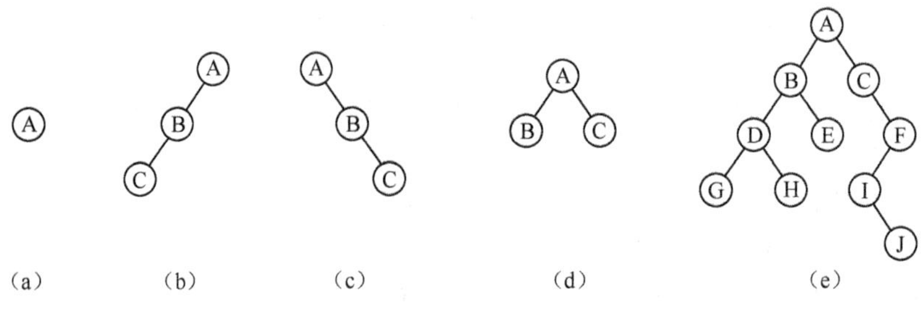

图 5.27　5.16 题图

5.17　在以双亲链表表示法存储结构的树中，写出：

（1）求树中结点双亲的算法；

（2）求树中结点孩子的算法。

5.18　在以孩子链表表示法存储结构的树中，写出：

（1）求树中结点双亲的算法；

（2）求树中结点孩子的算法。

5.19　在以孩子兄弟链表结构存储的树中，写出求树中结点孩子的算法。

5.20　（1）给定权值（4，3，16，9，22，10，5），构造相应的哈夫曼树。（2）设上述权值分别代表 7 个字母出现的频率，试为这 7 个字母设计哈夫曼编码。

第 6 章　图

图状结构是一种比树形结构更复杂的非线性结构。在树形结构中，结点间具有分支层次关系，每一层上的结点只能和上一层中的至多一个结点相关，但可能和下一层的多个结点相关。而在图状结构中，任意两个结点之间都可能相关，即结点之间的邻接关系可以是任意的。因此，图是比树更一般、更复杂的非线性结构，常被用于描述各种复杂的数据对象，在自然科学、社会科学和人文科学等许多领域有着非常广泛的应用。

6.1　图的基本概念

6.1.1　图的定义和术语

1. 图的定义

图（Graph）是由非空的顶点集合和一个描述顶点之间的关系——边（或者弧）的集合组成的，其形式化定义为：

$$G = (V, E)$$
$$V = \{v_i \mid v_i \in \text{data object}\}$$
$$E = \{(v_i, v_j) \mid v_i, v_j \in V \wedge P(v_i, v_j)\}$$

其中，G 表示一个图，V 是图 G 中顶点的集合，E 是图 G 中边的集合，集合 E 中 $P(v_i, v_j)$表示顶点 v_i 和顶点 v_j 之间有一条直接连线，即偶对(v_i, v_j)表示一条边。图 6.1 给出了一个图的示例，在该图中：

$$V = \{v_1, v_2, v_3, v_4, v_5\};$$
$$E = \{(v_1, v_2), (v_1, v_4), (v_2, v_3), (v_3, v_4), (v_3, v_5), (v_2, v_5)\}$$

2. 图的相关术语

（1）无向图：在一个图中，如果任意两个顶点构成的偶对（v_i, v_j）$\in E$ 是无序的，即顶点之间的连线是没有方向的，则称该图为无向图。如图 6.1 所示是一个无向图 G_1。

（2）有向图：在一个图中，如果任意两个顶点构成的偶对$<v_i, v_j> \in E$ 是有序的（有序对常常用尖括号“<　>”表示），即顶点之间的连线是有方向的，则称该图为有向图。如图 6.2 所示是一个有向图 G_2。

$$G2 = (V_2, E_2)$$
$$V2 = \{v_1, v_2, v_3, v_4\}$$
$$E2 = \{<v_1, v_2>, <v_1, v_3>, <v_3, v_4>, <v_4, v_1>\}$$

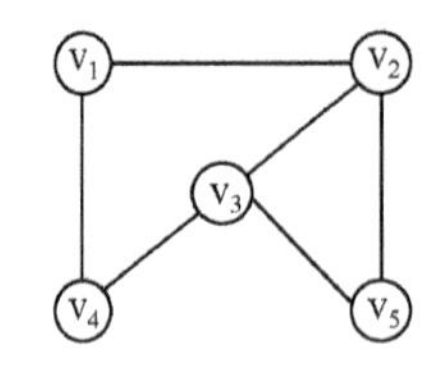

图 6.1　无向图 G_1

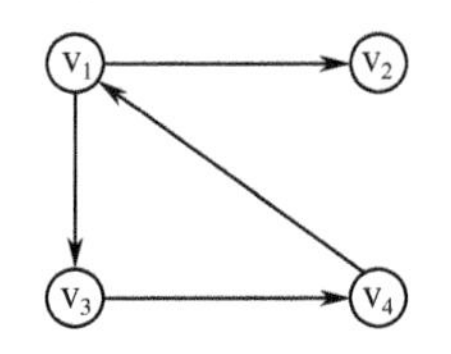

图 6.2　有向图 G_2

（3）顶点、边、弧、弧头、弧尾：在图中，数据元素 v_i 称为**顶点**（Vertex）；(v_i, v_j)表示在顶点 v_i 和顶点 v_j 之间有一条直接连线。如果是在无向图中，则称这条连线为边；如果是在有向图中，一般称这条连线为弧。边用顶点的无序偶对(v_i, v_j)来表示，称顶点 v_i 和顶点 v_j 互为邻接点，边(v_i, v_j)依附于顶点 v_i 与顶点 v_j；弧用顶点的有序偶对$\langle v_i, v_j \rangle$来表示，有序偶对的第一个结点 v_i 被称为始点（或弧尾），在图中就是不带箭头的一端；有序偶对的第二个结点 v_j 被称为终点（或弧头），在图中就是带箭头的一端。

（4）无向完全图：在一个无向图中，如果任意两顶点都有一条直接边相连接，则称该图为无向完全图。可以证明，在一个含有 n 个顶点的无向完全图中，有 $n(n-1)/2$ 条边。

（5）有向完全图：在一个有向图中，如果任意两顶点之间都有方向互为相反的两条弧相连接，则称该图为有向完全图。在一个含有 n 个顶点的有向完全图中，有 $n(n-1)$条边。

（6）顶点的度、入度、出度：顶点的度（Degree）是指依附于某顶点 v 的边数，通常记为 TD (v)。在有向图中，要区别顶点的入度与出度的概念。顶点 v 的入度是指以顶点 v 为终点的弧的数目，记为 ID(v)；顶点 v 出度是指以顶点 v 为始点的弧的数目，记为 OD(v)。有 TD (v)=ID (v)＋OD (v)。

例如，在无向图 G_1 中有：

$TD(v_1)=2$　　$TD(v_2)=3$　　$TD(v_3)=3$　　$TD(v_4)=2$　　$TD(v_5)=2$

在有向图 G_2 中有：

$ID(v_1)=1$　　$OD(v_1)=2$　　$TD(v_1)=3$
$ID(v_2)=1$　　$OD(v_2)=0$　　$TD(v_2)=1$
$ID(v_3)=1$　　$OD(v_3)=1$　　$TD(v_3)=2$
$ID(v_4)=1$　　$OD(v_4)=1$　　$TD(v_4)=2$

可以证明，对于具有 n 个顶点、e 条边的无向图，顶点 v_i 的度 $TD(v_i)$与顶点的个数及边的数目满足关系：

$$e=\left(\sum_{i=1}^{n} TD(v_i)\right)/2$$

（7）边的权、网：与边有关的数据信息称为权（Weight）。在实际应用中，权值可以有某种含义。例如，在一个反映城市交通线路的图中，边上的权值可以表示该条线路的长度或等级；对于一个电子线路图，边上的权值可以表示两个端点之间的电阻、电流或电压值；对于反映工程进度的图而言，边上的权值可以表示从前一个工程到后一个工程所需要的时间或其他代价等。边上带权的图称为网或网络（Network）。如图 6.3 所示，就是一个无向网。如果是带权的有向图，就是一个有向网。

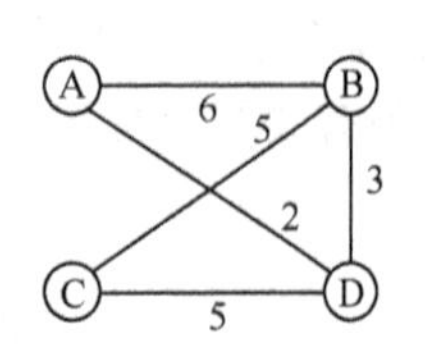

图 6.3　一个无向网示意图

（8）路径、路径长度：顶点 v_p 到顶点 v_q 之间的路径（Path）是指顶点序列 $v_p, v_{i1}, v_{i2}, \cdots, v_{im}, v_q$。其中，$(v_p, v_{i1}), (v_{i1}, v_{i2}), \cdots, (v_{im}, v_q)$分别为图中的边。路径上边的数目称为路径长度。图 6.1 所示的无向图 G_1 中，$v_1 \rightarrow v_4 \rightarrow v_3 \rightarrow v_5$ 与 $v_1 \rightarrow v_2 \rightarrow v_5$ 是从顶点 v_1 到顶点 v_5 的两条路径，其路径长度分别为 3 和 2。

（9）简单路径、回路、简单回路：序列中顶点不重复出现的路径称为简单路径。在图 6.1 中，前面提到的 v_1 到 v_5 的两条路径都为简单路径。路径中第一个顶点与最后一个顶点相同的路径称为回路或环（Cycle）。除第一个顶点与最后一个顶点之外，其他顶点不重复出现的回路称为简单回路，或者简单环。如图 6.2 中的 $v_1 \rightarrow v_3 \rightarrow v_4 \rightarrow v_1$。

（10）子图：对于图 $G=(V, E)$，$G'=(V', E')$，若存在 V' 是 V 的子集、E' 是 E 的子集，则称图 G' 是 G 的一个子图。图 6.4 给出了图 6.2(G_2)和图 6.1(G_1)的两个子图 G' 和 G'' 。

（11）连通、连通图、连通分量：在无向图中，如果从一个顶点 v_i 到另一个顶点 v_j $(i \neq j)$ 存在路径，则称顶点 v_i 和 v_j 是连通的。如果图中任意两个顶点都是连通的，则称该图是连通图。无向图的极大连通子图称为连通分量，极大连通子图是指在保证连通与子图的条件下，包含原图中所有的顶点与边。图 6.5（a）中有两个连通分量，如图 6.5（b）所示。

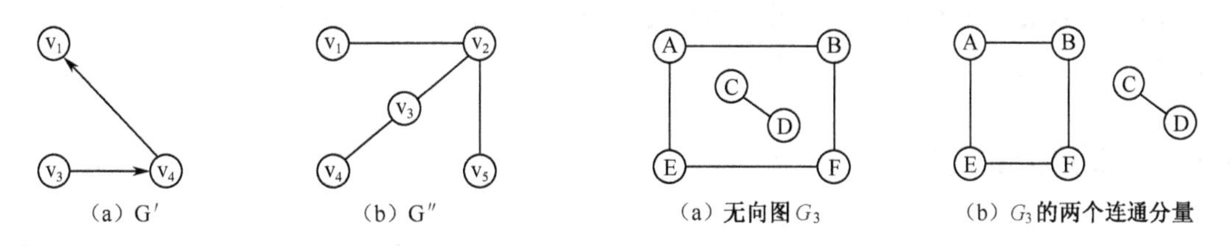

（a）G′　（b）G″　（a）无向图 G_3　（b）G_3 的两个连通分量

图 6.4　图 G_2 和 G_1 的两个子图　　图 6.5　无向图及连通分量示意图

（12）强连通图、强连通分量：对于有向图来说，若图中任意一对顶点 v_i 和 v_j $(i \neq j)$均存在从一个顶点 v_i 到另一个顶点 v_j 和从 v_j 到 v_i 的路径，则称该有向图是强连通图。有向图的极大强连通子图称为强连通分量，极大强连通子图的含义同上。图 6.2 中有两个强连通分量，分别是$\{v_1, v_3, v_4\}$和$\{v_2\}$，如图 6.6 所示。

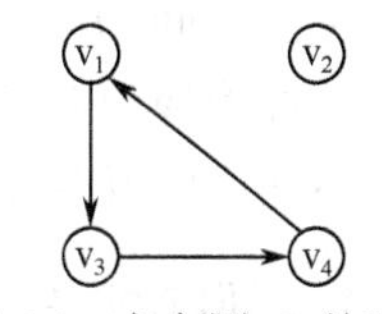

图 6.6　有向图 G_2 的两个强连通分量示意图

（13）生成树：所谓连通图 G 的生成树，是 G 的包含其全部 n 个顶点的一个极小连通子图，所谓极小连通子图是指在包含所有顶点且保证连通的前提下尽可能少地包含原图中的边。图 6.4（b）中的 G″ 给出了图 6.1 中 G_1 的一棵生成树。生成树必定包含且仅包含连通图 G 的 $n-1$ 条边。在生成树中添加任意一条属于原图中的边必定会产生回路，因为新添加的边使其所依附的两个顶点之间有了第二条路径。若生成树中减少任意一条边，则必然成为非连通的。

（14）生成森林：在非连通图中，由每个连通分量都可得到一个极小连通子图，即一棵生成树。这些连通分量的生成树就组成了一个非连通图的生成森林。

6.1.2　图的基本操作

图有如下几种基本操作。

（1）CreatGraph(G)：输入图 G 的顶点和边，建立图 G 的存储。

（2）DestroyGraph(G)：释放图 G 占用的存储空间。

（3）GetVex(G, v)：在图 G 中找到顶点 v，并返回顶点 v 的相关信息。

（4）PutVex(G, v, value)：在图 G 中找到顶点 v，并将 value 值赋给顶点 v。

（5）InsertVex(G, v)：在图 G 中增添新顶点 v。

（6）DeleteVex(G, v)：在图 G 中，删除顶点 v 及所有和顶点 v 相关联的边或弧。

（7）InsertArc(G, v, w)：在图 G 中增添一条从顶点 v 到顶点 w 的边或弧。

（8）DeleteArc(G, v, w)：在图 G 中删除一条从顶点 v 到顶点 w 的边或弧。

（9）DFSTraverse(G, v)：在图 G 中，从顶点 v 出发深度优先遍历图 G。

（10）BFSTtaverse(G, v)：在图 G 中，从顶点 v 出发广度优先遍历图 G。

在一个图中，顶点是没有先后次序的，但当采用某一种确定的存储方式存储后，存储结构中顶点的存储次序构成了顶点之间的相对次序，这里用顶点在图中的位置表示该顶点的存储顺序；同样的道理，对一个顶点的所有邻接点，采用该顶点的第 i 个邻接点表示与该顶点相邻接的某个顶点的存储顺序，在这种意义下，图还有以下的基本操作。

（11）LocateVex(G, u)：在图 G 中找到顶点 u，返回该顶点在图中位置。

（12）FirstAdjVex(G, v)：在图 G 中，返回 v 的第一个邻接点。若顶点在 G 中没有邻接顶点，则返回“空”。

（13）NextAdjVex(G, v, w)：在图 G 中，返回 v 的（相对于 w 的）下一个邻接顶点。若 w 是 v 的最后一个邻接点，则返回“空”。

6.2 图的存储结构

图是一种结构复杂的数据结构，表现在不仅各个顶点的度可以千差万别，而且顶点之间的逻辑关系也错综复杂。从图的定义可知，一个图的信息包括两部分，即图中顶点的信息及描述顶点之间的关系——边或弧的信息。因此，无论采用什么方法建立图的存储结构，都要完整、准确地反映这两方面的信息。

下面介绍几种常用的图的存储结构。

6.2.1 邻接矩阵

所谓邻接矩阵（Adjacency Matrix）的存储结构，就是用一维数组存储图中顶点的信息，用矩阵表示图中各顶点之间的邻接关系。假设图 $G = (V, E)$有 n 个确定的顶点，即 $V = \{v_0, v_1, \cdots, v_{n-1}\}$，则表示 G 中各顶点相邻关系的矩阵为一个 $n \times n$ 的矩阵，矩阵的元素为：

$$A[i][j]=\begin{cases}1，若（v_i, v_j）或\langle v_i, v_j\rangle 是 E(G)中的边\\0，若（v_i, v_j）或\langle v_i, v_j\rangle 不是 E(G)中的边\end{cases}$$

若 G 是网，则邻接矩阵可定义为：

$$A[i][j]=\begin{cases}w_{ij}，若（v_i, v_j）或\langle v_i, v_j\rangle 是 E(G)中的边\\0 或\infty，若（v_i, v_j）或\langle v_i, v_j\rangle 不是 E(G)中的边\end{cases}$$

其中，w_{ij} 表示边(v_i, v_j)或$\langle v_i, v_j\rangle$上的权值；∞ 表示一个计算机允许的、大于所有边上权值的数。

用邻接矩阵表示法表示图，如图 6.7 所示。

用邻接矩阵表示法表示无向网，如图 6.8 所示。

用邻接矩阵表示法表示有向网，如图 6.9 所示。

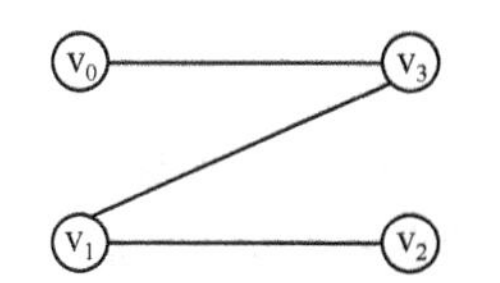

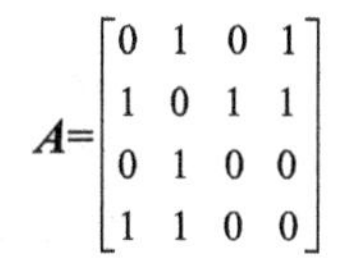

图 6.7　一个无向图的邻接矩阵表示

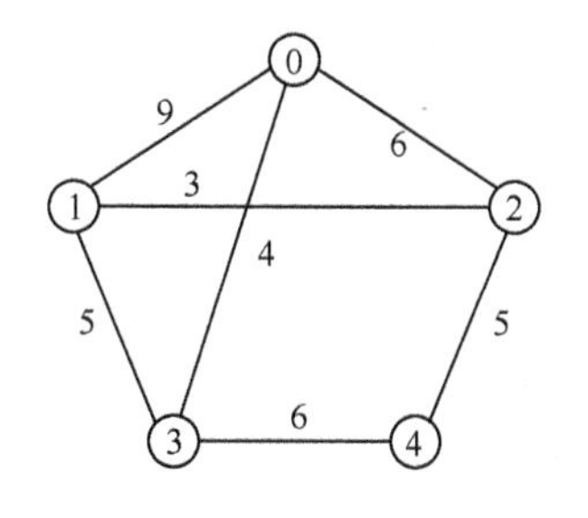

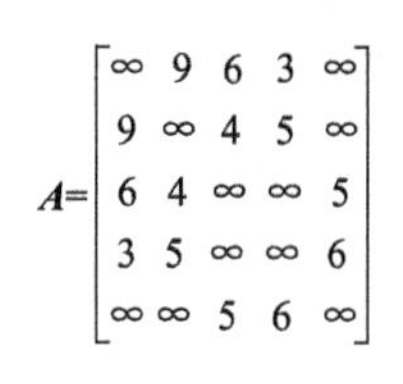

图 6.8　一个无向网的邻接矩阵表示

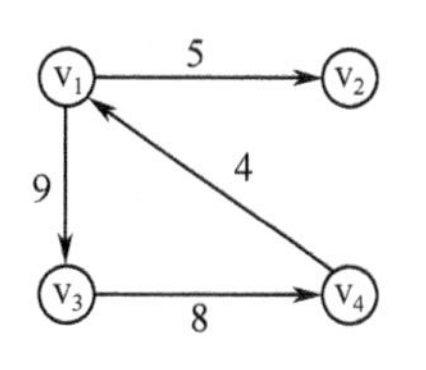

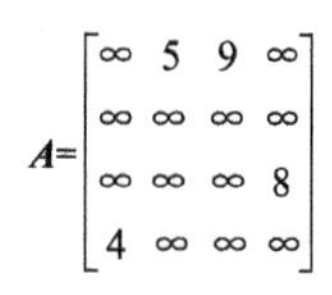

图 6.9　一个有向网的邻接矩阵表示

从图的邻接矩阵存储方法容易看出这种表示具有以下特点。

（1）无向图的邻接矩阵一定是一个对称矩阵。因此，在具体存放邻接矩阵时只需存放上（或下）三角矩阵的元素即可。

（2）对于无向图，邻接矩阵的第 i 行（或第 i 列）非零元素（或非∞元素）的个数正好是第 i 个顶点的度 TD(v_i)。

（3）对于有向图，邻接矩阵的第 i 行（或第 i 列）非零元素（或非∞元素）的个数正好是第 i 个顶点的出度 OD(v_i)（或入度 ID(v_i)）。

（4）用邻接矩阵方法存储图，很容易确定图中任意两个顶点之间是否有边相连；但是，要确定图中有多少条边，则必须按行、按列对每个元素进行检测，所花费的时间代价很大。这是用邻接矩阵存储图的局限性。

在实际应用邻接矩阵存储图时，除了用一个二维数组存储用于表示顶点间相邻关系的邻接矩阵外，还需用一个一维数组来存储顶点信息，另外，还有图的顶点数和边数。故可将其形式描述如下：

```
#define   MaxVertexNum   100                 /*最大顶点数设为 100*/
typedef   char   VertexType;                 /*顶点类型设为字符型*/
typedef   int   EdgeType;                    /*边的权值设为整型*/
typedef   struct
     {   VertexType vexs[MaxVertexNum];      /*顶点表*/
         EdgeType edges[MaxVertexNum][MaxVertexNum];      /*邻接矩阵，即边表*/
         int   n, e;                         /*顶点数和边数*/
     }   MGraph;                             /*MGraph 是以邻接矩阵存储的图类型*/
```

算法 6.1　图的邻接矩阵的建立算法。

```
void   CreateMGraph(MGraph   *G)
   {                                         /*建立有向图 G 的邻接矩阵存储*/
     int i, j, k, w;
```

```
        char ch;
        printf ("请输入顶点数和边数(输入格式为: 顶点数, 边数): \n");
        scanf ("%d,%d",&(G->n), &(G->e));            /*输入顶点数和边数*/
        printf ("请输入顶点信息(输入格式为: 顶点号<CR>): \n");
        for (i=0; i<G ->n; i++)
            scanf("\n%c", &(G ->vexs[i]));           /*输入顶点信息，建立顶点表*/
        for (i=0; i<G ->n; i++)
            for (j=0; j<G ->n; j++)   G->edges[i][j]=0;        /*初始化邻接矩阵*/
        printf ("请输入每条边对应的两个顶点的序号(输入格式为: i, j) :\n");
        for (k=0; k<G ->e; k++)
          {  scanf("\n%d,%d",&i,&j);                 /*输入 e 条边，建立邻接矩阵*/
             G ->edges[i][j]=1;                      /*若加入 G->edges[j][i]=1;，*/
          }                                          /*则为无向图的邻接矩阵存储建立*/
    }                                                /*CreateMGraph*/
```

6.2.2 邻接表

邻接表（Adjacency List）是图的一种顺序存储与链式存储结合的存储方法。邻接表表示法类似于树的孩子链表表示法。就是对于图 G 中的每个顶点 v_i，将所有邻接于 v_i 的顶点 v_j 链成一个单链表，这个单链表就称为顶点 v_i 的邻接表，再将所有顶点的邻接表表头放到数组中，就构成了图的邻接表。在邻接表表示中有两种结点结构，如图 6.10 所示。

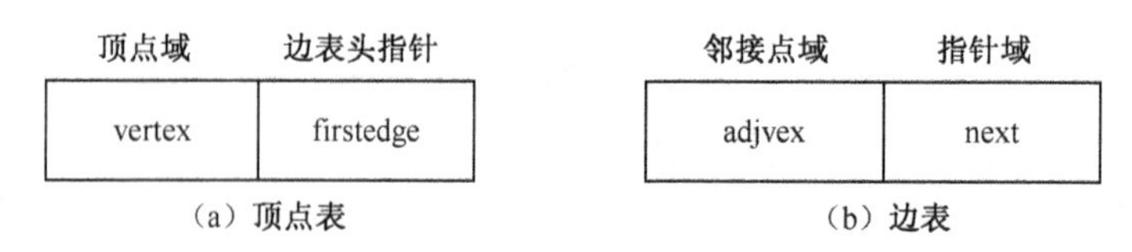

图 6.10　邻接表表示的结点结构

一种是顶点表的结点结构，它由顶点域（vertex）和指向第一条邻接边的指针域（firstedge）构成，如图 6.10（a）所示；另一种是边表（即邻接表）结点，它由邻接点域（adjvex）和指向下一条邻接边的指针域（next）构成，如图 6.10（b）所示。对于网的边表需再增设一个存储边上信息（如权值等）的域（info），网的边表结构如图 6.11 所示。

邻接点域	边上信息	指针域
adjvex	info	next

图 6.11　网的边表结构

图 6.12 给出无向图 6.7 对应的邻接表表示。

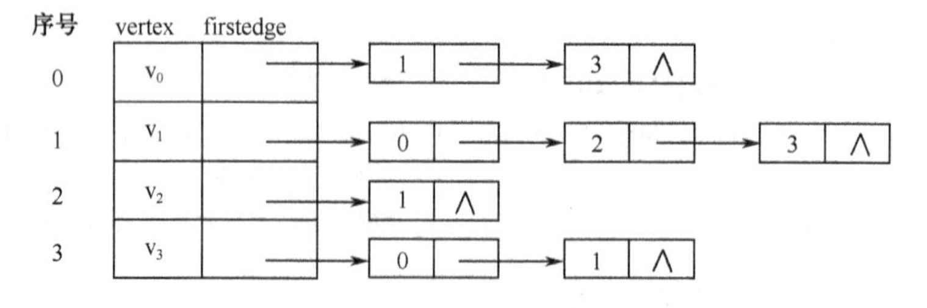

图 6.12　图 6.7 所示图的邻接表表示

邻接表表示的形式描述如下。

```
    # define MaxVerNu                   /*最大顶点数为 100*/
```

```
typedef   struct node                  /*边表结点*
    {  int   adjvex;                   /*邻接点域*/
         struct node   * next;         /*指向下一个邻接点的指针域*/
    } EdgeNode;                        /*若要表示边上信息，则应增加一个数据域 info*/
typedef   struct vnode                 /*顶点表结点*/
    {  VertexType   vertex;            /*顶点域*/
       EdgeNode   * firstedge;         /*边表头指针*/
    } VertexNode;
typedef   VertexNode   AdjList[MaxVertexNum];   /*AdjList 是邻接表类型*/
typedef   struct
    {    AdjList adjlist;              /*邻接表*/
         int n, e;                     /*顶点数和边数*/
    }  ALGraph;                        /*ALGraph 是以邻接表方式存储的图类型*/
```

若无向图中有 n 个顶点、e 条边，则它的邻接表需 n 个头结点和 $2e$ 个表结点。显然，在边稀疏($e \ll n(n-1)/2$)的情况下，用邻接表表示图比邻接矩阵节省存储空间，当和边相关的信息较多时更是如此。

在无向图的邻接表中，顶点 v_i 的度恰为第 i 个链表中的结点数；而在有向图中，第 i 个链表中的结点个数只是顶点 v_i 的出度，为求入度，必须遍历整个邻接表。在所有链表中其邻接点域的值为 i 的结点的个数是顶点 v_i 的入度。有时，为了便于确定顶点的入度或以顶点 v_i 为头的弧，可以建立一个有向图的逆邻接表，即对每个顶点 v_i 建立一个链接以 v_i 为头的弧的链表。例如，图 6.13 所示为有向图 G_2（见图 6.2）的邻接表和逆邻接表。

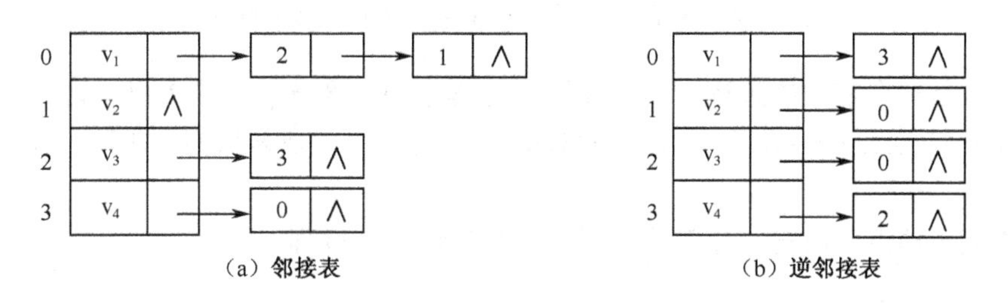

图 6.13　图 6.2 所示图的邻接表和逆邻接表

在建立邻接表或逆邻接表时，若输入的顶点信息即为顶点的编号，则建立邻接表的复杂度为 $O(n+e)$，否则，需要通过查找才能得到顶点在图中位置，则时间复杂度为 $O(ne)$。

在邻接表上容易找到任意顶点的第一个邻接点和下一个邻接点，但要判定任意两个顶点（v_i 和 v_j）之间是否有边或弧相连，则需查找第 i 个或第 j 个链表，因此，不如邻接矩阵方便。

6.3　图的遍历

图的遍历是指从图中的任意顶点出发，对图中的所有顶点访问一次且只访问一次。图的遍历操作和树的遍历操作功能相似。图的遍历是图的一种基本操作，图的许多其他操作都是建立在遍历操作基础之上的。

图的遍历通常有深度优先搜索和广度优先搜索两种方式，下面分别介绍。

6.3.1 深度优先搜索

深度优先搜索（Depth-First Search，DFS）类似于树的先根遍历，是树的先根遍历的推广。

假设初始状态是图中所有顶点未曾被访问，则深度优先搜索可从图中某个顶点 v 出发，访问此顶点，然后依次从 v 的未被访问的邻接点出发深度优先遍历图，直至图中所有和 v 有路径相通的顶点都被访问到；若此时图中尚有顶点未被访问，则另选图中一个未曾被访问的顶点作为起始点，重复上述过程，直至图中所有顶点都被访问到为止。

以图 6.14（a）所示的无向图 G_4 为例，进行图的深度优先搜索。假设从顶点 v_1 出发进行搜索，在访问了顶点 v_1 之后，选择邻接点 v_2。因为 v_2 未曾访问，则从 v_2 出发进行搜索。依此类推，接着从 v_4、v_8、v_5 出发进行搜索。在访问了 v_5 之后，由于 v_5 的邻接点都已被访问，则搜索回到 v_8。由于同样的理由，搜索继续回到 v_4、v_2 直至 v_1，此时由于 v_1 的另一个邻接点未被访问，则查找又从 v_1 到 v_3，再继续进行下去，由此得到的顶点访问序列为：$v_1 \to v_2 \to v_4 \to v_8 \to v_5 \to v_3 \to v_6 \to v_7$。其搜索过程如图 6.14（b）所示。

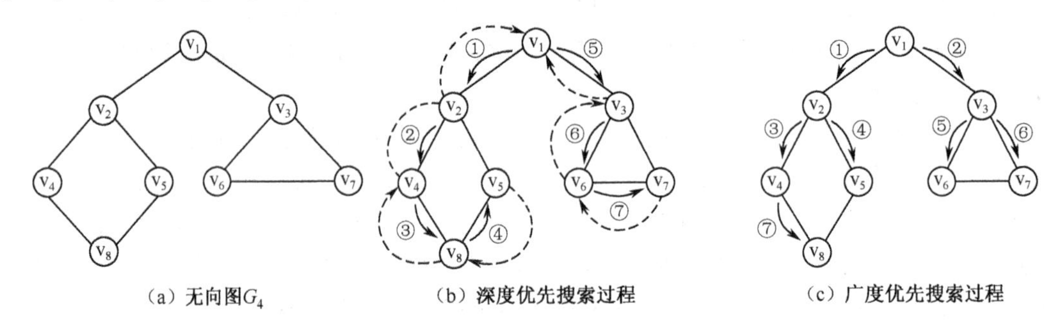

图 6.14　连通图深度优先搜索和广度优先搜索过程

显然，这是一个递归的过程。为了在遍历过程中便于区分顶点是否已被访问，需要附设访问标志数组 visited[0:n−1]，其初值为 FALSE ，一旦某个顶点被访问，则其相应的分量置为 TRUE。

从图的某一顶点 v 出发，递归地进行深度优先遍历的过程如下。

```
void  DFS(Graph  G,  int  v)
  {                                          /*从第 v 个顶点出发递归地深度优先遍历图 G*/
    visited[v]=TRUE;   VisitFunc(v);         /*访问第 v 个顶点*/
    for (w=FirstAdjVex(G, v);   w;   w=NextAdjVex(G, v, w))
    if (!visited[w])   DFS(G, w);            /*对 v 的尚未访问的邻接顶点 w 递归调用 DFS*/
  }
```

下面算法给出了对以邻接表为存储结构的整个图 *G* 进行深度优先搜索实现的 C 语言描述。

算法 6.2　深度优先搜索算法。

```
void  DFSTraverseAL(ALGraph   *G)
  {                                          /*深度优先遍历以邻接表存储的图 G*/
   int  i;
   for   (i=0; i<G ->n; i++)
         visited[i]=FALSE;                   /*标志向量初始化*/
   for   (i=0; i<G ->n; i++)
       if (!visited[i])   DFSAL(G, i);       /*vi 未访问过，从 vi 开始 DFS 搜索*/
```

```
    }                                       /*DFSTraveseAL*/
void  DFSAL(ALGraph  *G,  int  i)
    {                                       /*以 Vi 为出发点对邻接表存储的图 G 进行 DFS 搜索*/
     EdgeNode *p;
     printf ("visit vertex:V%c\n", G ->adjlist[i].vertex);    /*访问顶点 vi*/
     visited[i]=TRUE;                       /*标记 vi 已访问*/
     p=G ->adjlist[i].firstedge;            /*取 vi 边表的头指针*/
     while (p)                              /*依次查找 vi 的邻接点 vj，j=p->adjvex*/
        { if (!visited [p->adjvex])         /*若 vj 尚未访问，则以 vj 为出发点向纵深搜索*/
              DFSAL(G, p->adjvex);
        p=p->next;                          /*找 vi 的下一个邻接点*/
        }
    }                                       /*DFSAL*/
```

分析上述算法，在遍历时，对图中每个顶点至多调用一次 DFS 函数，因为一旦某个顶点被标志成已被访问，就不再从它出发进行查找。因此，遍历图的过程实质上是对每个顶点查找其邻接点的过程，其耗费的时间则取决于所采用的存储结构。当用二维数组表示的邻接矩阵作为图的存储结构时，查找每个顶点的邻接点所需时间为 $O(n^2)$，其中 n 为图中顶点数。而当以邻接表作为图的存储结构时，找邻接点所需时间为 $O(e)$，其中 e 为无向图中边的数目或有向图中弧的数目。由此，当以邻接表作为存储结构时，深度优先查找遍历图的时间复杂度为 $O(n+e)$。

6.3.2 广度优先搜索

广度优先搜索（Breadth-First Search，BFS）类似于树的按层次遍历的过程。

假设从图中某顶点 v 出发，在访问了 v 之后依次访问 v 的各个未曾访问过的邻接点，然后分别从这些邻接点出发依次访问它们的邻接点，并使“先被访问的顶点的邻接点”先于“后被访问的顶点的邻接点”被访问，直至图中所有已被访问的顶点的邻接点都被访问到。若此时图中尚有顶点未被访问，则另选图中一个未曾被访问的顶点作为起始点，重复上述过程，直至图中所有顶点都被访问到为止。换句话说，广度优先搜索遍历图的过程是以 v 为起始点，由近至远，依次访问和 v 有路径相通且路径长度为 1, 2, …的顶点。

例如，对图 6.14（a）所示无向图 G_4 进行广度优先搜索遍历，首先访问 v_1 和 v_1 的邻接点 v_2 和 v_3，然后依次访问 v_2 的邻接点 v_4 和 v_5 及 v_3 的邻接点 v_6 和 v_7，最后访问 v_4 的邻接点 v_8。由于这些顶点的邻接点均已被访问，并且图中所有顶点都被访问，由此完成了图的遍历。得到的顶点访问序列为：$v_1 \to v_2 \to v_3 \to v_4 \to v_5 \to v_6 \to v_7 \to v_8$。其搜索过程如图 6.14（c）所示。

和深度优先搜索类似，在遍历的过程中也需要一个访问标志数组。并且，为了顺次访问路径长度为 1, 2, 3, …的顶点，需要附设队列以存储已被访问的路径长度为 1, 2, …的顶点。

从图的某一点 v 出发，非递归地进行广度优先遍历的过程算法如下所示。

```
void  BFSTraverse(Graph G,  Status (*Visit) (int v) )
    {                       /*按广度优先非递归遍历图 G。使用辅助队列 Q 和访问标志数组 visited*/
    for (v=0; v<G.vexnum; ++v)
        visited[v]=FALSE;
    Init_Queue(Q);                          /*置空的队列 Q*/
    if  (!visited[v])                       /*v 尚未访问*/
      { In_Queue(Q, v);                     /*v 入队列*/
       while (!QueueEmpty(Q))
          {  Out_Queue(Q, u);               /*队头元素出队并置为 u*/
```

```
                visited[u]=TRUE;
                visit(u);                              /*访问 u*/
                for(w=FirstAdjVex(G, u);   w;   w=NextAdjVex(G, u, w))
                  if (!visited[w])   In_Queue(Q, w);     /*u 的尚未访问的邻接顶点 w 入队列 Q*/
              }
          }
      }                                                /*BFSTraverse*/
```

下面算法给出了对以邻接矩阵为存储结构的图 *G* 进行广度优先搜索实现的 C 语言描述。

算法 6.3　广度优先搜索算法。

```
void   BFSTraverseAL(MGraph   *G)          /*广度优先遍历以邻接矩阵存储的图 G*/
  {      int   i;
      for (i=0; i<G ->n; i++)
          visited[i]=FALSE;                 /*标志向量初始化*/
          for (i=0; i<G ->n; i++)
           if (!visited[i])    BFSM(G, i);     /* vi 未访问过，从 vi 开始 BFS 查找*/
    }   /*BFSTraverseAL*/
void   BFSM(Mgraph   *G ,   int   k)        /*以 vk 为出发点，对图 G 进行 BFS 查找*/
   {   int   i,   j;
          C_Queue   Q;
          Init_Queue(&Q);
          printf("visit vertex:V%c\n",G ->vexs[k]);            /*访问原点 vk*/
          visited[k]=TRUE;
      In_Queue(&Q, k);                                        /*原点 vk 入队列*/
      while (!QueueEmpty(&Q))
          {   i=Out_Queue(&Q);                                /*vi 出队列*/
            for (j=0; j<G ->n; j++)                           /*依次查找 vi 的邻接点 vj*/
              if (G ->edges[i][j]= =1 && !visited[j])         /*若 vj 未访问*/
                { printf("visit vertex:V%c\n", G ->vexs[j]);  /*访问 vj */
                  visited[j]=TRUE;
                  In_Queue(&Q, j);                            /*访问过的 vj 入队列*/
                }
          }
   }   /*BFSM*/
```

分析上述算法，每个顶点至多进一次队列。遍历图的过程实质是通过边或弧找邻接点的过程，因此广度优先搜索遍历图的时间复杂度和深度优先搜索遍历相同，两者的不同之处仅在于对顶点访问的顺序不同。

6.4　图的应用

6.4.1　最小生成树

1．最小生成树的基本概念

由生成树的定义可知，无向连通图的生成树不是唯一的。连通图的一次遍历所经过的边的集合及图中所有顶点的集合就构成了该图的一棵生成树，对连通图的不同遍历，就可能得到不同的生成树。图 6.15（a）、图 6.15（b）和图 6.15（c）所示的均为图 6.14（a）的无向连通图的生成树。

可以证明，对于有 *n* 个顶点的无向连通图，无论其生成树的形态如何，所有生成树中都有且仅有 *n*−1 条边。

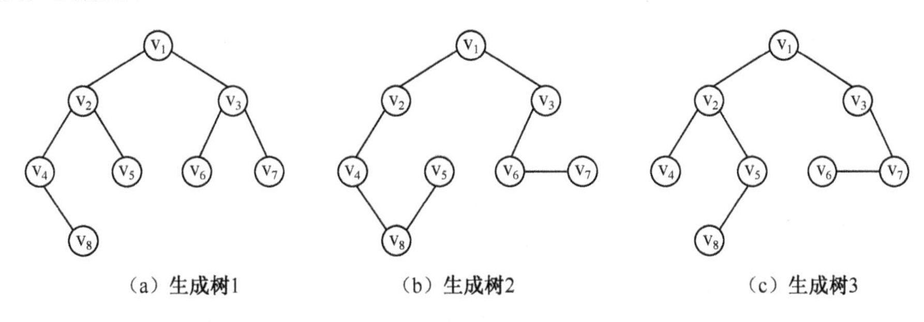

图 6.15 无向连通图 G_4 的三棵生成树

如果无向连通图是一个网，那么，它的所有生成树中必有一棵生成树的边的权值总和最小，称这样一棵生成树为最小代价生成树（Minimum Cost Spanning Tree），简称最小生成树（MST）。一棵生成树的代价就是树中所有边的代价之和。

最小生成树的概念可以应用到许多实际问题中。例如，有这样一个问题：以尽可能低的总造价建造城市间的通信网络，把十个城市联系在一起。在这十个城市中，任意两个城市之间都可以建造通信线路，通信线路的造价依据城市间的距离不同而不同，可以构造一个通信线路造价网络，在网络中，每个顶点表示城市，顶点之间的边表示城市之间可构造通信线路，每条边的权值表示该条通信线路的造价，要想使总的造价最低，实际上就是寻找该网络的最小生成树。

构造最小生成树的方法很多，其中大多数算法都利用了 MST 性质。MST 性质描述如下。

设 $G=(V, E)$是一个连通网，其中 V 为网中所有顶点的集合，E 为网中所有带权边的集合，再设集合 U 用于存放 G 的最小生成树中的顶点。若边（u, v）是 G 中所有一端在 U 中而另一端在 $V-U$ 中具有最小权值的一条边，则存在一棵包含边（u,v）的最小生成树。关于 MST 性质的证明请参阅有关书籍，这里略去。

下面介绍两种常见的构造最小生成树的算法：Prim 算法和 Kruskal 算法。

2．构造最小生成树的 Prim 算法和 Kruskal 算法

假设 $G=(V, E)$为一连通网，其中 V 为网中所有顶点的集合，E 为网中所有带权边的集合。设置两个新的集合 U 和 T，其中集合 U 用于存放 G 的最小生成树中的顶点，集合 T 存放 G 的最小生成树中的边。令集合 U 的初值为 $U=\{u_1\}$（假设构造最小生成树时，从顶点 u_1 出发），集合 T 的初值为 $T=\{\}$。Prim 算法的思想是，从所有 $u \in U$，$v \in V-U$ 的边中，选取具有最小权值的边(u, v)，将顶点 v 加入集合 U 中，将边(u, v)加入集合 T 中，如此不断重复，直到 $U=V$ 时，最小生成树构造完毕，这时集合 T 中包含了最小生成树的所有边。Prim 算法可用下述过程描述，其中用 w_{uv} 表示顶点 u 与顶点 v 边上的权值。

① U = {u1}，T={}；

② while　(U≠V)　do

$(u, v) = \min\{w_{uv};\ u \in U,\ v \in V-U\}$

$T = T+\{(u, v)\}$

$U = U+\{v\}$

③ 结束。

对于图 6.16（a）所示的一个网，按照 Prim 方法，从顶点 1 出发，该网的最小生成树的产生过程如图 6.16（b）、图 6.16（c）、图 6.16（d）、图 6.16（e）、图 6.16（f）和图 6.16（g）所示。

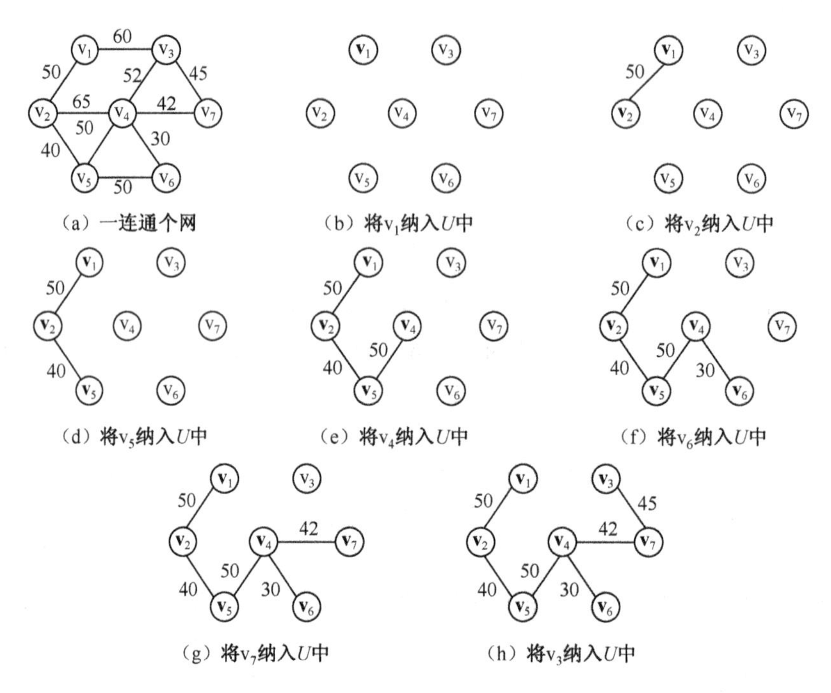

图 6.16　Prim 算法构造最小生成树的过程示意图

为实现 Prim 算法，需设置两个辅助一维数组 lowcost 和 closevertex，其中 lowcost 用来保存集合 $V-U$ 中各顶点与集合 U 中各顶点构成的边中具有最小权值的边的权值；数组 closevertex 用来保存依附于该边的在集合 U 中的顶点。假设初始状态时，$U=\{u_1\}$（u_1 为出发的顶点），这时有 lowcost[0]=0，它表示顶点 u_1 已加入集合 U 中，数组 lowcost 的其他各分量的值是顶点 u_1 到其余各顶点所构成的直接边的权值。然后不断选取权值最小的边(ui，uk)（$u_i \in U$，$u_k \in V-U$），每选取一条边，就将 lowcost(k)置为 0，表示顶点 u_k 已加入集合 U 中。由于顶点 u_k 从集合 $V-U$ 进入集合 U 后，这两个集合的内容发生了变化，就需依据具体情况更新数组 lowcost 和 closevertex 中部分分量的内容。

当无向网采用二维数组存储的邻接矩阵存储时，Prim 算法的 C 语言实现如下。

算法 6.4　最小生成树的 Prim 算法。

```
void  Prim (int  gm[ ][MAXNODE], int  n, int  closevertex[ ])
  {         /*用 Prim 方法建立有 n 个顶点的邻接矩阵存储结构的网 gm 的最小生成树*/
            /*从序号为 0 的顶点出发；建立的最小生成树存于数组 closevertex 中*/
  int  lowcost[100],  mincost;
  int  i,  j,  k;
  for (i=1; i<n; i++)                  /*初始化*/
```

```
        {   lowcost[i]=gm[0][i];
            closevertex[i]=0;
            }
      lowcost[0]=0;                     /*从序号为 0 的顶点出发生成最小生成树*/
      closevertex[0]=0;
      for (i=1; i<n; i++)               /*寻找当前最小权值的边的顶点*/
          {   mincost=MAXCOST;          /*MAXCOST 为一个极大的常量值*/
      j=1;   k=1;
      while (j<n)
          {   if (lowcost[j]<mincost && lowcost[j]!=0)
                {   mincost=lowcost[j];
                    k=j;
                  }
                j++;
            }
        printf( "顶点的序号 =%d 边的权值 =%d\n" , k, mincost);
        lowcost[k]=0;
        for (j=1; j<n; j++)             /*修改其他顶点的边的权值和最小生成树顶点序号*/
          if (gm[k][j]<lowcost[j])
            {   lowcost[j]=gm[k][j];
                closevertex[j]=k;
              }
      }
  }
```

表 6.1 给出了在用上述算法构造图 6.16（a）所示无向网的最小生成树的过程中，数组 closevertex，lowcost 及集合 *U*，*V*−*U* 的变化情况，读者可进一步加深对 Prim 算法的了解。

表 6.1　用 Prim 算法构造最小生成树过程中各参数的变化示意图

顶点	（1）		（2）		（3）		（4）		（5）		（6）		（7）	
	Low Cost	Close Vex	Low Cost	Close Vex	Low Cost	Close Vex	Low Cost	Close Vex	Low Cost	Close Vex	Low Cost	Close Vex	Low Cost	Close Vex
V_1	0	1	0	1	0	1	0	1	0	1	0	1	0	1
V_2	50	1	0	1	0	1	0	1	0	1	0	1	0	1
V_3	60	1	60	1	60	1	52	4	52	4	45	7	0	7
V_4	∞	1	65	2	50	5	0	5	0	5	0	5	0	5
V_5	∞	1	40	2	0	2	0	2	0	2	0	2	0	2
V_6	∞	1	∞	1	50	5	30	4	0	4	0	4	0	4
V_7	∞	1	∞	1	∞	1	42	4	42	4	0	4	0	4
U	{v1}		{v1,v2}		{v1,v2,v5}		{v1, v2, v5, v4}		{v1, v2, v5, v4, v6}		{v1, v2, v5, v4, v6, v7}		{v1, v2,v5, v4, v6, v7, v3}	
T	{}		{ (v1,v2) }		{(v1,v2), (v2,v5) }		{(v1,v2), (v2,v5), (v4,v5) }		{(v1,v2), (v2,v5), (v4,v5), (v4,v6) }		{(v1,v2), (v2,v5), (v4,v5), (v4,v6), (v4,v7) }		{(v1,v2), (v2,v5), (v4,v5), (v4,v6), (v4,v7), (v3,v7) }	

在 Prim 算法中，第一个 for 循环的执行次数为 $n-1$，第二个 for 循环中又包括了一个 while 循环和一个 for 循环，执行次数为 $2(n-1)^2$，所以 Prim 算法的时间复杂度为 $O(n^2)$。

构造最小生成树的另一种常用算法是 Kruskal 算法，它是按权值递增的次序来构造最小生成树的。Kruskal 算法的基本思想如下所述。

设 $G=(V, E)$是连通网，集合 T 存放 G 的最小生成树中的边。初始时，最小生成树中已经包含 G 中的全部顶点，集合 T 的初值为 $T=\{\}$，这样每个顶点就自成一个连通分量。最小生成树的生成过程是，在图 G 的边集 E 中按权值自小至大依次选择边（u, v），若该边端点 u、v 分别属于当前两个不同的连通分量，则将该边（u, v）加入到 T，由此这两个连通分量连接成一个连通分量，整个连通分量数量就减少了一个；若 u、v 是当前同一个连通分量的顶点，则舍去此边，继续寻找下一条两端不属于同一连通分量的权值最小的边，依此类推，直到所有的顶点都在同一个连通分量上为止。这时集合 T 中包含了最小生成树的所有边。

Kruskal 算法可以简单描述如下：

```
T={};
while(T 中边数<n-1){ //n 为 G 中的顶点数
  从 E 中选取当前最短边(u, v)
  删除 E 中条边(u, v)
  If((u, v)并入 T 之后不产生回路)
     将(u, v)并入 T 中;
}
```

对于图 6.16（a）所示的网，按照 Kruskal 算法得到的一棵最小生成树如图 6.17（f）所示，其产生过程如图 6.17（a）、图 6.17（b）、图 6.17（c）、图 6.17（d）、图 6.17（e）和图 6.17（f）所示。

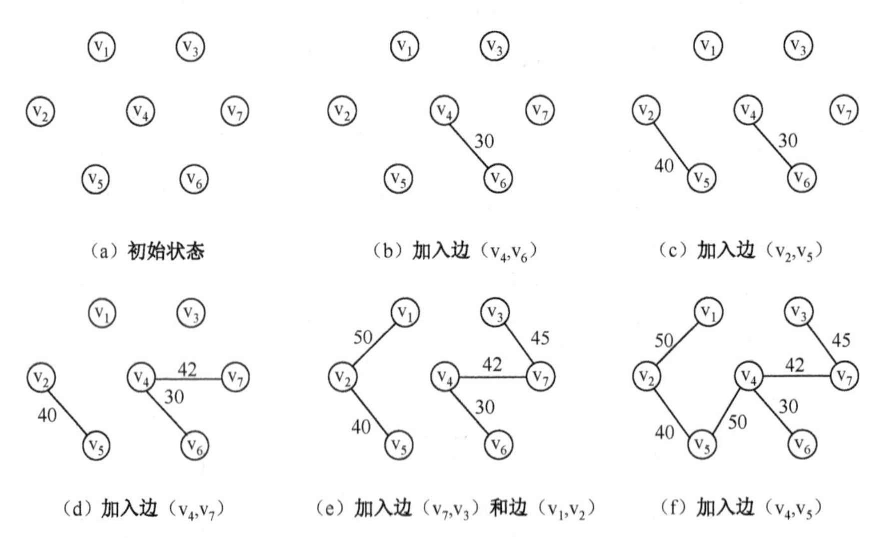

图 6.17　Kruskal 算法构造最小生成树的过程示意图

6.4.2　最短路径

最短路径问题是图的一个比较典型的应用问题。例如，某一地区的一个公路网，给定了该网内的 n 个城市及这些城市之间的相通公路的距离，能否找到城市 A 到城市 B 之间一条距离最近的通路呢？如果将城市用顶点表示，城市间的公路用边表示，公路的长度作为边的权值，那么，这个问题就可归结为在网中求点 A 到点 B 的所有路径中边的权值之和最短的那一条路径。这条路径就是两点之间的最短路径，并称路径上的第一个顶点为源点（Sourse），最后一个顶点为终点（Destination）。在不带权的图中，最短路径是指两点之间经历的边数最少的路径。

最短路径可以是求某个源点出发到其他顶点的最短路径，也可以是求图中任意两个顶点之间的最短路径。

本节主要讨论带权有向图的两个问题：

（1）求一顶点到其他顶点的最短路径。

（2）求任意两个顶点之间的最短路径。

1．求一顶点到其他顶点的最短路径

给定带权有向图 $G=(V, E)$和源点 $v_0 \in V$，求从 v_0 到 G 中其余各顶点的最短路径。为解决这一问题，Dijkstra 提出了一个按路径长度递增的次序产生最短路径的算法。该算法的基本思想是：设置两个顶点的集合 S 和 $T=V-S$，集合 S 中存放已找到最短路径的顶点，集合 T 存放当前还未找到最短路径的顶点。初始状态时，集合 S 中只包含源点 v_0，然后不断从集合 T 中选取到顶点 v_0 路径长度最短的顶点 u 加入到集合 S 中，每加入一个新的顶点 u，集合 S 都要修改顶点 v_0 到集合 T 中剩余顶点的最短路径长度值，集合 T 中各顶点新的最短路径长度值为原来的最短路径长度值与顶点 u 的最短路径长度值加上 u 到该顶点的路径长度值中的较小值。此过程不断重复，直到集合 T 的顶点全部加入到 S 中为止。

Dijkstra 算法的正确性可以用反证法加以证明。假设下一条最短路径的终点为 x，那么，该路径必然或是弧 $<v_0, x>$，或者是中间只经过集合 S 中的顶点而到达顶点 x 的路径。因为假若此路径上除 x 之外有一个或一个以上的顶点不在集合 S 中，那么必然存在另外的终点不在 S 中而路径长度比此路径还短的路径，这与按路径长度递增的顺序产生最短路径的前提相矛盾，所以此假设不成立。

下面介绍 Dijkstra 算法的实现。

首先，引进一个辅助向量 $\boldsymbol{D}$，它的每个分量 $D[i]$表示当前所找到的从始点 v 到每个终点 v_i 的最短路径的长度。它的初态为：若从 v 到 v_i 有弧，则 $D[i]$为弧上的权值；否则置 $D[i]$为 ∞ 。显然，长度为

$$D[j] = \mathrm{Min}\{D[i] \mid v_i \in V\}$$

的路径就是从 v 出发的长度最短的一条最短路径，此路径为(v, v_j)。

那么，下一条长度次短的路径是哪一条呢？假设该次短路径的终点是 v_k，则这条路径或者是$<v, v_k>$，或者是$<v, v_j, v_k>$。它的长度或者是从 v 到 v_k 的弧上的权值，或者是 $D[j]$和从 v_j 到 v_k 的弧上的权值之和。

依据前面介绍的算法思想，在一般情况下，下一条长度次短的最短路径的长度必是：

$$D[j]=\mathrm{Min}\{D[i] \mid v_i \in V-S\}$$

其中，$D[i]$或者是弧$<v, v_i>$上的权值，或者是 $D[k](v_k \in S)$和弧$<v_k, v_i>$上的权值之和。

根据以上分析，可以得到如下描述的算法。

（1）假设用带权的邻接矩阵 edges 来表示带权有向图，edges$[i][j]$表示弧$<v_i, v_j>$上的权值。

若$<v_i, v_j>$不存在，则置 edges[i][j]为∞（在计算机上可用允许的最大值代替）。S 为已找到从 v 出发的最短路径的终点的集合，它的初始状态为空集。那么，从 v 出发到图上其余各顶点（终点）v_i 可能达到的最短路径长度的初值为：

$$D[i]= \text{edges}[\text{Locate Vex}(G, \text{v})][i] \quad v_i \in V$$

（2）选择 v_j，使得

$$D[j]=\text{Min}\{D[i] \mid v_i \in V-S\}$$

v_j 就是当前求得的一条从 v 出发的最短路径的终点。令

$$S = S \cup \{j\}$$

（3）修改从 v 出发到集合 $V-S$ 上任一顶点 v_k 可达的最短路径长度。如果

$$D[j]+ \text{edges}[j][k]<D[k]$$

则修改 $D[k]$为

$$D[k]=D[j]+ \text{edges}[j][k]$$

重复操作（2）、（3）共 $n-1$ 次。由此求得从 v 到图上其余各顶点的最短路径是依路径长度递增的序列。

算法 6.5 求最短路径的 Dijkstra 算法。

```
void  ShortestPath_1(Mgraph G ,  int  v0,  PathMatrix *P,  ShortPathTable *D)
  { /*用 Dijkstra 算法求有向网 G 的 v0 顶点到其余顶点 v 的最短路径 P[v]及其路径长度 D[v]*/
    /*若 P[v][w]为 TRUE，则表示 w 是从 v0 到 v 当前求得最短路径上的顶点*/
    /*final[v] 为 TRUE 当且仅当 v∈S, ，即已经求得从 v0 到 v 的最短路径*/
    /*常量 INFINITY 为边上权值可能的最大值*/
   for (v=0; v<G.vexnum; ++v)
    {  fianl[v]=FALSE;     D[v]=G.edges[v0][v];
       for (w=0; w<G.vexnum; ++w)    P[v][w]=FALSE;    /*设空路径*/
       if (D[v]<INFINITY)
        {  P[v][v0]=TRUE;      P[v][v]=TRUE;
        }
    }
   D[v0]=0;     final[v0]=TRUE;                   /*初始化，v0 顶点属于 S 集*/
                   /*开始主循环，每次求得 v0 到某个 v 顶点的最短路径，并加 v 到 S 集*/
   for (i=1; i<G.vexnum; ++i)                     /*其余 G.vexnum−1 个顶点*/
    {  min=INFINITY;                              /*min 为当前所知离 v0 顶点的最近距离*/
       for (w=0; w<G.vexnum; ++w)
         if (!final[w])                           /*w 顶点在 V−S 中*/
          if (D[w]<min)
           {  v=w;      min=D[w];
           }
       final[v]=TRUE;                             /*离 v0 顶点最近的 v 加入 S 集合*/
       for(w=0; w>G.vexnum; ++w)                  /*更新当前最短路径*/
         if (!final[w]&&(min+G.edges[v][w]<D[w]))   /*修改 D[w]和 P[w], w∈V-S*/
```

```
                { D[w]=min+G.edges[v][w];
                  P[w]=P[v];      P[w][w]=TRUE; /*P[w]=P[v]+P[w]*/
                }
            }
        }/*ShortestPath._1*/
```

例如，图 6.18 所示为一个有向网 G_5 的带权邻接矩阵。

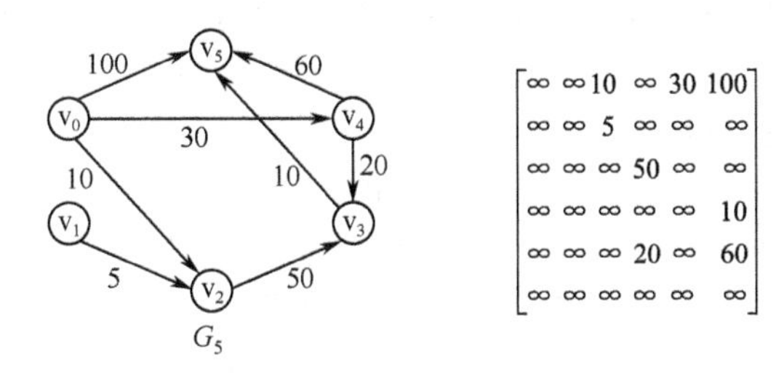

图 6.18　一个有向网 G_5 的带权邻接矩阵

若对 G_5 施行 Dijkstra 算法，则所得从 v_0 到其余各顶点的最短路径及运算过程中 D 向量的变化状况如表 6.2 所示。

表 6.2　用 Dijkstra 算法构造单源点最短路径过程中各参数的变化示意图

终点	从 v_0 到各终点的 D 值和最短路径的求解过程				
	i=1	i=2	i=3	i=4	i=5
V_1	D[1]=∞ P[1] ={F, F, F, F, F, F}	∞	∞	∞	∞ 无
V_2	D[2]=10 P[2]={T, F, T, F, F, F} 即<v0, v2>				
V_3	D[3]=∞ P[3] ={F, F, F, F, F, F}	D[3]=60 P[3]={T, F, T, T, F, F} <v0, v2, v3>	D[3]=50 P[3]={T, F, F, T, T, F} <v0, v4, v3>		
V_4	D[4]=30 P[4]={T, F, F, F, T, F} 即<v0, v4>	D[4]=30 P[4]={T, F, F, F, T, F} <v0, v4>			
V_5	D[5]=100 P[5]={T, F, F, F, F, T} 即<v0, v5>	D[5]=100 P[5]={T, F, F, F, F, T} <v0, v5>	D[5]=90 P[5]={T, F, F, F, T, T} <v0, v4, v5>	D[5]=60 P[5]={T, F, F, T, T, T} <v0, v4, v3, v5>	
V_j	V_2	V_4	V_3	V_5	
S	{v0, v2}	{v0, v2, v4}	{v0, v2, v3, v4}	{v0, v2, v3, v4, v5}	

现在来分析一下这个算法的运行时间。第一个 for 循环的时间复杂度是 $O(n)$，第二个 for 循环共进行 $n-1$ 次，每次执行的时间是 $O(n)$，所以总的时间复杂度是 $O(n^2)$。如果用带权的邻接表作为有向图的存储结构，则虽然修改 D 的时间可以减少，但由于在 D 中选择最小的分量的时间不变，所以总的时间仍为 $O(n^2)$。

如果只希望找到从源点到某一个特定的终点的最短路径，但是，从上面求最短路径的原理来看，这个问题和求源点到其他所有顶点的最短路径一样复杂，其时间复杂度也是 $O(n^2)$。

*2. 求任意两个顶点之间的最短路径

上述方法只能求出原点到其余顶点的最短路径，欲求任意一对顶点间的最短路径，可以用每一顶点作为原点，重复调用 Dijkstra 算法 N 次，其时间复杂度为 $O(n^3)$。下面介绍一种形式更简洁的方法，即 Floyd 算法，其时间复杂度也是 $O(n^3)$。

Floyd 算法（Floyd-Warshall algorithm）是解决任意两点间最短路径的一种算法，可以正确处理有向图或有权的最短路径问题，同时也被用于计算有向图的传递闭包。Floyd 算法的时间复杂度为 $O(n^3)$，空间复杂度为 $O(n^2)$。

（1）Floyd 算法思想。Floyd 算法是一个经典的动态规划算法。用通俗的语言来描述的话，首先我们的目标是寻找从点 i 到点 j 的最短路径。从动态规划的角度看问题，我们需要为这个目标重新做一个诠释（这个诠释正是动态规划最富创造力的精华所在）。

从任意结点 i 到任意结点 j 的最短路径不外乎 2 种可能，1 是直接从 i 到 j，2 是从 i 经过若干个结点 k 到 j。所以，我们假设 Dist(i,j)为结点 u 到结点 v 的最短路径的距离，对于每一个结点 k，我们检查 Dist(i,k) + Dist(k,j) < Dist(i,j)是否成立，如果成立，证明从 i 到 k 再到 j 的路径比 i 直接到 j 的路径短，我们便设置 Dist(i,j) = Dist(i,k) + Dist(k,j)，这样一来，当我们遍历完所有结点 k，Dist(i,j)中记录的便是 i 到 j 的最短路径的距离。

（2）Floyd 算法描述。

1）从任意一条单边路径开始。所有两点之间的距离是边的权，如果两点之间没有边相连，则权为无穷大。

2）对于每一对顶点 u 和 v，看看是否存在一个顶点 w 使得从 u 到 w 再到 v 比已知的路径更短，如果是，更新它。

（3）Floyd 算法过程矩阵的计算——十字交叉法。

方法：做两条线，从左上角开始计算一直到右下角，如下所示。

给出矩阵，其中矩阵 $\boldsymbol{A}$ 是邻接矩阵，而矩阵 $\boldsymbol{Path}$ 记录 u,v 两点之间最短路径所必须经过的点。

$$\boldsymbol{A}_{-1}=\begin{bmatrix}0 & 5 & \infty & 7\\ \infty & 0 & 4 & 2\\ 3 & 3 & 0 & 2\\ \infty & \infty & 1 & 0\end{bmatrix} \qquad \boldsymbol{Path}_{-1}=\begin{bmatrix}-1 & -1 & -1 & -1\\ -1 & -1 & -1 & -1\\ -1 & -1 & -1 & -1\\ -1 & -1 & -1 & -1\end{bmatrix}$$

相应计算方法如下：

1）$\boldsymbol{A}_{-1}$ 划去第 0 行、第 0 列和对角线来计算 $\boldsymbol{A}_0$。

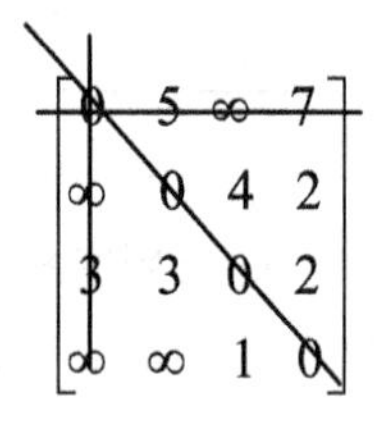

不在三条线上的元素所在的 2 阶矩阵为：

$$\begin{bmatrix}0 & \infty\\ \infty & 4\end{bmatrix},\ \begin{bmatrix}0 & 7\\ \infty & 2\end{bmatrix},\ \begin{bmatrix}0 & 5\\ 3 & 3\end{bmatrix},\ \begin{bmatrix}0 & 7\\ 3 & 2\end{bmatrix},\ \begin{bmatrix}0 & 5\\ \infty & \infty\end{bmatrix},\ \begin{bmatrix}0 & \infty\\ \infty & 1\end{bmatrix},$$

很容易就可以看出不在三条线上的 6 个元素都不发生改变，因此 $\boldsymbol{A}_0=\boldsymbol{A}_{-1}$，　$\boldsymbol{Path}_0=\boldsymbol{Path}_{-1}$

2）把 $\boldsymbol{A}_0$ 划去第 1 行、第一列和对角线来计算 $\boldsymbol{A}_1$。

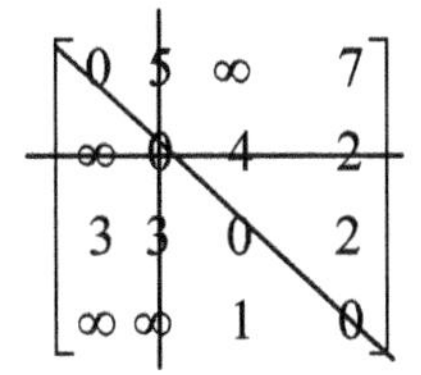

按上面所述，判断不在三条线上的元素是否发生了改变，将发生改变的元素用括号括起来。

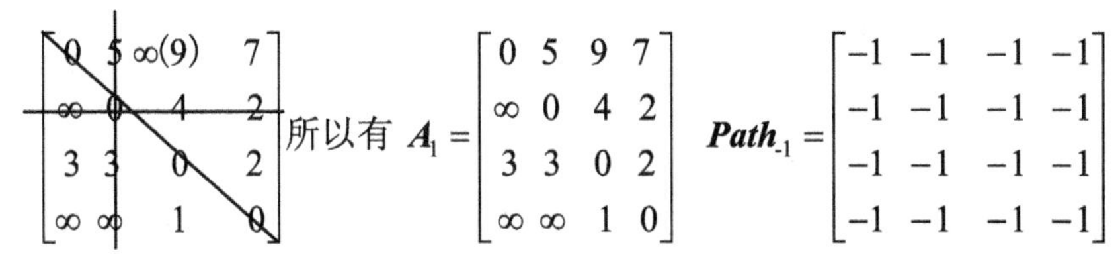

$$\begin{bmatrix}0 & 5 & \infty(9) & 7\\ \infty & 0 & 4 & 2\\ 3 & 3 & 0 & 2\\ \infty & \infty & 1 & 0\end{bmatrix} \text{所以有 } A_1=\begin{bmatrix}0 & 5 & 9 & 7\\ \infty & 0 & 4 & 2\\ 3 & 3 & 0 & 2\\ \infty & \infty & 1 & 0\end{bmatrix}\quad \boldsymbol{Path}_{-1}=\begin{bmatrix}-1 & -1 & -1 & -1\\ -1 & -1 & -1 & -1\\ -1 & -1 & -1 & -1\\ -1 & -1 & -1 & -1\end{bmatrix}$$

3）把 $\boldsymbol{A}_1$ 划去第 2 行、第 2 列和对角线计算 $\boldsymbol{A}_2$。

$$\begin{bmatrix}0 & 5 & 9 & 7\\ \infty(7) & 0 & 4 & 2\\ 3 & 3 & 0 & 2\\ \infty(4) & \infty(4) & 1 & 0\end{bmatrix} \text{所以有} A_2=\begin{bmatrix}0 & 5 & 9 & 7\\ 7 & 0 & 4 & 2\\ 3 & 3 & 0 & 2\\ 4 & 4 & 1 & 0\end{bmatrix}\quad \boldsymbol{Path}_2=\begin{bmatrix}-1 & -1 & -1 & -1\\ 2 & -1 & -1 & -1\\ -1 & -1 & -1 & -1\\ 2 & 2 & -1 & -1\end{bmatrix}$$

4）把 $\boldsymbol{A}_2$ 划去第 3 行、第 3 列和对角线来计算 $\boldsymbol{A}_3$。

$$\begin{bmatrix}0 & 5 & 9(8) & 7\\ 7(6) & 0 & 4(3) & 2\\ 3 & 3 & 0 & 2\\ 4 & 4 & 1 & 0\end{bmatrix} \text{所以有} A_3=\begin{bmatrix}0 & 5 & 8 & 7\\ 6 & 0 & 3 & 2\\ 3 & 3 & 0 & 2\\ 4 & 4 & 1 & 0\end{bmatrix}\quad \boldsymbol{Path}_3=\begin{bmatrix}-1 & -1 & 3 & -1\\ 3 & -1 & 3 & -1\\ -1 & -1 & -1 & -1\\ 2 & 2 & -1 & -1\end{bmatrix}$$

最后 A_3 即为所求结果。

（3）算法代码实现。

算法 6.6　求最短路径 Floyd 的算法。

```
    typedef struct
    {
        char vertex[VertexNum];                          /*顶点表          */
        int edges[VertexNum][VertexNum];                 /*邻接矩阵,可看做边表*/
        int n,e;                                         /*图中当前的顶点数和边数 */
    }MGraph;

void Floyd(MGraph g)
    {
         int A[MAXV][MAXV];
         int path[MAXV][MAXV];
```

```
    int i,j,k,n=g.n;
    for(i=0;i<n;i++)
        for(j=0;j<n;j++)
        {
            A[i][j]=g.edges[i][j];
             path[i][j]=-1;
        }
    for(k=0;k<n;k++)
    {
        for(i=0;i<n;i++)
            for(j=0;j<n;j++)
                if(A[i][j]>(A[i][k]+A[k][j]))
                {
            A[i][j]=A[i][k]+A[k][j];
                    path[i][j]=k;
                }
     }
}
```

算法时间复杂度：$O(n^3)$

6.4.3 拓扑排序

一个无环的有向图称为有向无环图（Directed Acycline Graph，DAG）。有向无环图是描述工程或系统进程的有效工具。几乎所有的工程都可分为若干个子工程，这些子工程之间有时存在着一定的先决约束条件，即有些子工程必须在其他子工程完成以后方可开始实施，而有些子工程没有这样的约束关系。例如，大学里某个专业各门课程的学习，有些课程可独立于其他课程，即无前导课程，有些课程必须在它的前导课程学完以后才能开始学习。

可以用有向图来描述工程中子工程的先后关系及进行过程，或描述大学中某专业所学的所有课程之间的先后关系。表 6.3 列出了计算机软件专业的学生所学的一些课程和学习这些课程的先决条件，图 6.19 用有向图表示课程之间的先后关系。这种用顶点表示活动、用弧表示活动之间的优先关系的有向图称为 AOV 网（Activity On Vertex Network）。

在 AOV 网中，不应该出现有向环路，因为环路表示顶点之间的先后关系进入了死循环，如果图 6.19 中的有向图出现有向环路，则教学计划将无法编排。因此对给定的 AOV 网首先要判定网中是否存在环路，只有有向无环图在应用中才有实际意义。可以通过对有向图进行拓扑排序（Topological Sort）来检测图中是否存在环路。

表 6.3　计算机软件专业的学生必须学习的课程

课 程 编 号	课 程 名 称	先 决 条 件
C_1	程序设计基础	无
C_2	离散数学	C_1
C_3	数据结构	C_1, C_2
C_4	汇编语言	C_1
C_5	语言的设计和分析	C_3, C_4
C_6	计算机原理	C_{11}
C_7	编译原理	C_5, C_3

（续表）

课程编号	课程名称	先决条件
C_8	操作系统	C_3, C_6
C_9	高等数学	无
C_{10}	线性代数	C_9
C_{11}	普通物理	C_9
C_{12}	数值分析	C_9, C_{10}, C_1

拓扑排序的同时还得到一个有向图的拓扑序列。设 $G=(V, E)$是一个具有 n 个顶点的有向图，V 中顶点的序列必须满足下列条件方可称为有向图的拓扑序列：若在有向图 G 中，从顶点 v_i 到顶点 v_j 有一条路径，则在序列中顶点 v_i 排在顶点 v_j 之前；若在有向图 G 中，顶点 v_i 到顶点 v_j 没有路径，则在序列中给这两个顶点安排一个先后次序。若有向图 G 所有的顶点都在拓扑序列之中，则 AOV 网中必定不存在环。

实现一个有向图的拓扑序列的过程称为拓扑排序。

可以证明，任何一个有向无环图，其全部顶点都可以排成一个拓扑序列，而其拓扑序列不一定是唯一的。例如，图 6.19 所示的有向图可以有如下两个拓扑序列：

$(C_1, C_2, C_3, C_4, C_5, C_7, C_9, C_{10}, C_{11}, C_6, C_{12}, C_8)$

$(C_9, C_{10}, C_{11}, C_6, C_1, C_{12}, C_4, C_2, C_3, C_5, C_7, C_8)$

在其所有的拓扑序列中，C_2 必在 C_7 之前，因 C_1 和 C_6 之间无优先关系，也就是无路径存在，所以对一个确定的拓扑序列，也给它们安排一个先后次序，C_1 可以在 C_6 后面，也可以在 C_6 之前。

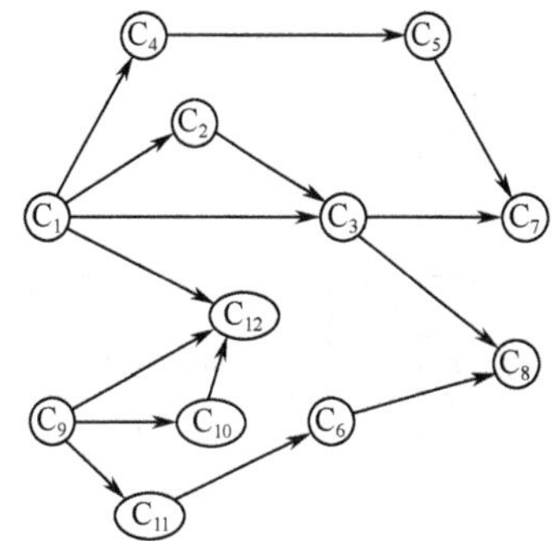

图 6.19　有向图表示的课程之间的先后关系

下面是拓扑排序算法的中文描述。

（1）在有向图中选择一个入度为 0 的顶点，输出该顶点；

（2）从图中删除该顶点和所有以它为始点（尾）的弧；

（3）重复执行步骤（1）、（2）直到找不到入度为 0 的顶点时，拓扑排序完成。

如果图中仍有顶点存在，却没有入度为 0 的顶点，这说明此 AOV 网中有环路，其所描述的工程是不可行的，必须修改。

图 6.20（a）是一有向图，其邻接链表结构如图 6.20（b）所示，在表头向量中增加了一个域 id，用来存放图中各顶点的入度；实现拓扑排序可设一个栈，用来存放入度为 0 的顶点。

下面跟踪描述拓扑排序的全过程：

（1）将入度为 0 的顶点压栈，如图 6.20（b）所示；

（2）取栈顶元素 C_4，输出 C_4，删除 C_4 和所有以它为始点的弧 e_3，e_4，C_3 的入度减 1，C_5 的入度减 1，C_5 的入度变为 0，C_5 入栈，如图 6.20（c）所示；

（3）取栈顶元素 C_5，输出 C_5，删除 C_5 和所有以它为始点的弧 e_7，C_6 入度减 1，如图 6.20（d）所示；

（4）取栈顶元素 C_1，输出 C_1，删除 C_1 和所有以它为始点的弧 e_1，e_2，C_2 的入度减 1，C_2 的入度变为 0，C_2 入栈，C_3 的入度减 1，C_3 的入度变为 0，C_3 入栈，如图 6.20（e）所示；

（5）取栈顶元素 C_3，输出 C_3，删除 C_3 和所有以它为始点的弧 e_6，C_6 的入度减 1，如图 6.20（f）所示；

（6）取栈顶元素 C_2，输出 C_2，删除 C_2 和所有以它为始点的弧 e_5，C_6 的入度减 1，C_6 的入度为 0，C_6 入栈，如图 6.20（g）所示；

（7）取栈顶元素 C_6，输出 C_6，删除 C_6，没有以它为始点的弧，栈空，如图 6.20（h）所示；

（8）栈空，算法结束。拓扑序列是：C_4，C_5，C_1，C_3，C_2，C_6。

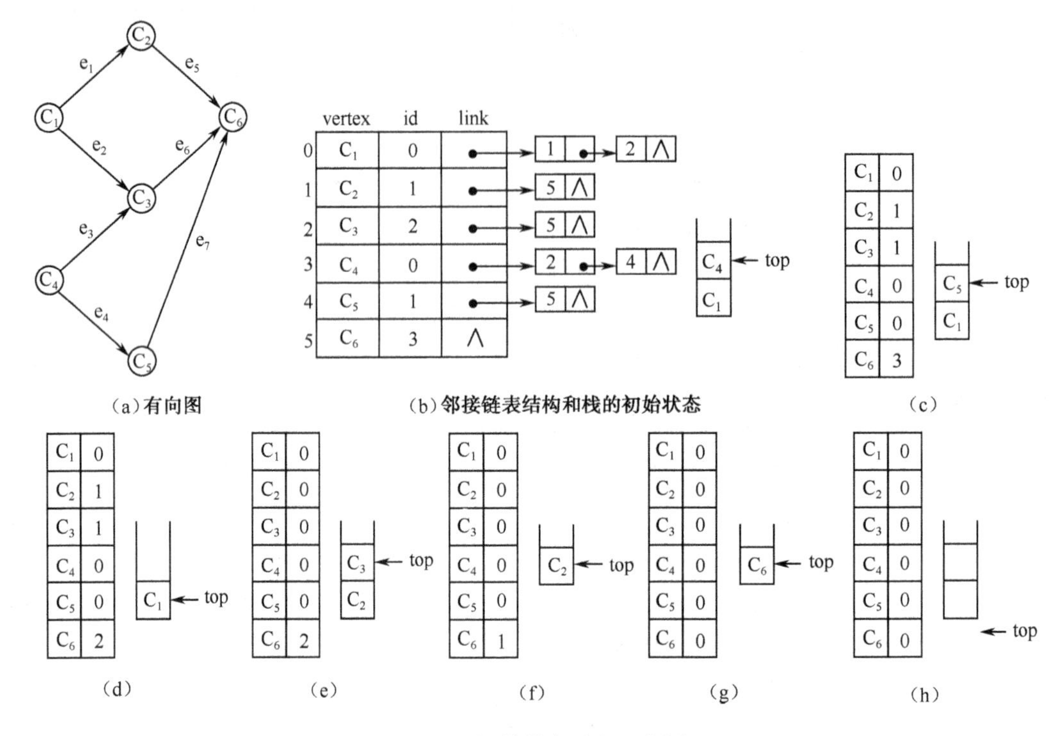

图 6.20　拓扑排序过程示意图

6.5　典型例题

【例 6.1】　拓扑排序实用程序。

对应图 6.20（a）的有向图，用邻接链表结构存储此图。程序首先调用建立有向图邻接链表的算法，建立有向图的邻接链表，在此邻接链表结构上，实现对有向图的拓扑排序，并输出结果。

(f)执行上步骤(5)后　　（g）执行上步骤(6)后　　(h)执行上步骤(7)

```
#include "alloc.h"
#define   MAXLEN   40                     /*有向图顶点最大数目*/
#define   VEXTYPE   int                   /*有向图顶点类型*/
typedef   struct   gnode                  /*每条弧对应一个结点*/
     {   int   adjvex;
         struct   gnode   *next;
     }   EDGENODE;
typedef   struct
     {   int   id;                        /*顶点的入度*/
         VEXTYPE   vertex;                /*顶点的信息*/
```

```
        EDGENODE *link;                    /*每个顶点对应一单链表*/
    }  VEXNODE;
typedef  struct
    {  VEXNODE adjlist[MAXLEN];            /*邻接链表*/
       int  vexnum, arcnum;                /*有向图的顶点数目和变边数*/
       int  kind;                          /*有向图的 kind = 1*/
    }  ADJGRAPH;
ADJGRAPH  creat_adjgraph()
    {  EDGENODE  *p;
    int  i, s, d;
    ADJGRAPH  adjg;
    adjg.kind = 1;
    printf ("请输入顶点数和边数: ");
    scanf ("%d, %d", &s, &d);
    adjg.vexnum = s;
    adjg.arcnum = d;
    for (i=0; i<adjg.vexnum;  i++)                  /*邻接链表顶点初始化*/
        {  printf( "第%d 个顶点信息: ", i+1);
           getchar();
           scanf("%d", &adjg.agjlist[i].vertex);
           adjg.adjlist[i].link=NULL;
           adjg.adjlist[i].id=0 ;
        }
    for (i=0; i<adjg.arcnum;  i++)                 /*每条弧的信息初始化*/
         {  printf("第%d 条边的起始顶点编号和终止顶点编号:\n", i+1);
            scanf("%d, %d", &s, &d);
        while (s<1 || s>adjg.vexnum || d<1|| d>adjg.vexnum)
           {  printf("      编号超出范围，重新输入; ");
              scanf("%d, %d", &s, &d);
             }
        s--;    d--;
        p=malloc(sizeof(EDGENODE));       /*每条弧对应生成一个结点*/
        p->adjgvex=d;
        p->next=adjg.adjlist[s].link;     /*结点插入对应的链表中*/
        adjg.adj1ist[s].1ink=p;
        adjg.adjlist[d].id++;             /*弧对应的终端顶点入度加 1*/
    }
   return adjg;
  }
 void  topsort(ADJGRAPH  ag)              /*拓扑排序过程*/
    {  int  i, j, k, m, n, top;
    EDGENODE  *p;
    n = ag.vexnum;
    top = -1;
    for  (i=0; i<n; i++)                  /*将入度为 0 的顶点压入一个链栈，top 指向栈顶结点*/
     if  (ag.adjlist[i].id = = 0)         /*这是一个利用 id 为 0 的域链接起来的寄生栈*/
       {  ag.adj1ist[i].id=top;
```

```
            top=i;
          }
      m=0；
      while (top!= −1)                          /*当栈不空时，进行拓扑排序*/
        {   j=top;
         top=ag.adjlist[top].id；
         printf("%3d"， ag.adjlist[j].vertex);  /*输出栈顶元素并删除栈顶元素*/
         m++；
         p=ag.adjlist[j].1ink;
         while (p!=NULL)
           { k=p->adjvex；
            ag.adjlist[k].id--;                 /*删除相关的弧*/
            if (ag.adjlist[k].id==0)            /*出现新的入度为 0 的顶点，将其入栈*/
              { ag.adjlist[k].id=top;
               top=k;
               p=p->next;
               }
               }
               if (m<n)
          printf("网中有环!\n");                /*拓扑排序过程中输出的顶点数<有向图中的顶点数*/
      }
}
main( )
     {   ADJGRAPH    ag；
         ag=creat_adjgraph( )；
         topsort(ag)；
     }
```

【例 6.2】 求最短路径实用程序。

对应图 6.21 的有向网，用邻接矩阵结构存储此图。程序首先建立有向图的邻接矩阵，在此邻接矩阵结构上，计算图中从顶点 1 出发到其他各顶点的最短路径，并输出结果。

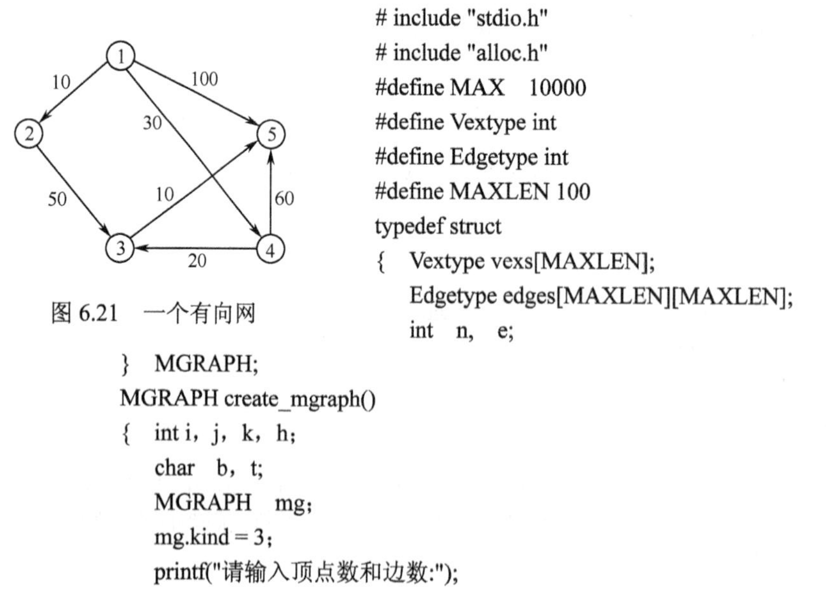

图 6.21 一个有向网

```
# include "stdio.h"
# include "alloc.h"
#define MAX    10000
#define Vextype int
#define Edgetype int
#define MAXLEN 100
typedef struct
{   Vextype vexs[MAXLEN];
    Edgetype edges[MAXLEN][MAXLEN];
    int    n,    e;
}  MGRAPH;
MGRAPH create_mgraph()
{   int i， j， k， h；
    char    b， t;
    MGRAPH    mg；
    mg.kind = 3；
    printf("请输入顶点数和边数:");
```

```
    scanf("%d, %d", &i, &j);
    mg.n = i;
    mg.e = j;
    for (i = 0; i<mg.n; i++)
     {   getchar( );
         printf("第%d 个顶点信息: ", i+1);
         scanf("%d", &mg.vexs[i]);
    }
for (i=0; i<mg.n;   i++)
     for (j=0; i<mg.n; j++)
         mg.edges [i][j]=MAX;
    for (k=1;   k<=mg.e; k++)
       { printf ("\n 第%d 条边的起始顶点编号和终止顶点编号:",k);
         scanf ("%d, %d", &i, &j);
         while(i<1 || i>mg.n || j<1 ||j>mg.n)
            {   printf ("      编号超出范围，重新输入:\n");
                scanf ("%d, %d", &i, &j);
            }
         printf("此边的权值: ");
         scanf("%d", &h);
         mg.adges [i-1][j-1]=h;
      }
      return   mg;
    }
main( )
    {   MGRAPH mg;
        int cost[MAXLEN][MAXLEN];
        int path[MAXLEN], s[MAXLEN];
        int dist[MAXLEN];
        int i, j, n, v0, min, u;
        mg=create_mgraph();                      /*建立有向图的邻接矩阵结构*/
        printf ("请输入起始顶点的编号:");        /*有向图中顶点的编号从 1 编起*/
        scanf ("%d", &v0 );
        v0--;
        n = mg.n;
        for (i=0;   i<n; i++)                    /*cost 矩阵初始化*/
          {   for (j=0;   j<n;   j++)
              cost[i][j]=mg.edges [i][j];
              cost[i][i]=0;
          }
        for (i=0;   i<n; i++)
            { dist[i]=cost[v0][i];               /*dist 数组初始化*/
             if (dist[i]<MAX && dist[i]>0)
                path[i]=v0;
          }                                      /*path 数组初始化*/
        for(i=0; i<n; i++)
            s[i]=0;                              /*s 数组初始化*/
        s[v0]=1;
        for(i=0;   i<n;   i++)                   /*按最短路径递增算法计算*/
```

```
        {  min=MAX;
           u=v0;
           for(j=0;   j<n;   i++)
              if (s[j] = = 0 && dist[j]<min)
                 { min=dist[j];
                   u=j;
                 }
           s[u] = 1;                                /*u 顶点是求得最短路径的顶点编号*/
           for(j = 0; j<n; j++)
              if(s[j]==0 && distst[u]+cost[u][j]<dist[j])        /*调整 dist*/
                 {   dist[j] = dist[u]+cost[u][j];
                     path[j] = u;
                 }                                  /*path 记录了路径经过的顶点*/
        }
    for (i=0;   i<n;   i++)                         /*打印结果*/
        if (s[i]==1)
          {   u=i;
              while (u!=v0)
                  {   printf("%d<—",u+1);
                      u=path[u];
                  }
             printf("%d", u+1)
             printf("d =  %d\n", dist[i]);          /*有路径*/
        }
       else
          printf("%d<—%dd=X\n",i+1, v0+1);      /*无路径*/
}
```

本 章 小 结

图是一种重要的非线性结构。它的特点是每一个顶点都可以与其他顶点相关联，与树不同，图中各个顶点的地位都是平等的，对顶点的编号都是人为的。通常，定义图由两个集合构成：一是顶点的非空有限集合；二是顶点与顶点之间关系（边）的有限集合。对图的处理要区分有向图和无向图。它的存储表示可以使用邻接矩阵，也可以使用邻接表，前者属顺序存储结构，后者属链接表示。本章还着重讨论了图的深度优先搜索和广度优先搜索算法。对于带权图，给出了构造最小生成树的方法：Prim 算法和 Kruskal 算法。在解决最短路径问题时，采用了逐步求解的策略。最后讨论的主要概念是拓扑排序，在解决应用问题时它们十分有用。

本章的要点简述如下。

（1）主要要求理解图的基本概念，包括图的定义和术语、图的连通性、图的路径和路径长度、图中各顶点的度、无向连通图和有向强连通图的最大边数和最小边数、最小生成树，以及拓扑排序和最短路径等。

（2）掌握图的存储表示，包括邻接矩阵和邻接表，以及这些存储表示上的典型操作，如图的构造、插入和删除顶点与边、查找一个顶点的某一个邻接顶点与邻接边等操作的实现算法。要求掌握图的两种遍历算法：深度优先搜索（DFS）和广度优先搜索（BFS）算法，以及求解连通性问题的方法。要求初步掌握构造最小生成树的 Prim 算法、AOV 网的拓扑排序算法及最短路径 Dijkstra 算法。

习　题　6

6.1　选择题

（1）一个有 8 个顶点的有向图，所有顶点的入度之和与所有顶点的出度之和的差是________。

A．16　　B．4　　C．0　　D．2

（2）一个有 n 个顶点的连通无向图至少有__________条边。

A．$n-1$　　B．n　　C．$n+1$　　D．$n+2$

（3）具有 n 个顶点的完全有向图的弧数为__________。

A．$n(n-1)/2$　　B．$n(n-1)$　　C．n^2　　D．n^2-1

（4）一个 n 条边的连通无向图，其顶点的个数至多为__________。

A．$n-1$　　B．n　　C．$n+1$　　D．$n\log n$

（5）设无向图的顶点个数为 n，则该图最多有__________条边。

A．$n-1$　　B．$n(n-1)/2$　　C．$n(n+1)/2$　　D．0

（6）任何一个无向连通图的最小生成树__________。

A．只有一棵　　B．有一棵或多棵　　C．一定有多棵　　D．可能不存在

（7）下列算法中，__________算法用来求图中某顶点到其他所有顶点之间的最短路径。

A．Dijkstra　　B．Floyed　　C．Prim　　D．Kruskal

（8）在一个无向图中，所有顶点的度数之和等于所有边数的__________倍。

A．2　　B．3　　C．1　　D．1.5

（9）下面关于图的存储的叙述中正确的是__________。

A．用邻接表法存储图，占用的存储空间大小只与图中边数有关，而与顶点个数无关

B．用邻接表法存储图，占用的存储空间大小与图中边数和顶点个数都有关

C．用邻接矩阵法存储图，占用的存储空间大小与图中顶点个数和边数都有关

D．用邻接矩阵法存储图，占用的存储空间大小只与图中边数有关，而与顶点个数无关

（10）设有向无环图 G 中的有向边集合 $E = \{<1, 2>, <2, 3>, <3, 4>, <1, 4>\}$，则下列属于该有向图 G 的一种拓扑排序序列的是__________。

A．1，2，3，4　　B．2，3，4，1

C．1，4，2，3　　D．1，2，4，3

（11）设无向图 G 中的边的集合 $E = \{(a, b), (a, e), (a, c), (b, e), (e, d), (d, f), (f, c)\}$，则从顶点 a 出发进行深度优先遍历可以得到的一种顶点序列为__________。

A．aedfcb　　B．acfebd　　C．aebcfd　　D．aedfbc

（12）连通图 G 中有 n 个顶点，G 的生成树是__________连通子图。

A．包含 G 的所有顶点　　B．包含 G 的所有边

C．不必包含 G 的所有顶点　　D．包含 G 的所有顶点和所有边

（13）设某有向图中有 n 个顶点，则该有向图对应的邻接表中有__________个表头结点。

A．$n-1$　　B．n　　C．$n+1$　　D．$2n-1$

（14）设无向图 G 中有 n 个顶点、e 条边，则其对应的邻接表中的表头结点和边表结点的个数分别为__________。

A. n，e　　B. e，n　　C. $2n$，e　　D. n，$2e$

（15）用邻接矩阵 A 表示有向图 G 的存储结构，则有向图 G 中顶点 i 的入度为__________。

A. 第 i 行非 0 元素的个数之和　　B. 第 i 列非 0 元素的个数之和

C. 第 i 行 0 元素的个数之和　　D. 第 i 列 0 元素的个数之和

（16）用邻接矩阵 A 表示有向图 G 的存储结构，则有向图 G 中顶点 i 的出度为__________。

A. 第 i 行非 0 元素的个数之和　　B. 第 i 列非 0 元素的个数之和

C. 第 i 行 0 元素的个数之和　　D. 第 i 列 0 元素的个数之和

（17）可以判断一个有向图中是否含有回路的方法为__________。

A. 广度优先搜索　　B. 深度优先搜索　　C. 拓扑排序 D. 求最短路径

6.2　填空题

（1）一个连通无向图有 5 个顶点、8 条边，则其生成树将要去掉_______条边。

（2）在树结构和图结构中，前趋和后继结点之间分别存在着_________和________的联系。

（3）有 n 个顶点的连通图至少有_____条边；有 n 个顶点的强连通图则至少有_____条边。

（4）一个具有 n 个顶点的有向图至少有________条弧。

（5）如果不知道一个图是有向图还是无向图，但是知道它的邻接矩阵是非对称的，那么这个图必定是___________。

（6）在无向图 G 的邻接矩阵 A 中，若 $A[I][J]=1$，则 $A[J][I]$ 为___________。

（7）无向图用邻接矩阵存储，其所有元素之和表示无向图的边数的___________。

（8）无向图用邻接表存储，其所有边表结点之和表示无向图的边数的___________。

（9）无向图用邻接表存储，顶点 v_i 的度为________________。

（10）有向图用邻接表存储，顶点 v_i 的出度为_______________。

（11）图的遍历方式一般有___________和_____________两种。

（12）Prim 算法的时间复杂度为___________，与边数无关，因此适用于求边稠密的网的最小生成树。

（13）如果某有向图的所有顶点可以构成一个拓扑排序序列，则说明该有向图_________。

6.3　画出图 6.22 所示无向图的邻接矩阵和邻接链表示意图，并写出每个顶点的度。

6.4　画出图 6.23 所示有向图的邻接矩阵、邻接链表和逆邻接链表示意图，并写出每个顶点的入度和出度。

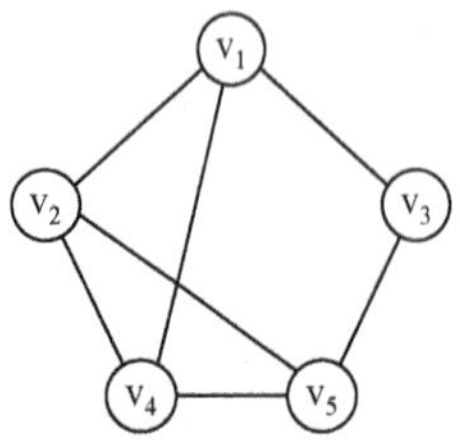

图 6.22　6.3 题图

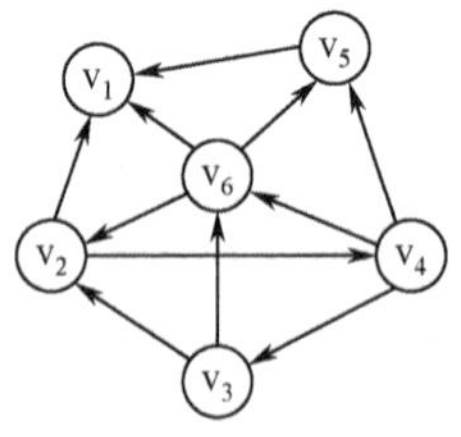

图 6.23　6.4 题图

6.5　对应图 6.24，写出从 v_1 出发的深度优先搜索遍历结果和广度优先搜索遍历结果各 3 个。

6.6　求图 6.25 所示图的连通分量。

6.7　分别用 Prim 算法按列表方式求出图 6.26 所示图的最小生成树，并画出最小生成树的示意图。

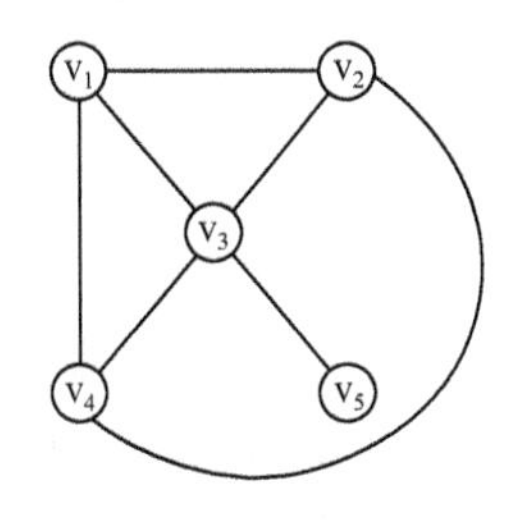

图 6.24　6.5 题图

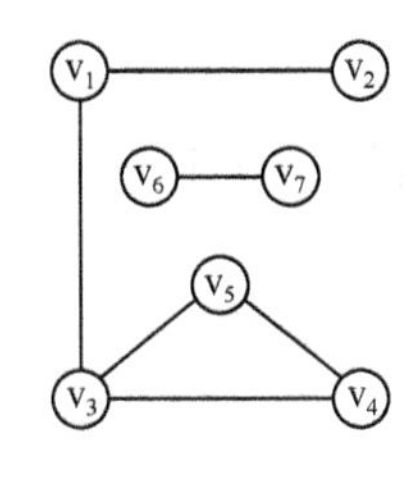

图 6.25　6.6 题图

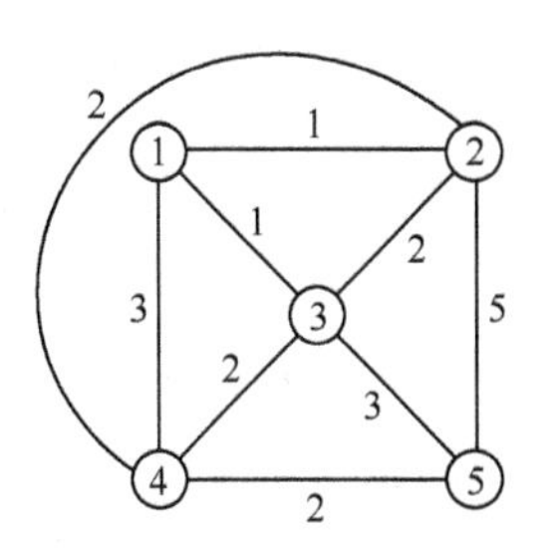

图 6.26　6.7 题图

6.8　写出图 6.27 所示图的拓扑排序。

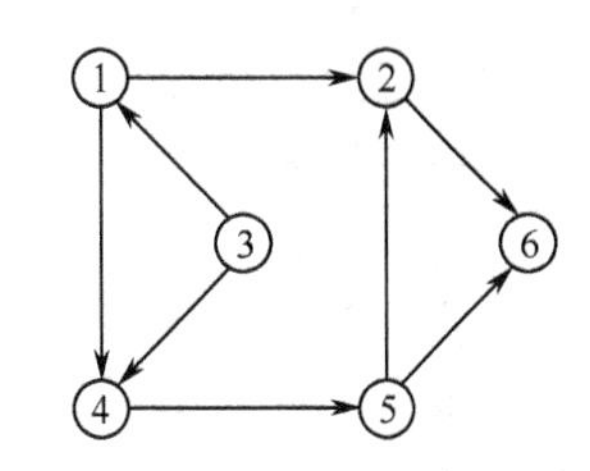

图 6.27　6.8 题图

6.9　试写出下列算法：

（1）建立无向图邻接矩阵算法；

（2）建立无向网邻接矩阵算法；

（3）建立有向图邻接矩阵算法。

6.10　试写出下列算法：

（1）建立无向图邻接链表结构算法；

（2）建立有向图逆邻接链表结构算法。

6.11　编写算法，在无向图的邻接链表结构上，生成无向图的邻接矩阵结构。

6.12　编写算法，在无向图的邻接矩阵结构上，生成无向图的邻接链表结构。

6.13　已知有 *m* 个顶点的无向图，采用邻接矩阵结构存储，问：

（1）图中有多少条边？

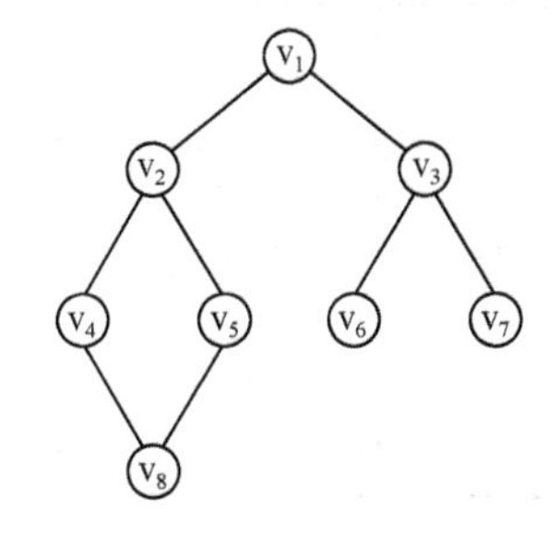

图 6.28　6.15 题图

（2）任意两个顶点 *i* 和 *j* 之间是否有边相连？

（3）任意一个顶点的度是多少？

6.14　已知一个无向图，采用邻接链表结构存储，问：

（1）图中有多少条边？

（2）任意两个顶点 *i* 和 *j* 之间是否有边相连？

（3）任意一个顶点的度是多少？

6.15　以图 6.28 所示的无向连通图为例，按照深度优先搜索的算法编写程序并上机运行，获得正确的结果。

第7章 查　　找

在英汉字典中查找某个英文单词的中文解释；在新华字典中查找某个汉字的读音、含义；在对数表、平方根表中查找某个数的对数、平方根；邮递员送信件要按收件人的地址确定位置；等等。可以说，查找是为了得到某个信息而常常进行的工作，据统计，对计算机的操作有60%以上是查找操作。

计算机、计算机网络使信息查询更快捷、方便、准确。要从计算机、计算机网络中查找特定的信息，就需要在计算机中存储包含该特定信息的表。例如，要从计算机中查找英文单词的中文解释，就需要存储类似英汉字典这样的信息表及对该表进行的查找操作。本章将讨论的问题即是“信息的存储和查找”。

查找是许多程序中最消耗时间的一部分。因而，一个好的查找方法会大大提高程序的运行速度。另外，由于计算机的特性，像对数、平方根等是通过函数求解的，无须存储相应的信息表。

7.1 基本概念与术语

以学校招生录取登记表为例，来讨论计算机中表的概念，登记表如表7.1所示。

表7.1 学校招生录取登记表

学　号	姓　名	性　别	出生日期			来　源	总　分	录取专业
			年	月	日			
⋮	⋮	⋮	⋮	⋮	⋮	⋮	⋮	⋮
20010983	赵剑平	男	1982	11	05	石家庄一中	593	计算机
20010984	蒋伟峰	男	1982	09	12	保定三中	601	计算机
20010985	郭　娜	女	1983	01	25	易县中学	598	计算机
⋮	⋮	⋮	⋮	⋮	⋮	⋮	⋮	⋮

1. 关键码

关键码（Key）是数据元素（记录）中某个项或组合项的值，可以用它标识一个数据元素（记录）。能唯一确定一个数据元素（记录）的关键码称为**主关键码**；不能唯一确定一个数据元素（记录）的关键码称为次关键码。表中“学号”可看成主关键码，“姓名”则应视为次关键码，因可能有同名同姓的学生。

2. 查找表

具有同一类型（属性）的数据元素（记录）组成的集合称为查找表。对查找表经常进行的操作有：①查询某个“特定的”数据元素是否在查找表中；②检索某个“特定的”数据元素的各种属性；③在查找表中插入一个数据元素；④从查找表中删除某个数据元素。根据操作的不同，查找表可分为静态查找表和动态查找表两类。

静态查找表：仅对查找表进行前两种所谓的“查找”操作，而不能被改变的表；

动态查找表：对查找表除进行“查找”操作外，可能还要向表中插入数据元素或删除表中数据元素，因而动态查找表在查找过程中可以被改变。

3．查找

按给定的某个值 kx，在查找表中查找关键码为给定值 kx 的数据元素（记录）。

关键码是主关键码时：由于主关键码唯一，所以查找结果也是唯一的，一旦找到，查找成功，就结束查找过程，并给出找到的数据元素（记录）的信息，或指示该数据元素（记录）的位置。如果整个表检测完，还没有找到，则查找失败，此时，查找结果应给出一个“空”记录或“空”指针。

关键码是次关键码时：查找成功往往是指找到的第一个符合条件的数据元素（记录），查找其他相同关键码值的数据元素（记录），需要查遍表中所有数据元素（记录），或在可以肯定查找失败时，才能结束查找过程。

在本章及以后的讨论中，涉及的关键码类型和数据元素类型统一说明如下：

```
typedef    struct
        {  KeyType    key;           /* 关键码字段，可以是整型、字符串型、构造类型等*/
           ……                        /* 其他字段 */
         } ElemType;
```

4．平均查找长度 ASL

分析查找算法的效率，通常用平均查找长度（Average Search Length，ASL）来衡量。

定义：在查找成功时，平均查找长度 ASL 是指为确定数据元素在表中的位置所进行的关键码比较次数的期望值。对一个含 n 个数据元素的表，查找成功时

$$ASL=\sum_{i=1}^{n} P_i \cdot C_i$$

式中，P_i 为查找表中第 i 个数据元素的概率；C_i 为表中第 i 个数据元素的关键码与给定值 kx 相等时，按算法定位时关键码的比较次数。显然，不同的查找方法，C_i 可以不同。

7.2 静态查找表

7.2.1 静态查找表结构

静态查找表是数据元素的线性表，可以是基于数组的顺序存储或以线性链表存储。

顺序存储结构查找表定义如下：

```
#define MaxSize 100
    typedef   struct
          {  ElemType   data[MaxSize+1]; /* 表元素数组，数据元素存放在顺序表的 1 到 n 单元 */
             int        length;          /* 表长度 */
           } SqList;
```

链式存储结构结点类型定义如下：

```
typedef   struct   NODE
        {  ElemType   data;                    /* 结点的值域 */
           struct   NODE   *next;              /* 下一个结点指针域 */
        }  NodeType;
```

7.2.2 顺序查找

顺序查找又称线性查找，是最基本的查找方法之一。其查找过程为：从表的一端开始，向另一端逐个将其关键码与给定值 kx 进行比较，若相等，则查找成功，并给出数据元素在表中的位置；若整个表检测完，仍未找到与 kx 相同的关键码，则查找失败，给出失败信息。

算法 7.1 顺序查找算法 1。

```
int SeqSearch1（SqList   L，KeyType   kx）
   {  /*在表 L 中查找关键码为 kx 的数据元素，查找成功，返回该元素下标位置；查找失败，返回 0*/
      i = 1;
      while ( i<=L.length &&   L.data[i]<>kx) i++; /*  从表首向后查找关键码为 kx 的数据元素  */
      if ( i<= L.length)   return i;          /*查找成功，返回数据元素在表中的位置*/
        else   return 0;                      /*查找失败，返回 0*/
   }
```

在算法实现过程中，为方便将 0 单元用来存放要查找的关键码的值 kx，称该位置为监测哨，查找的顺序改为从表尾端向前搜索，当搜索到该位置时表明查找失败，返回 0，这样可以不判断表元素是否已经查找完毕。

算法 7.2 顺序查找算法 2。

```
int   SeqSearch2 (SqList   L，KeyType   kx)
  {  /*在表 L 中查找关键码为 kx 的数据元素，查找成功，返回该元素下标位置；查找失败，返回 0*/
     L.data[0].key = kx;                                  /*  存放监测哨  */
     for ( i = L.length ;   L.data[i].key < > kx  ;  i-- );     /*  从表尾端向前搜索  */
     return   i;
  }
```

性能分析：就上述算法而言，对于 n 个数据元素的表，给定值 kx 与表中第 i 个元素关键码相等，即定位第 i 个记录时，需进行 $n-i+1$ 次关键码比较，即 $C_i = n-i+1$。则查找成功时，顺序查找的平均查找长度为：

$$\text{ASL}=\sum_{i=1}^{n} P_i \cdot (n-i+1)$$

设每个数据元素的查找概率相等，即 $P_i = \dfrac{1}{n}$，则等概率情况下有：

$$\text{ASL}=\sum_{i=1}^{n} \frac{1}{n}(n-i+1)=\frac{n+1}{2}$$

查找不成功时，关键码的比较次数总是 n 次。

算法中的基本工作就是关键码的比较，因此，查找长度的量级就是查找算法的时间复杂度，即 $O(n)$。

在许多情况下，查找表中数据元素的查找概率是不相等的。为了提高查找效率，查找表需依据查找概率越高，使其查找比较次数越少；查找概率越低，使其查找比较次数就较多的原则来存储数据元素。

顺序查找缺点是当 n 很大时，平均查找长度较大，效率低；优点是对表中数据元素的存储没有要求。另外，对于线性链表，只能进行顺序查找（算法参照链表查找定位操作）。

7.2.3 有序表的折半查找

有序表是表中数据元素按关键码升序或降序排列。对于有序表，若按顺序存储结构存储，可以用折半查找来实现查找操作。

折半查找的思想为：在有序表中，取中间元素作为比较对象，若给定值与中间元素的关键码相等，则查找成功；若给定值小于中间元素的关键码，则在中间元素的左半区继续查找；若给定值大于中间元素的关键码，则在中间元素的右半区继续查找。不断重复上述查找过程，直到查找成功，或所查找的区域无数据元素，查找失败。

具体步骤如下：

（1）low=1；high=length； /* 设置初始区间 */

（2）当 low>high 时，返回查找失败信息 /* 表空，查找失败 */

（3）low≤high，mid=⌊(low+high)/2⌋； /* 取中点，整除*/

① 若 kx=L.data[mid].key，返回数据元素在表中位置 /* 查找成功 */

② 若 kx<L.data[mid].key，high=mid−1；转（2） /* 查找在左半区进行 */

③ 若 kx>L.data[mid].key，low=mid+1；转（2） /* 查找在右半区进行*/

折半查找法又称二分查找法，这种查找法对查找表有两个基本要求：①查找表必须采用顺序存储结构；②查找表必须按关键码大小有序排列。

【例 7.1】 已知有序表按关键码排列如下：

7, 14, 18, 21, 23, 29, 31, 35, 38, 42, 46, 49, 52

在表中查找关键码为 14 和 22 的数据元素。

（1）查找关键码为 14 的数据元素的过程。

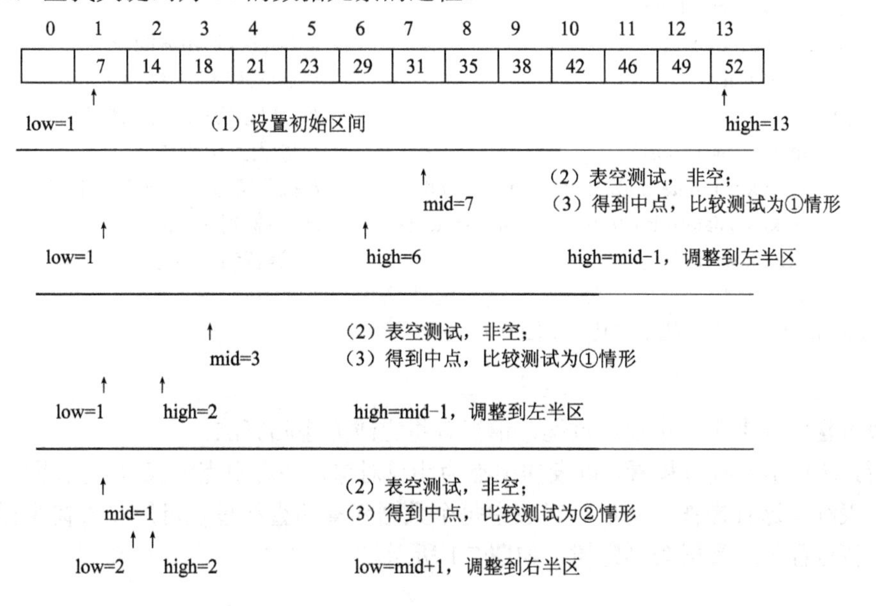

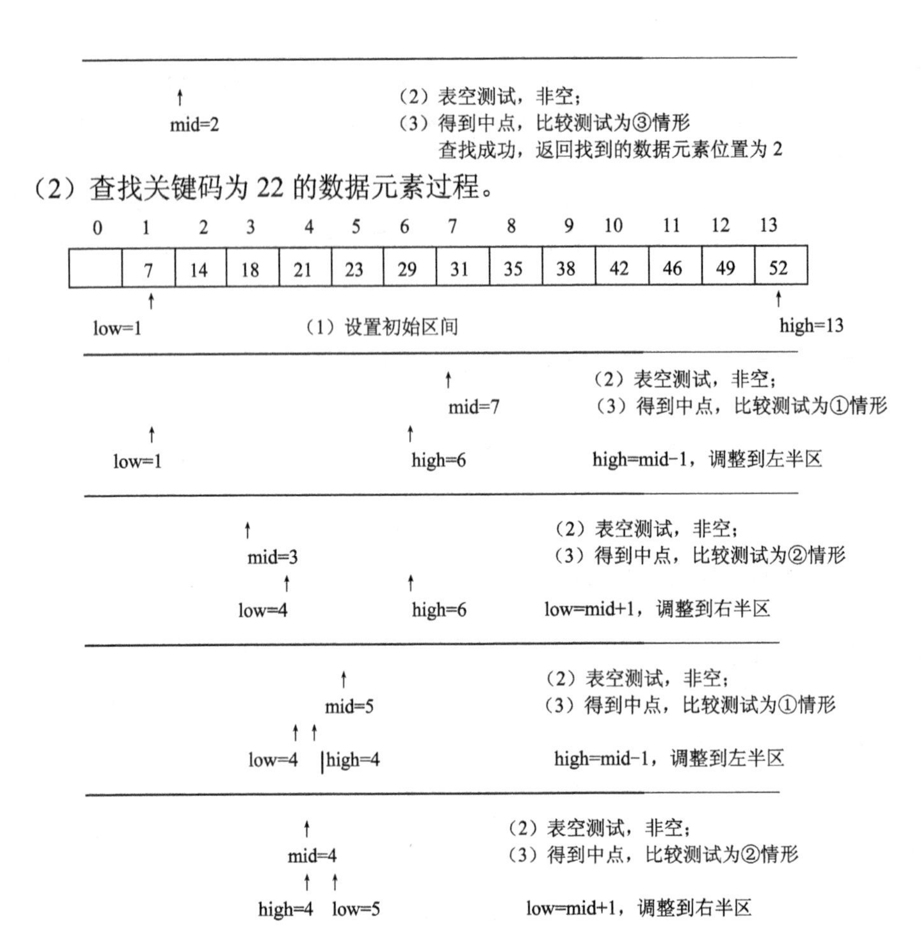

（2）表空测试，为空；
查找失败，返回查找失败信息为 0

算法 7.3　有序表的折半查找算法。

```
int  Binary_Search (SqList  L，KeyType  kx )
{     /* 在表L中查找关键码为kx的数据元素，若找到返回该元素在表中的位置，否则，返回0   */
      int   mid，low,  high;
      low=1；high=L.length;                             /* ①设置初始区间 */
      while (low<=high)                                  /* ②表空测试 */
        {                                                /* 非空，进行比较测试 */
          mid = (low+high)/2;                            /* ③得到中点 */
          if  (kx==L.data[mid]. key)  return（mid）;     /*找到待查元素,返回 mid*/
          if (kx<L.data[mid].key)        high=mid-1;     /* 调整到左半区 */
           else low=mid+1;                               /* 调整到右半区 */
          }
      return   0;      /*查找不成功，返回 0*/
}
```

折半查找过程实际上是一个递归过程，请读者将它改为递归算法。

性能分析：从折半查找过程看，以表的中点为比较对象，并用中点将表分割为两个子表，对定位到的子表继续这种操作。所以，对表中每个数据元素的查找过程可用二叉树来描述，称这个描述查找过程的二叉树为判定树，如图 7.1 所示。

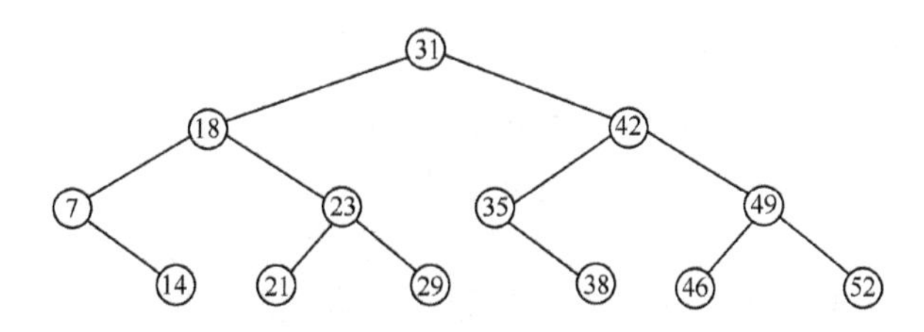

图 7.1　例 7.1 中描述折半查找过程的判定树

可以看到，查找表中任一元素的过程，即是判定树中从根到该元素结点路径上各结点关键码与给定值的比较过程，故比较次数为该元素结点在树中的层次数。对于 n 个结点的判定树，树高为 k，则有 $2^{k-1}-1<n\leqslant 2^k-1$，即 $k-1<\log_2(n+1)\leqslant k$，所以 $k=\lfloor\log_2 n\rfloor+1$。因此，折半查找在查找成功时，所进行的关键码比较次数至多为 $\lfloor\log_2 n\rfloor+1$。

接下来讨论折半查找的平均查找长度。为便于讨论，以树高为 k 的满二叉树（$n=2^k-1$）为例。假设表中每个元素的查找是等概率的，即 $P_i=\dfrac{1}{n}$，则树的第 i 层有 2^{i-1} 个结点，因此，折半查找的平均查找长度为：

$$
\begin{aligned}
\text{ASL}&=\sum_{i=1}^{n}P_i\cdot C_i\\
&=\frac{1}{n}[1\times 2^0+2\times 2^1+\cdots+k\times 2^{k-1}]\\
&=\frac{n+1}{n}\log_2(n+1)-1\\
&\approx\log_2(n+1)-1
\end{aligned}
$$

所以，折半查找的时间复杂度为 $O(\log_2 n)$。

对有序顺序表的查找除了用折半查找算法之外，还有斐波那契查找算法和插值查找算法，有兴趣的同学可参阅有关的教材。

【例 7.2】　现有一有序表，长度为 11，请分别计算顺序查找和折半查找的平均查找长度。

（1）顺序查找。若要找的数据在最后位置上，查找次数为 1；若在倒数第二位上，查找次数为 2；以此类推，在最前面查找次数为 11。各位置上查找次数如下。

位　置	1	2	3	4	5	6	7	8	9	10	11
查 找 次 数	11	10	9	8	7	6	5	4	3	2	1

所以平均查找长度 ASL=(11+10+9+8+7+6+5+4+3+2+1)/11=6

（2）折半查找。若要找的数据在最中间位置（第六位）上，查找次数为 1；若在第三位或第九位上，查找次数为 2；以此类推，各位置上查找次数如下。

位　置	1	2	3	4	5	6	7	8	9	10	11
查 找 次 数	3	4	2	3	4	1	3	4	2	3	4

所以平均查找长度 ASL=(3+4+2+3+4+1+3+4+2+3+4)/11=3。

7.2.4　分块查找

分块查找又称索引顺序查找，是对顺序查找的一种改进。分块查找要求将查找表分成若干个子表，并对子表建立索引表，查找表的每一个子表由索引表中的索引项确定。索引项包括两个字段：关键码字段（存放对应子表中的最大关键码值）、指针字段（存放指向对应子表的指针），并且要求索引项按关键码字段有序排列。查找时，先用给定值 kx 在索引表中检测索引项，以确定所要进行的查找在查找表中的查找分块（由于索引项按关键码字段有序，可用顺序查找法或折半查找法），然后，再在该分块内进行顺序查找。

显然，由于分块查找要求索引表有序，所以分块查找的前提是查找表必须按块有序，即在查找表中前一块的数据元素整体上都要比后一块小（或大）。

【例 7.3】 关键码集合为：

88, 43, 14, 31, 78, 8, 62, 49, 35, 71, 22, 83, 18, 52

按关键码值 31，62，88 分为三块建立的查找表及其索引表如图 7.2 所示。

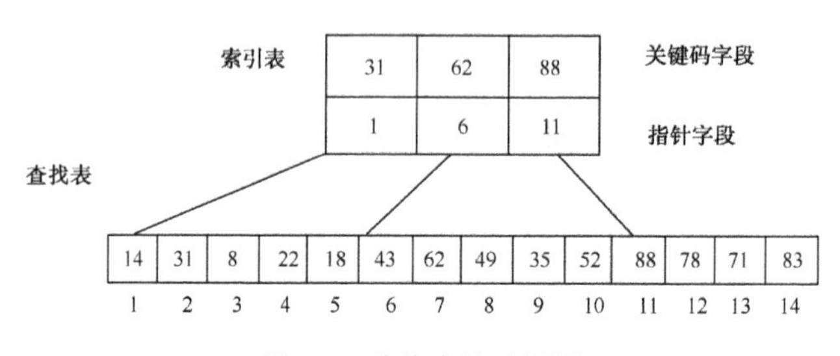

图 7.2 分块查找示例图

性能分析：分块查找由索引表查找和子表查找两步完成。设 n 个数据元素的查找表分为 m 个子表，且每个子表均为 t 个元素，则 $t=\dfrac{n}{m}$。这样，分块查找的平均查找长度为：

$$\mathrm{ASL}=\mathrm{ASL}_{\text{索引表}}+\mathrm{ASL}_{\text{子表}}=\frac{1}{2}(m+1)+\frac{1}{2}(\frac{n}{m}+1)=\frac{1}{2}(m+\frac{n}{m})+1$$

可见，平均查找长度不仅和表的总长度 n 有关，还和所分的子表个数 m 有关。对于表长 n 确定的情况下，m 取 $\sqrt{n}$ 时，ASL=$\sqrt{n}+1$ 达到最小值。

7.3 动态查找表

静态查找表一旦生成，所含记录在查找过程中一般是固定不变的。而动态查找表则不然，会经常对表中记录进行插入和删除操作，所以动态查找表是一直在变化的。动态查找表的这种特性要求采用灵活的存储方法来组织查找表中的记录，以便高效率地实现动态查找表的查找、插入、删除等操作。

二叉排序树就是一种常见的动态查找表，本节重点介绍二叉排序树查找。

7.3.1 二叉排序树

1. 二叉排序树的定义

二叉排序树（Binary Sort Tree）或者是一棵空二叉树，或者是具有下列性质的二叉树。

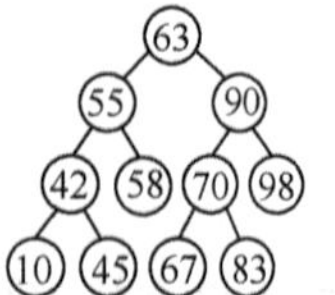

图 7.3 一棵二叉排序树示例图

（1）若左子树不空，则左子树上所有结点的关键码值均小于根结点的关键码值；若右子树不空，则右子树上所有结点的关键码值均大于根结点的关键码值。

（2）左、右子树也都是二叉排序树。

由图 7.3 可以看出，对二叉排序树进行中序遍历，便可得到一个按关键码有序的序列，因此，一个无序序列可通过构造一棵二叉排序树而成为有序序列。

2．二叉排序树查找过程

从其定义可见，二叉排序树的查找过程如下。

（1）若要查找的二叉排序树为空，则查找失败。

（2）若二叉排序树非空，将给定值 kx 与二叉排序树的根结点关键码值进行比较。

（3）若相等，查找成功，结束查找过程；否则：

① 当给定值 kx 小于根结点关键码值时，查找将在左子树上继续进行，转步骤（1）。

② 当给定值 kx 大于根结点关键码值时，查找将在右子树上继续进行，转步骤（1）。

设以二叉链表作为二叉排序树的存储结构，则查找算法描述如下。

```
typedef struct BiTNode    /* 结点结构*/
 {      ElemType        data;          /*数据元素字段*/
        struct BiTNode   *lchild, *rchild;            /* 左右孩子指针*/
} BiTNode, *BiTree;
```

算法 7.4　二叉排序树的查找算法。

```
int searchBST(BiTree T, KeyType kx, BiTree *p,BiTree *q)
{     /*在二叉排序树 t 上查找关键码为 kx 的元素，若找到，返回 1，*/
      /*且 p 指向该结点，q 指向其父结点；*/
      /*否则，返回 0，且 q 指向查找失败的最后一个结点。*/
      *p=T; /*从根结点开始查找*/
       while(*p)
       {    if((*p)->data.key==kx) /* 查找成功时，由参数*p 指向查找到的结点 */
               return 1;
            else
                 if((*p)->data.key>kx)
                 {       *q=*p;
                         *p=(*p)->lchild;     /*到左子树上继续查找*/
                 }
                 else
                 {              *q=*p;
                         *p=(*p)->rchild;/* 到右子树上继续查找*/
                 }
       }
       return 0;/*查找不成功*/
}
```

二叉排序树的查找算法还可以用以下的递归算法来实现。

算法 7.5　二叉排序树的递归查找算法。

```
int searchBST_rc(BiTree T, KeyType kx, BiTree *p,BiTree *q)
```

```
{     /*在二叉排序树 t 上查找关键码为 kx 的元素，若找到，返回 1，*/
      /*且 p 指向该结点，q 指向其父结点；*/
      /*否则，返回 0，且 q 指向查找失败的最后一个结点。*/
if (!T)
      return 0;     /* 查找不成功*/
else   if ( kx== T->data.key)
      { p = T;   return 1; }    /* 查找成功*/
else   if ( kx< T->data.key)
      searchBST_rc (T->lchild, kx, p , &T);         /* 在左子树中继续查找*/
      else
      searchBST_rc(T->rchild, kx, p , &T);          /* 在右子树中继续查找*/
}
```

性能分析：显然，在二叉排序树上进行查找，若查找成功，则是从根结点出发走了一条从根结点到待查结点的路径；若查找不成功，则是从根结点出发走了一条从根到某个叶子结点的路径。因此，二叉排序树的查找与有序表的折半查找类似，在二叉排序树中查找一个记录时，其比较次数不超过二叉树的深度。但是，对于长度为 n 的有序表，折半查找对应的判定树是唯一的，而含有 n 个结点的二叉排序树却有很多种形态，它们的深度也各不相同，有时差异还比较大。例如，图 7.4 给出了两棵不同形态的二叉排序树，它们对应同一数据元素集合，但排列顺序不同，分别是{45，24，78，53，13，92}和{13，24，45，53，78，92}。现假设每个元素的查找概率相同，则它们的平均查找长度分别是：

（a）ASL = 1/6 (1 +2 +2 +3 +3 +3) = 14/6。

（b）ASL = 1/6 (1 +2 +3 +4 +5 +6) = 21/6。

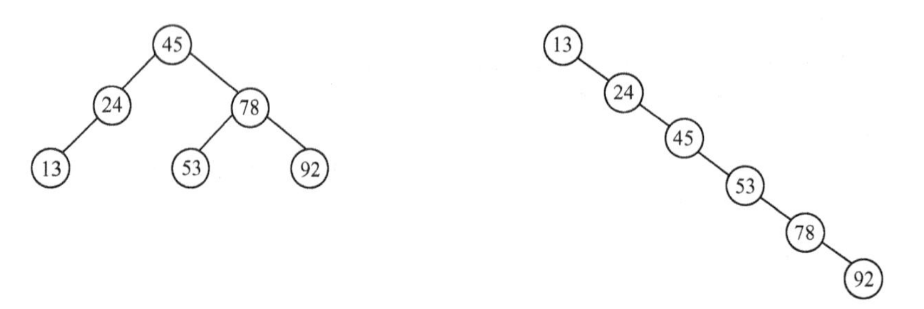

（a）关键字序列为{45,24,78,53,13,92}的二叉排序树　　（b）关键字序列为{13,24,45,53,78,92}的二叉排序树

图 7.4　二叉排序树的不同形态

由此可见，在二叉排序树中查找时的平均查找长度与二叉排序树的具体形态有关，二叉排序树的各分支越均衡，树的深度越浅，其平均查找长度就越小。在最坏情况下，二叉排序树是通过一个有序表的 n 个结点依次插入生成的，这样得到的二叉排序树就蜕化为一棵深度为 n 的单支树，如图 7.4（b）所示，它的平均查找长度就和单链表上的顺序查找相同，也是（n+1）/2。在最好的情况下，二叉排序树在生成过程中，树的形态比较均匀，最终得到的是一棵形态与折半查找的判定树相似的二叉排序树，此时它的平均查找长度大约为 $\log_2 n$。

若考虑所有可能的二叉排序树的各种形态，可以证明，对这些二叉排序树的查找长度求平均，其平均查找长度仍然是 $O(\log_2 n)$。就平均性能而言，二叉排序树的查找和折半查找相差不大，并且二叉排序树上的插入、删除结点也非常方便，无须移动大量结点。因此对于需要经常进行插入、删除、查找运算的表，宜采用二叉排序树结构。在有些参考书中也常常把二叉排序树称为二叉查找树。

3. 二叉排序树的插入操作和构造

先讨论向二叉排序树中插入一个结点的过程：设待插入结点的关键码为 kx，为将其插入，先要在二叉排序树中进行查找，若查找成功，按二叉排序树定义，待插入结点已存在，不用插入；若查找失败，则将其插入。因此，新插入结点一定是作为叶子结点添加上去的。

算法 7.6 二叉排序树的插入结点算法。

```
void insertBST(BiTree *T,KeyType kx)
{ /*在二叉排序树*T 上插入关键码为 kx 的结点*/
BiTree p,q,s;
p=q=NULL;
     if(!searchBST(*T,kx,&p,&q))   /*插入在查找不成功时进行*/
     {     s=(BiTree)malloc(sizeof(BiTNode)); /*申请结点，并赋值*/
           s->data.key=kx;  s->lchild=NULL;            s->rchild=NULL;
                if(!*T) *T=s;          /*向空树中插入时*/
           else
           {          if(q->data.key>kx)
                           q->lchild=s;      /*插入结点为 q 的左孩子*/
                    else
                          q->rchild=s;      /*插入结点为 q 的右孩子*/
           }
     }
}
```

可以看出，二叉排序树的插入，即构造一个叶子结点，将其插到二叉排序树的合适位置，以保证二叉排序树性质不变。插入时不需要移动元素。

假若给定一个元素序列，可以利用上述算法创建一棵二叉排序树。首先，将二叉排序树初始化为一棵空树，然后逐个读入元素，每读入一个元素，就建立一个新的结点插入到当前已生成的二叉排序树中，即调用上述二叉排序树的插入算法将新结点插入。生成二叉排序树的算法如下。

算法 7.7 二叉排序树的创建算法。

```
void   CreateBST(BiTree   *T)
       /*从键盘输入元素的值，创建相应的二叉排序树*/
{ KeyType kx;
  *T=NULL;
  scanf("%d", &kx);
  while (kx!=ENDKEY)   /*EDNKEY 为自定义常量*/
   {
    insertBST(T, kx);
    scanf("%d", &kx);
   }
}
```

构造一棵二叉排序树就是从空二叉树开始逐个插入结点的过程。

【例 7.4】 记录的关键码序列为 63，90，70，55，67，42，98，83，10，45，58，则构造一棵二叉排序树的过程如图 7.5 所示。

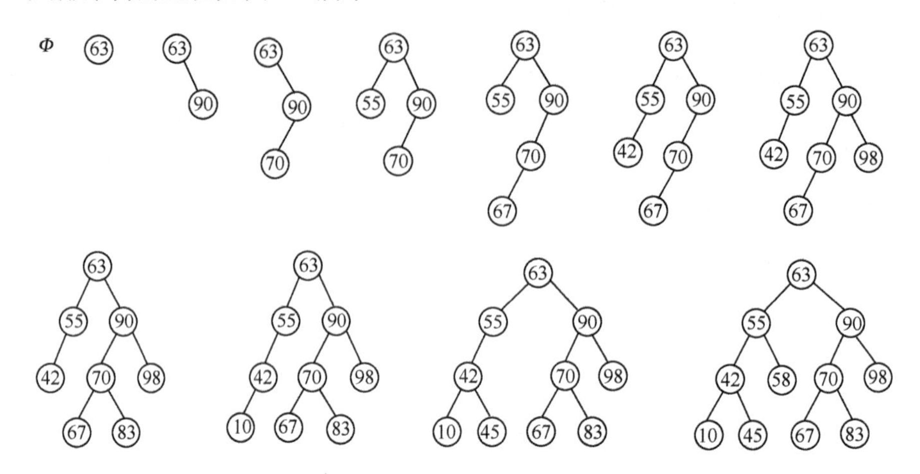

图 7.5 从空树开始建立二叉排序树的过程

*7.3.2 平衡二叉树及 B_树

1. 平衡二叉树

在介绍平衡二叉树的概念之前，先介绍结点的平衡因子的概念。所谓结点的平衡因子是指该结点的左子树深度与右子树深度之差。通过平衡因子，定义平衡二叉树如下：首先平衡二叉树是二叉排序树；其次，平衡二叉树中每个结点的平衡因子的绝对值不超过 1 的二叉排序树。

从平衡二叉树的定义可知，平衡二叉树中所有结点的平衡因子只能是-1、0 和 1，图 7.6 所示为平衡二叉树和非平衡二叉树。因为平衡二叉树的任何结点左右子树的深度之差都不超过 1，则可以证明其深度和 log2*n* 是同一数量级，不会出现二叉排序树那样的蜕化情形，由此，在平衡二叉树中查找时间复杂度均为 *O*(log2*n*)。但是，平衡二叉树为保证其平衡的特性，在插入和删除结点操作时，常常需要对二叉树进行调整，虽然调整的方法并不复杂，但要叙述清楚，需要一定的篇幅，在此不做介绍。

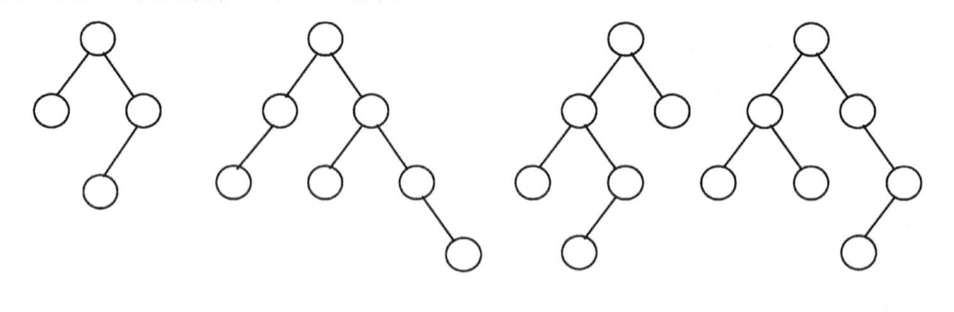

(a) 平衡二叉树 (b) 非平衡二叉树

图 7.6 平衡二叉树与非平衡二叉树示意图

2. *m* 路查找树

与二叉排序树类似，可以定义一种“*m* 叉排序树”，通常称为 *m* 路查找树。一棵 *m* 路查找树，或者是一棵空树，或者是满足如下性质的树：

（1）结点最多有 *m* 棵子树，*m*−1 个关键码，其结构如下：

n	P_0	K_1	P_1	K_2	P_2	…	K_n	P_n

其中 n 为关键码个数，P_i 为指向子树根结点的指针，$0 \leqslant i \leqslant n$，$K_i$ 为关键码，$1 \leqslant i \leqslant n$。

（2） $K_i<K_i+1$，$1 \leqslant i \leqslant n-1$。

（3） 子树 P_i 中的所有关键码均大于 K_i、小于 K_i+1，$1 \leqslant i \leqslant n-1$。

（4） 子树 P_0 中的关键码均小于 K_1，而子树 P_n 中的所有关键码均大于 K_n。

（5） 子树 P_i 也是 *m* 路查找树，$0 \leqslant i \leqslant n$。

从上述定义可以看出，对任一关键字 K_i 而言，P_i-1 相当于其“左子树”，P_i 相当于其“右子树”，$1 \leqslant _i \leqslant n$ 。

图 7.7 所示为一棵 3 路查找树，其查找过程与二叉排序树的查找过程类似。如果要查找 35，首先找到根结点 A，因为 35 介于 20 和 40 之间，因而找到结点 C，又因为 35 大于 30，所以找到结点 E，最后在 E 中找到 35。

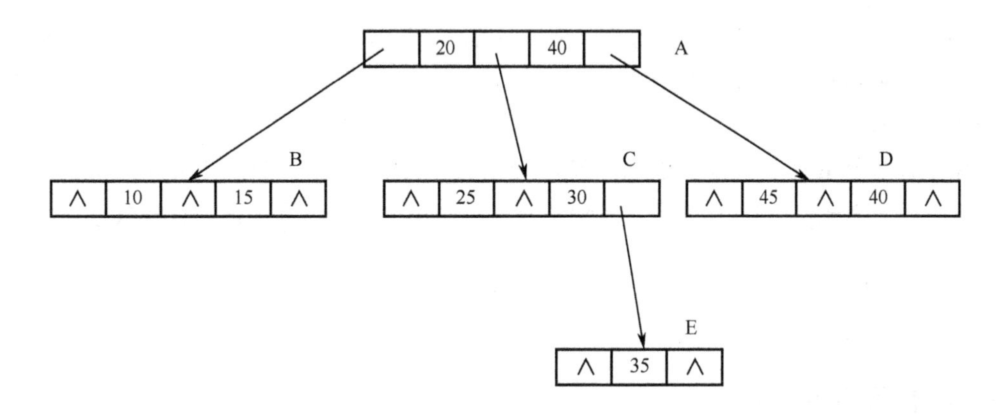

图 7.7　3 路查找树

显然，如果 *m* 路查找树为平衡树时，其查找性能会更好。下面要讨论的 B_树便是一种平衡的 *m* 路查找树。

3. B_树

B_树是一种平衡的多路查找树，它在文件系统中很有用，其定义如下。

一棵 *m* 阶的 B_树，或为空树，或为满足下列特性的 *m* 叉树。

（1）树中每个结点至多有 *m* 棵子树。

（2）除非根结点为叶子结点，否则至少有两棵子树。

（3）除根结点外的所有非终端结点至少有 $\lfloor m/2 \rfloor$ 棵子树。

（4）所有叶子结点都出现在同一层次上，并且不带信息，通常称为失败结点。失败结点为虚结点，在 B_树中并不存在，指向它们的指针为空指针。引入失败结点是为了便于分析B_树的查找性能。

图 7.8 展示了一棵 4 阶的 B_树。

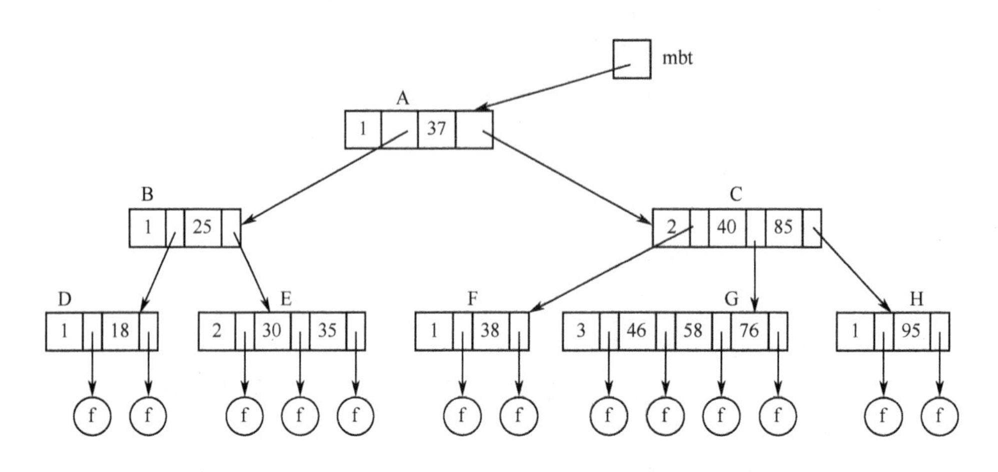

图 7.8　一棵 4 阶的 B_树

例如，查找 58 的过程如下：

首先由根指针 mbt 找到根结点 A，因为 58>37，所以找到结点 C，又因为 40<58<85,所以找到结点 G，最后在结点 G 中找到 58。

查找 32 的过程如下：

首先由根指针 mbt 找到根结点 A，因为 32<37，所以找到结点 B，又因为 32>25, 所以找到结点 E，因为 30<32<35, 所以最后找到失败结点 f ，表示 32 不存在，查找失败。

7.4　哈希表

7.4.1　哈希表与哈希方法

前面几节讨论的查找方法，由于数据元素的存储位置与关键码之间不存在确定的关系，因此，查找时需要进行一系列对关键码的比较，即“查找算法”是建立在比较的基础上的，查找效率由比较一次缩小的查找范围决定。理想的情况是依据关键码直接得到其对应的数据元素位置，即要求建立关键码与数据元素间的一一对应关系，通过这个关系，能很快地由关键码值得到对应的数据元素位置。而本节介绍的哈希方法就是试图建立这样的对应关系。

【例 7.5】　已知 11 个元素的关键码分别为 18，27，1，20，22，6，10，13，41，15，25。选取关键码与数据元素位置间的函数为 f(key)=key mod 11

（1）通过这个函数对 11 个元素建立如下查找表。

0	1	2	3	4	5	6	7	8	9	10
22	1	13	25	15	27	6	18	41	20	10

（2）查找时，对于给定值 kx，依然通过这个函数计算出地址，再将 kx 与该地址单元中元素的关键码比较，若相等，则查找成功。

哈希表与哈希方法：选取某个函数，依该函数按关键码计算元素的存储位置，并按此存放；查找时，由同一个函数对给定值 kx 计算地址，将 kx 与地址单元中元素关键码进行比较，确定查找是否成功，这就是**哈希（Hash）方法**（又称为散列法、杂凑法或关键字地址计算法）；哈希方法中使用的转换函数称为**哈希（Hash）函数**（散列函数）。

对于 n 个数据元素的集合，总能找到关键码与存放地址一一对应的函数。若最大关键码为 m，可以分配 m 个数据元素存放单元，选取函数 $f(\text{key})=\text{key}$ 即可，但这样会造成存储空间的很大浪费，甚至不可能分配这么大的存储空间。通常关键码的集合比哈希地址集合大得多，因而经过哈希函数变换后，可能将不同的关键码映射到同一个哈希地址上，这种现象称为**冲突**（Collision），映射到同一哈希地址上的关键码称为**同义词**。可以说，冲突不可能避免，只能尽可能减少。

根据设定的哈希函数 $H(\text{key})$和所选中的处理冲突的方法，将一组关键字映射到一个有限的、地址连续的地址集（区间）上，并以关键码在地址集中的“像”作为相应记录在表中的存储位置，如此构造所得的查找表称为“哈希表”。

所以，哈希方法需要解决以下两个问题：

（1）如何构造哈希函数；

（2）如何处理冲突。

7.4.2 常用的哈希函数构造方法

构造哈希函数的方法很多，但如何构造一个“好”的哈希函数是带有很强技术性和实践性的问题。这里所谓“好”的哈希函数是指哈希函数计算方便并且产生的冲突较少。因此，构造哈希函数的基本原则是：①函数本身要便于计算，尽可能简单，以便提高转换速度；②对关键码计算出的地址，应大致均匀分布，以尽可能减少冲突。

1．直接定址法

$$\text{Hash(key)}=a\cdot\text{key}+b \qquad （a，b\text{ 为常数}）$$

即取关键码的某个线性函数值为哈希地址，这类函数是一一对应函数，不会产生冲突，但要求地址集合与关键码集合大小相同，因此，对于较大的关键码集合不适用。

【例 7.6】 关键码集合为{100，300，500，700，800，900}，选取哈希函数为 Hash(key)=key/100，则存放如下。

0	1	2	3	4	5	6	7	8	9
	100		300		500		700	800	900

2．除留余数法

$$\text{Hash(key)}=\text{key mod } p \qquad （p\text{ 是一个整数}）$$

即取关键码除以 p 的余数作为哈希地址。使用除留余数法，选取合适的 p 很重要，若哈希表表长为 m，则要求 $p\leqslant m$，且接近 m 或等于 m。p 一般选取质数，也可以是不包含小于 20 质因子的合数。

3．数字分析法

设关键码集合中，每个关键码均由 *m* 位组成，每位上可能有 *r* 种不同的符号。

【例 7.7】 若关键码是 4 位十进制数，则每位上可能有十个不同的数符 0～9，所以 *r*=10。

数字分析法根据 *r* 种不同的符号在各位上的分布情况，选取某几位，组合成哈希地址。所选的位应使各种符号在该位上出现的频率大致相同。

【例 7.8】 有一组关键码如下：第 1、2 位均是“3 和 4”，第 3 位也只有“7、8、9”，因此，这几位不能用，余下四位分布较均匀，可作为哈希地址选用。若哈希地址是两位的，则可取这四位中的任意两位组合成哈希地址，也可以取其中两位与其他两位叠加求和后，取低两位作为哈希地址。

3	4	7	0	5	2	4
3	4	9	1	4	8	7
3	4	8	2	6	9	6
3	4	8	6	3	0	5
3	4	9	8	0	5	8
3	4	7	9	6	7	1
3	4	7	3	9	1	9
①	②	③	④	⑤	⑥	⑦

4．平方取中法

对关键码平方后，按哈希表大小，取中间的若干位作为哈希地址。

5．折叠法

折叠法（Folding）将关键码自左到右分成位数相等的几部分，最后一部分位数可以短些，然后将这几部分叠加求和，并按哈希表表长取后几位作为哈希地址。

有如下两种叠加方法。

（1）移位法——将各部分的最后一位对齐相加。

（2）间界叠加法——从一端向另一端沿各部分分界来回折叠后，最后一位对齐相加。

【例 7.9】 关键码为 key=05587463253，设哈希表长为三位数，则可对关键码按三位为一部分来分割。将关键码分割为如下 4 组：

253　463　587　05

然后进行叠加，计算哈希地址，如图 7.9 所示。对于位数很多的关键码，且每一位上符号分布较均匀时，可采用此方法求得哈希地址。

实际造表时，采用何种构造哈希函数的方法取决于建表的关键码集合的情况（包括关键码的范围和形态），总的原则是使产生冲突的可能性降到最小。同时，若是非数字关键码，则需要先对其进行数字化处理。

```
    253                 253 ]
    463              [  364
    587              [  587 ]
 +   05              +   50 ]
 ------              ------
   1308                1254
Hash(key)=308       Hash(key)=254
（a）移位法         （b）间界叠加法
```

图 7.9　折叠法示意图

7.4.3 处理冲突的方法

1. 开放定址法

所谓开放定址法，即由关键码得到的哈希地址一旦产生了冲突（也就是说，该地址已经存放了数据元素），就去寻找下一个空的哈希地址，只要哈希表足够大，空的哈希地址总能找到，并将数据元素存入。

找空哈希地址的方法很多，下面介绍三种。

（1）线性探测法。

$$H_i = (\text{Hash}(\text{key}) + d_i) \bmod m \qquad (1 \leqslant i < m)$$

式中，Hash(key)为哈希函数；m 为哈希表长度；d_i 为增量序列 1, 2, …, $m-1$，且 $d_i = i$。

【例 7.10】 关键码集为{47, 7, 29, 11, 16, 92, 22, 8, 3}，哈希表表长为 11，Hash (key) = key mod 11，用线性探测法处理冲突，建表如下：

0	1	2	3	4	5	6	7	8	9	10
11	22		47	92	16	3	7	29	8	
	△					▲		△	△	

47、7、11、16、92 均是由哈希函数得到的没有冲突的哈希地址而直接存入的；Hash(29)=7，哈希地址上冲突，需寻找下一个空的哈希地址：

由 H_1=(Hash(29)+1) mod 11=8，哈希地址 8 为空，将 29 存入。另外，22、8 同样在哈希地址上有冲突，也是由 H_1 找到空的哈希地址的。

而 Hash(3)=3，哈希地址上冲突，由

H_1=(Hash(3)+1) mod 11=4　　仍然冲突；

H_2=(Hash(3)+2) mod 11=5　　仍然冲突；

H_3=(Hash(3)+3) mod 11=6　　找到空的哈希地址，存入。

线性探测法可能使第 i 个哈希地址的同义词存入第 i+1 个哈希地址，这样本应存入第 i+1 个哈希地址的元素变成了第 i+2 个哈希地址的同义词，……，因此，可能出现很多元素在相邻的哈希地址上“堆积”起来，大大降低了查找效率。为此，可采用二次探测法，或双哈希函数探测法，以改善“堆积”问题。

（2）二次探测法。

$$H_i = (\text{Hash}(\text{key}) \pm d_i) \bmod m$$

式中，Hash(key)为哈希函数；m 为哈希表长度，m 要求是某个 $4k$+3 的质数（k 是整数）；d_i 为增量序列 $1^2, -1^2, 2^2, -2^2, \cdots, q^2, -q^2$ 且 $q \leqslant \dfrac{m-1}{2}$。

仍以例 7.10 用二次探测法处理冲突，建表如下：

0	1	2	3	4	5	6	7	8	9	10
11	22	3	47	92	16		7	29	8	
	△	▲						△	△	

对关键码寻找空的哈希地址只有 3 这个关键码与上例不同，Hash(3)=3，哈希地址上冲突，由

H_1=(Hash(3)+1^2) mod 11=4　　仍然冲突；

H_2=(Hash(3)−1^2) mod 11=2　　找到空的哈希地址，存入。

（3）双哈希函数探测法。

$$H_i = (\text{Hash(key)}+i \cdot \text{ReHash(key)}) \bmod m \qquad (i=1, 2, \cdots, m-1)$$

式中，Hash(key)，ReHash(key)是两个哈希函数，*m* 为哈希表长度。

双哈希函数探测法，先用第一个函数 Hash(key)对关键码计算哈希地址，一旦产生地址冲突，再用第二个函数 ReHash(key)确定移动的步长因子，最后，通过步长因子序列由探测函数寻找空的哈希地址。

例如，Hash(key)=*a* 时产生地址冲突，就计算 ReHash(key)=*b*，则探测的地址序列为：

$$H_1=(a+b) \bmod m, H_2=(a+2b) \bmod m, \cdots, H_{m-1}=(a+(m-1)b) \bmod m$$

2. 拉链法（链地址法）

设哈希函数得到的哈希地址域在区间[0, *m*−1]上，以每个哈希地址作为一个指针，指向一个链，即分配指针数组

```
ElemType    *eptr[m];
```

建立 *m* 个空链表，由哈希函数对关键码转换后，映射到同一哈希地址 *i* 的同义词均加入到*eptr[i]指向的链表中。显然，该方法使用了动态存储技术，整个哈希表的空间大小不固定，可以将用该方法建立的哈希表称为开哈希表，相应地，上述的开放地址法由于其存储结构采用静态存储，所以称为闭哈希表。

【例 7.11】　关键码序列为 47, 7, 29, 11, 16, 92, 22, 8, 3, 50, 37, 89, 94, 21，哈希函数为

Hash (key) = key　mod　11

用拉链法处理冲突，如图 7.10 所示。

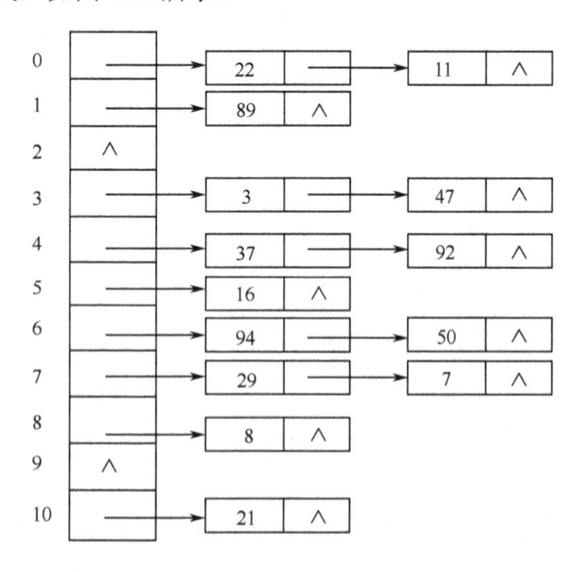

图 7.10　拉链法处理冲突时的哈希表（向链表中插入元素均在表头进行）

3. 建立一个公共溢出区

设哈希函数产生的哈希地址集为[0, m−1]，则分配两个表：

一个基本表 ElemType base_L[m]，每个单元只能存放一个元素；

一个溢出表 ElemType over_L[k]，只要关键码对应的哈希地址在基本表上产生冲突，则所有这样的元素一律存入该表中。查找时，对给定值 kx 通过哈希函数计算出哈希地址 i，先与基本表的 base_L[i]单元比较，若相等，查找成功；否则，再到溢出表中进行查找。

7.4.4 哈希表的查找算法

哈希表的查找过程和造表过程基本相同。一些关键码可通过哈希函数转换的地址直接找到，另一些关键码在哈希函数得到的地址上产生了冲突，需要按处理冲突的方法进行查找。以线性探测法为例，给出哈希查找算法。

算法 7.8 哈希表的查找算法。

```
#define    HashSize     <哈希表长度>
#define    NULLKEY      0                        /*代表空记录的关键值*/
typedef    struct
      {    KeyType    Key ;
           OtherinfoType     Otherinfo ;
      }   RecordType ;
typedef    RecordType     HashList [ HashSize ];
int     Hashsearch ( HashList     h,     KeyType    key )
   {     ho = Hash ( key );                      /*调用散列函数*/
         if   (h [ ho ].key = = NULLKEY )    return    -1 ;    /*定位到一个空位置，查找失败*/
         if   ( h [ ho ].key = = key )    return    ho    ;   /*查找成功，返回地址*/
             else   {                            /*线性探测再散列解决冲突*/
                      for   ( i = 1;   i <= HashSize-1;   i + + )
                             {   hi = ( ho + i ) % HashSize ;        /*再散列函数*/
                                 if   ( h [ hi ].key = = NULLKEY )   return   -1;
                                 else   if   ( h [ hi ].key = = key )    return   hi ;
                              }
         return   -1 ;
   }
```

7.4.5 哈希表的性能分析

在三种处理冲突的方法中，产生冲突后的查找仍然是给定值与关键码进行比较的过程。所以，哈希表查找效率依然用平均查找长度来衡量。查找过程中，关键码的比较次数取决于产生冲突的多少，产生的冲突少，查找效率就高；产生的冲突多，查找效率就低。因此，影响产生冲突多少的因素就是影响查找效率的因素。

影响哈希表查找时产生冲突多少有以下三个因素：

（1）哈希函数是否均匀；

（2）处理冲突的方法；

（3）哈希表的装填因子。

哈希表的装填因子α定义如下：

$$\alpha = \frac{\text{填入表中的元素个数}}{\text{哈希表的长度}}$$

α可描述哈希表装满程度的标志因子。由于表长是定值，α与“填入表中的元素个数”成正比，所以，α越大，填入表中的元素越多，产生冲突的可能性就越大；α越小，填入表中的元素越少，产生冲突的可能性就越小。

分析这三个因素，尽管哈希函数的“好坏”直接影响冲突产生的频度，但一般情况下，可以假定所选的哈希函数是“均匀的”，可暂不考虑哈希函数对平均查找长度的影响。因此，影响平均查找长度的因素只剩下两个：处理冲突的方法及α。

以线性探测法和二次探测法处理冲突为例，可以看到相同的关键码集合、同样的哈希函数，但在数据元素查找等概率情况下，它们的平均查找长度不同，如对例 7.10 的关键码集的两种不同冲突处理方法有：

线性探测法的平均查找长度 ASL = (5×1+3×2+1×4) / 9 = 5/3。

二次探测法的平均查找长度 ASL = (5×1+3×2+1×2) / 9 = 13/9。

实际上，哈希表的平均查找长度是装填因子 α 的函数，只是不同处理冲突的方法有不同的函数。表 7.2 给出了几种不同处理冲突方法的平均查找长度。

表 7.2　处理冲突方法比较表

处理冲突的方法	平均查找长度	
	查找成功时	查找不成功时
线性探测法	$S_{nl} \approx \frac{1}{2}\left(1+\frac{1}{1-\alpha}\right)$	$U_{nl} \approx \frac{1}{2}\left(1+\frac{1}{(1-\alpha)^2}\right)$
二次探测法与双哈希法	$S_{nr} \approx -\frac{1}{\alpha}\ln(1-\alpha)$	$U_{nr} \approx \frac{1}{1-\alpha}$
拉链法	$S_{nc} \approx 1+\frac{\alpha}{2}$	$U_{nc} \approx \alpha + \mathrm{e}^{-\alpha}$

哈希方法存取速度快，也比较节省空间，静态查找、动态查找均适用，但由于存取是随机的，因此不便于顺序查找。

7.5　典型例题

【例 7.12】　画出对长度为 10 的有序表进行折半查找的判定树，并求其等概率时查找成功的平均查找长度。10 个有序整数的序列为(10, 20, 30, 40, 50, 60, 70, 80, 90, 100)。对应的二分法查找的判定树如图 7.8 所示。

判定树共四层，第一层表示比较一次可查到的结点有一个，第二层表示比较两次可得到的结点有两个，第三层表示比较三次可查到的结点有四个，第四层表示比较四次可查到的结点有三个。计算等概率时查找成功的平均查找长度为(1+2+2+3+3+3+3+4+4+4)/10＝29/10。

【例 7.13】　已知一长度为 12 的关键码序列(Jan, Feb, Mar, Apr, May, Jun, Jul, Aug, Sep, Oct, Nov, Dec)。

（1）试按表中元素的次序建立一棵二叉排序树，画出此二叉排序树，并求在等概率情况下查找成功的平均查找长度。

（2）对上面的二叉排序树进行中序遍历，获得一有序表，求在等概率情况下对此有序表进行二分查找时查找成功的平均查找长度。

此题中的关键码是字符串，关键码需要按英文字母在ASCII码表中的编码大小进行比较。以此原则建立的二叉排序树如图7.11所示。计算等概率情况下查找成功的平均查找长度，将查找每个记录需要比较关键码的次数相加再除以记录个数即得，结果为(1+2+2+3+3+3+4+4+4+5+5+6)/12 = 42/12。

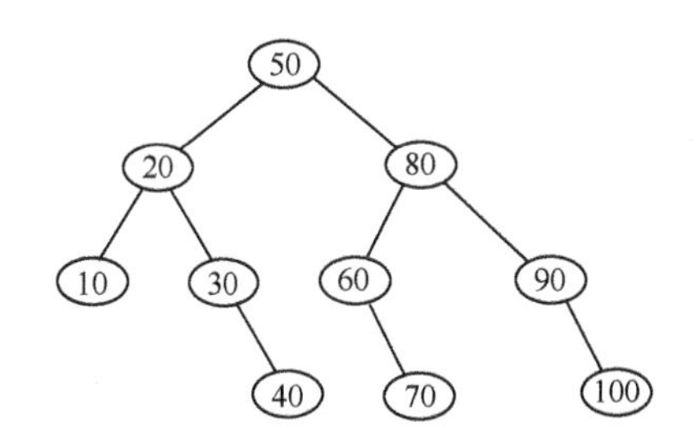

图 7.11　例 7.12 的二分法查找的判定树

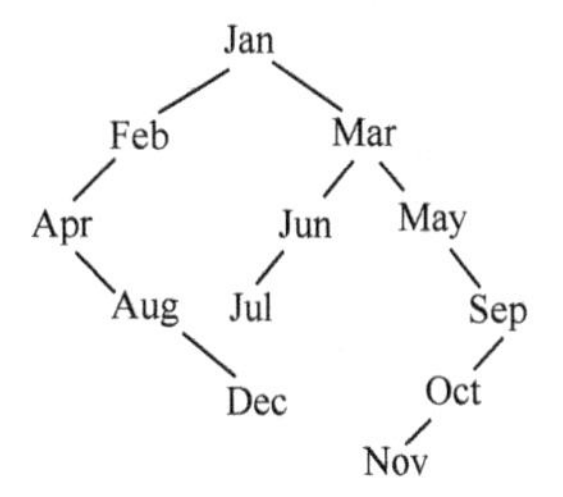

图 7.12　例 7.13 的二叉排序树

对该二叉排序树进行中序遍历，获得的有序表为(Apr, Aug, Dec, Feb, Jan, Jul, Jun, Mar, May, Nov, Oct, Sep)，对此有序表进行二分法查找时，求在等概率情况下查找成功的平均查找长度，其方法与例7.12中描述的方法一样，结果为(1+2+2+3+3+3+3+4+4+4+4+4)/12=37/12。

【例 7.14】　下面是一个实现二叉排序树的建立、插入、查找、删除和显示的完整的综合程序，读者可上机验证该程序。

```
# include   "string.h"
# include   "alloc.h"
# include   "stdio.h"
#define   TRUE   1
#define   FALSE   0
#define   KEYTYPE   int
typedef   struct   node
      {  KEYTYPE     key;
         struct   node   *lchild,   *rchild;
      }  BSTNODE;
BSTNODE   *searchnode(int   w，BSTNODE   *r)   /* 按给定值在二叉排序树中查询*/
{ BSTNODE   *p;
   if (r = = NULL)       p=NULL;
  else
   {  if (w = = r->key)      p=r;
      else   if(w>r->key)   p=searchnode(w，r->rchild);
             else      p=searchnode(w，r->lchild);
      }
  return   p;
}
BSTNODE   *insert_bst(int   w，BSTNODE   *p)    /* 将一个元素插入二叉排序树中*/
{  if (p= =NULL)
      {  p=malloc(sizeof(BSTNODE));
```

```
            p->lchild=NULL;
            p->rchild=NULL;
            p->key=w;
         }
      else   if (w>p->key)
                  p->rchild=insert_bst(w, p->rchild);
               else
                  p->lchild=insert_bst(w, p->lchild);
      return p;
   }
BSTNODE   *getfather(BSTNODE   *p, BSTNODE   *r)
   {  BSTNODE   *pf;
      if (r = = NULL || p = = r)
        pf=NULL,
      else
        { if (p = = r->lchild || p = = r->rchild)
             pf = r;
      else   if(p->key>r->key)
                pf= getfather(p, r->rchild);
              else
                    pf= getfather(p, r->lchild);
      }
      return pf;
   }
BSTNODE   *dele_bst(BSTNODE   *p, BSTNODE   *r)
    {  BSTNODE   * temp, * tfather, *pf;
       pf=getfather(p, r);
       if   (p->lchild= =NULL && p->rchild = = NULL && pf!=NULL)
                                          /* 被删结点是叶子结点，不是根结点*/
        if   ( pf->lchild = = p)
              pf->lchild=NULL;
       else
              pf->rchld=NULL;
     if (p->lchild= =NULL && p->rchild= =NULL && pf= =NULL)
                                          /* 被删结点是叶子结点，又是根结点*/
       r=NULL;
   if (pf->lchild = = NULL && p->rchild!=NULL && pf!=NULL)
/* 被删结点有右孩子，无左孩子，被删结点不是根结点*/
       if (pf->lchild= =p)
            pf->lchild=p->rchild;
       else
            pf->rchild=p->rchild;
    if (p->lchild= =NULL && p->rchild!=NULL && pf= =NULL)
                                          /* 被删结点有右孩子，无左孩子，被删结点是根结点*/
       r=p->rchild;
    if (p->lchild!=NULL&& p->rchild= =NULL && pf!=NULL)
                                          /* 被删结点有左孩子，无右孩子，被删结点不是根结点*/
       if (pf->lchild= =p)
```

```
            pf->lchild=p->lchild;
        else
            pf->rchild=p->lchild;
    if(p->lchild!=NULL && p->rchild= =NULL && pf= =NULL)
                                        /* 被删结点有左孩子，无右孩子。被删结点是根结点*/
        r=p->lchild;
    if(p->lchild!=NULL && p->rchild!=NULL)
          { temp=p->lchild;   tfather=p;
           while (temp->rchild!=NULL)
               { tfather=temp;
                 temp=temp->rchild;
        }
           p->key=temp->key;
           if (tfather!=p)
               tfather->rchild=temp->lchild;
        else
               tfather->lchild=temp->lchild;
        }
    printf(" \ n");
    if(r!=NULL)
        printf("二叉排序树的根是: %d/n", r->key);
    else
        printf("二叉排序树空!");
    return   r;
   }
int   at(char *str, char ch)
{     int r;
      while (*str!='\0' && *str!=ch)
              str++;
      r = (*str = = ch);
      return r;
    }
void   print_bst(BSTNODE   *p)                    /* 中序遍历二叉排序树，并显示遍历结果*/
    {   if (p!=NULL)
            {   print_bst(p->lchild);
                printf("%d", p->key);
                if (p->lchild!=NULL)
                  printf("<<%d 的左结点: %d>>", p->key, p->lchild->key);
                 else
                  printf("<<%d 的左结点=NULL", p->key);
                 if (p->rchild!=NULL)
                  printf("<<%d 的右结点: %d>>", p->key, p->rchild->key);
                 else
                  printf("<<%d 的右结点=NULL", p->key);
              printf(" \ n");
              print_bst(p->rchild);
             }
     }
```

```
BSTNODE   *creat_bst()                          /*建立二叉排序树模块*/
      {  BSTNODE *Root，*p;
         int loop=FALSE;
         int s;
         Root=NULL;
         printf("如果要退出，请按<0>\n");
         do
         { printf("\n");
          printf("输入一个整数:");
          scanf("%d"，&s);
          if(s = = 0)
              loop=TRUE;
         else
              {p=searchnode(s，Root);
                if(p = = NULL)
                {Root = insert_bst(s，Root);         /*将元素 s 插入二叉排序树*/
                 print_bst(Root); }
              }
            if (Root!=NULL)
               printf("二叉排序树的根为：%d\n", Root->key);
          } while (!loop);
          return   Root;
      }
BSTNODE   *insert(BSTNODE *Root)                /*结点插入二叉排序树模块*/
    {  BSTNODE *p;
       int s;
       printf("\n");
       printf("输入一个整数: ");
       scanf("%d"，&s);
       if(s!=0)
          { p=searchnode(s，Root);
          if(p = = NULL)
           { Root=insert_bst(s，Root);
            print_bst(Root);
            if (Root!=NULL)
               printf("二叉排序树的根为；%d\n"，Root->key);
             }
            else printf("该结点值存在，不插入! \n");
          }
      return   Root;
        }
    search_bst (BSTNODE   * Root)                            /*查询模块*/
      { int   s;
       BSTNODE   *p;
       printf("\n");
       printf("输入要查询的结点值: ");
       scanf("%d"，&s);
       if (s!=0)
```

```
        {   p=searchnode(s, Root)
            if(p= = NULL)
              printf("该结点值不存在!\n");
            else
              printf("该结点值存在!\n");
        }
    }
BSTNODE   * delete(BSTNODE   * Root)                    /*删除模块*/
 {  int s;
    BSTNODE   *p;
    char   ch[ 5 ];
    printf (" \ n");
    printf ("输入要删除的结点值: ");
    scanf ("%d", &s);
    if (s!=0)
       {p = searchnode(s, Root);
         if   (p = = NULL)
            printf ("该结点值不存在! \n");
         else
          { printf ("该结点值存在，要删除吗?(Y/N)\n");
            getchar( );
            gets(ch);
            if(at(ch, 'y') || at(ch, 'Y'))
                Root=dele_bst(p, Root);
            }
        }
    print_bst (Root);
    return (Root);
  }
main( )
    {   BSTNODE *Root
        int loop, i;
        loop=TRUE;
        while(loop)
        { printf(" \ n"); printf("\n"); printf("\n");
          printf("      1, 二叉排序树————建立 \ n");
          printf("      2: 二叉排序树————插入 \ n"):
          printf("      3: 二叉排序树————查询 \ n");
          printf("      4: 二叉排序树————删除 \ n");
          printf("      5: 二叉排序树————显示 \ n");
          printf("      0: exit main \ n");
          scanf("%d", &i);
          switch (i)
            { case 0: loop=FAISE; break;               /*退出*/
              case 1: Root=creat_bst( ); break;          /*建立*/
              case 2: Root=insert(roor); break;           /*插入*/
              case 3: search_bst(Root); break;            /*查询*/
              case 4: Root=delete(Root); break;           /*删除*/
```

```
            case 5: printf("\n");                    /*显示*/
            if (Root!=NULL)
                printf("二叉排序树的根为:%d\n", Root->key);
                print_bst(Root); break;
            }
        }
    }
```

本 章 小 结

（1）理解查找的概念、静态查找表和动态查找表结构；掌握静态查找表的顺序查找和折半查找算法及其性能分析方法。掌握二叉查找树的表示、查找、插入、删除算法及其性能分析方法。

（2）在算法设计方面，有序顺序表的折半查找的非递归算法；二叉排序树的查找、插入和删除算法。

（3）掌握哈希法，学习要点包括哈希函数的比较，解决地址冲突的线性探测法的运用、平均探测次数计算；解决地址冲突的二次哈希法的运用、平均探测次数计算，注意二次哈希法中装填因子；解决地址冲突的链地址法的运用、平均探测次数计算。

习 题 7

7.1 选择题

（1）对长度为 n 的无序线性表进行顺序查找，则查找成功、不成功时的平均数据比较次数分别为_______。

A. $\frac{n}{2}$，n　　B. $\frac{n+1}{2}$，$n-1$

C. $\frac{n+1}{2}$，n　　D. $\frac{n-1}{2}$，$n-1$

（2）请指出在顺序表{2、5、7、10、14、15、18、23、35、41、52}中，用二分法查找关键码 12 须做_______次关键码比较。

A. 2　　B. 3　　C. 4　　D. 5

（3）对线性表进行折半查找时，必须要求线性表 _______。

A. 以顺序方式存储

B. 以链接方式存储

C. s 以顺序方式存储，且结点按关键字有序排列

D. 以链接方式存储，且结点按关键字有序排列

（4）设二叉排序树中有 n 个结点，则二叉排序树的平均查找长度为_______。

A. $O(1)$　　B. $O(\log_2 n)$　　C. $O(n)$　　D. $O(n^2)$

（5）依次插入序列(50, 72, 43, 85, 75, 20, 35, 45, 65, 30)后建立的二叉搜索树中，查找元素 35 要进行_____元素间的比较。

A. 4 次　　B. 5 次　　C. 7 次　　D. 10 次

（6）一棵高度为 5 的理想平衡树中，最少含有 16 个结点，最多含有________个结点。

A. 31　　B. 32　　C. 30　　D. 33

（7）对包含 N 个元素的散列表进行查找，平均查找长度________。

A．为 $O(\log_2 N)$　　B．为 $O(N)$

C．不直接依赖于 N　　D．上述三者都不是

（8）设散列表中有 m 个存储单元，散列函数 $H(\text{key})= \text{key} \% p$，则 p 最好选择________。

A．小于等于 m 的最大奇数　　B．小于等于 m 的最大素数

C．小于等于 m 的最大偶数　　D．小于等于 m 的最大合数

（9）______是 Hash 查找的冲突处理方法。

A．求余法　　B．平方取中法　　C．二分法　　D．开放地址法

（10）当 α 的值较小时，散列存储通常比其他存储方式具有________的查找速度。

A．较慢　　B．较快　　C．相同　　D．不确定

（11）对线性表进行折半查找，最方便的存储结构是_________。

A．顺序表　　B．有序的顺序表　　C．链表　　D．有序的链表

（12）对一个排好序的线性表，用二分法检索表中的元素，被检索的表应当采用____表示。

A．顺序存储　　B．链接存储

C．散列法存储　　D．存储表示不受限制

（13）若在线性表中采用折半查找法查找元素，该线性应该________。（北京航空航天大学 1999 年试题）

A．元素按值有序　　B．采用顺序存储结构

C．元素按值有序，且采用顺序存储结构　　D．元素按值有序，且采用链式存储结构

（14）用二分法查找一个长度为 10 的排好序的线性表，查找不成功时，最多需要比较__________次。

A．5　　B．2　　C．4　　D．1

（15）采用分块查找时，若线性表中共有 625 个元素，查找每个元素的概率相同，假设采用顺序查找来确定结点所在的块时，每块应分__________个结点最佳。

A．10　　B．25　　C．6　　D．625

（16）如果要求一个线性表既能较快地查找，又能适应动态变化的要求，可以采用______查找方法。

A．分块　　B．顺序　　C．二分　　D．散列

（17）散列函数有一个共同性质，即函数值应按_________取其值域的每一个值。（北京邮电大学 1999 年试题）

A．最大概率　　B．最小概率　　C．同等概率　　D．平均概率

（18）某顺序存储的表格中有 90 000 个元素，按关键字值升序排列，假定对每个元素进行查找的概率是相同的，且每个元素的关键字的值皆不相同，用顺序查找法查找时，平均比较次数约为__________；最大比较次数为__________。

A．25 000　　B．30 000　　C．45 000　　D．90 000

（19）如果 m 阶 B-树中具有 n 个关键字，则叶子结点即查找不成功的结点为_________。

A．$n-1$　　B．$n+1$　　C．n　　D．$n/2$

（20）m 阶 B-树中所有非终端（除根之外）结点中的关键字个数必须大于或等于______。

A．$m/2$　　B．$m/2-1$　　C．$m/2+1$　　D．m

7.2　填空题

（1）对于长度为 n 的线性表，若进行顺序查找，则时间复杂度为_______；若采用折半法

查找，则时间复杂度为______。

（2）假设在有序线性表 A[1..20]上进行折半查找，则比较一次查找成功的结点数为__________，比较两次查找成功的结点数为__________，比较三次查找成功的结点数为__________，比较四次查找成功的结点数为__________，比较五次查找成功的结点数为__________，平均查找长度为__________。

（3）在一棵二叉搜索树中，每个分支结点的左子树上所有结点的值一定__________该结点的值，右子树上所有结点的值一定 __________该结点的值。

（4）对一棵二叉搜索树进行中序遍历时，得到的结点序列是一个__________。

（5）在一棵 m 阶 B_树上，每个非树根结点的关键字数目最少为______个，最多为______。

（6）对于线性表（70, 34, 55, 23, 65, 41, 20）进行散列存储时，若选用 $H(K) = K \%7$ 作为散列函数，则散列地址为 0 的元素有________，散列地址为 6 的有_______。

（7）在线性表的散列存储中，装填因子α又称为装填系数，若用 m 表示散列表的长度，n 表示待散列存储的元素的个数，则α等于________。

（8）散列表中解决冲突的两种方法是__________和__________。

（9）在散列存储中，装填因子 a 的值越大，则_______；a 的值越小，则_______。

（10）散列法存储的基本思想是由______________决定数据的存储地址。

（11）最优二叉树（哈夫曼树）、最优查找树均为平均查找路径长度 $\sum_{i=1}^{n} w_i h_i$ 最小的树，其中对最优二叉树，n 表示__________，对最优查找树，n 表示__________，构造这两种树均__________。

（12）在分块检索中，对 256 个元素的线性表分成________块最好，每块的最佳长度是__________；若每块的长度为__________，其平均检索长度为__________。

（13）构造哈希函数的方法有__________。

（14）哈希表处理冲突的方法有__________。

（15）负载因子（装填因子）是散列表的一个重要参数，它反映散列表的__________。

（16）在分块查找中首先查找__________，然后查找相应的__________。

（17）散列表的查找效率主要取决于散列表造表时选择的________和________。

（18）当所有结点的权值都相等时，用这些结点构造的二叉排序树，________遍历它们得到的序列的顺序是一样的。

（19）对两棵具有相同关键字集合而形状不同的二叉排序树，__________遍历它们得到的序列的顺序是一样的。

（20）m 阶 B-树每一个结点的子树个数至多__________m。

7.3 何谓二叉排序树？

7.4 简述二次探测法解决冲突的基本思想。

7.5 顺序查找时间为 $O(n)$，二分查找时间为 $O(\log_2 n)$，散列查找时间为 $O(1)$，为什么有高效率的查找方法却不放弃低效率的方法?

7.6 简述多重散列法解决冲突的基本思想。

7.7 简述公共溢出区法解决冲突的基本思想。

7.8 在结点个数为 $n(n>1)$的各棵树中，高度最小的树的高度是多少？它有多少个叶子结点？多少个分支结点？高度最大的树的高度是多少？它有多少个叶子结点？多少个分支结点？

7.9　设单链表的结点是按关键字从小到大排列的，试写出对此链表的查找算法，并说明是否可以采用折半查找（二分查找）方法。

7.10　试写一个判别给定二叉树是否为二叉排序树的算法，设此二叉树以二叉链表为存储结构。

7.11　散列函数 hash(x)=x mod 11，把一个整数值转换成散列表下标，现要把数据 1、13、12、34、38、33、27、22 插入到散列表中。

（1）使用线性探测再散列法来构造散列表；

（2）使用链地址法来构造散列表；

（3）针对这种情况，确定其装填因子、查找成功所需的平均查找次数及查找不成功所需的平均探查次数。

7.12　试写出二分查找的递归算法。

7.13　假设线性表中结点是按键值递增的顺序存放的。试按顺序查找法，将监测哨设在表高端。然后分别求出等概率情况下查找成功和不成功时的平均查找长度。

7.14　已知记录关键字集合为(53, 17, 19, 61, 98, 75, 79, 63, 46, 49)，要求散列到地址区间(100, 101, 102, 103, 104, 105, 106, 107, 108, 109)内，若产生冲突则用线性探测法解决，要求写出选用的散列函数、形成的散列表、计算出查找成功时的平均查找长度与查找不成功的平均查找长度。

第8章 排　　序

8.1 基本概念

排序（Sorting）是计算机程序设计中的一种重要操作，其功能是将一个数据元素集合或序列重新排列成一个按数据元素某个项值有序的序列。在实际应用中，为了便于查找，通常希望计算机中的数据表是按关键码有序的，如有序表的折半查找，查找效率较高。另外，二叉排序树等动态查找树的构造过程就是一个排序过程。

作为排序依据的数据项被称为“排序码”，也即数据元素的**关键码**。关键码可分为主关键码与次关键码。一般地，若关键码是主关键码，则对于任意待排序序列，经排序后得到的结果是唯一的；若关键码是次关键码，排序结果可能不唯一，这是因为序列中具有相同关键码值的数据元素，此时，这些元素在排序结果中，它们之间的位置关系与排序前不一定保持一致。若对任意的数据元素序列，使用某个排序方法，对它按关键码进行排序：若相同关键码值的元素间的位置关系在排序前与排序后保持一致，称此排序方法是**稳定**的；不能保持一致的排序方法则称为是**不稳定**的。

排序的具体方法很多，也有不同的分法，一般可分为：插入排序法、交换排序法、选择排序法、归并排序法和基数排序法；也可以分为简单排序方法和改进排序方法等。不同的方法有不同的优点和缺点、所适合的环境与要求（如数据元素的初始状态，数据元素的大小、多少等）。无论哪种排序方法，其性能评价标准不外乎排序过程的时间代价与空间代价，排序方法的**时间代价**往往以排序过程中数据元素的关键码之间的比较次数和数据元素运动次数来反映；而**空间代价**以排序过程中需要的附加空间量来表示。

此外，**排序可分为两大类**：内部排序和外部排序。

内部排序：指待排序列数据元素完全存放在内存中所进行的排序，适合不太大的元素序列，也称为内排序。

外部排序：指排序过程中还需访问外存储器，由于数据元素序列太大而不能全部被调入内存，只能借助外存来进行的排序，也称为外排序。

本章只讨论内排序。为了叙述方便，假定待排序列均按递增顺序进行排序。此外，待排序列的数据元素可以是顺序存储结构，也可以是链式存储结构，在此假定待排序列以顺序存储结构存放，其数据类型定义如下：

```
#define  MAXSIZE  100
typedef  int  KeyType;              /*关键码类型定义，假定为整型*/
typedef  struct
     {  KeyType   key;              /*关键码定义*/
        infotype  otherinfo;
     }  ElemType;                   /*数据元素类型*/
```

```
typedef   struct
  {  ElemType   data[MAXSIZE+1];  /*data[0]单元不存储数据，在下面排序中往往作为监测点*/
     int   length;
  }  SqList ;                     /*顺序存储的数据元素序列*/
```

8.2 三种简单的排序方法

8.2.1 直接插入排序

设有 n 个记录，存放在数组 data 中，重新安排记录在数组中的存放顺序，使得按关键码有序。即

data[1].key≤data[2].key≤…≤data[n].key

先来看看向有序表中插入一个记录的方法：

设 $1< j \leqslant n$，data[1].key≤data[2].key≤…≤data[j−1].key，将 data[j]插入，重新安排存放顺序，使得 data[1].key≤data[2].key≤…≤data[j].key，得到新的有序表，记录数增 1。

直接插入算法的基本思想如下：

① data[0]=data[j]；　　/*data[j]送 data[0]中，使 data[j]为待插入记录空位*/
　i=j−1；　　/*从第 i 个记录向前测试插入位置，以 data[0]为辅助单元，可免去测试 i<1。*/

② 若 data[0].key≥data[i].key，转④。　　/*插入位置确定*/

③ 若 data[0].key < data[i].key 时，
　data[i+1]=data[i]；i=i-1；转②。　　/*调整待插入位置*/

④ data[i+1]=data[0]；结束。　　/*存放待插入记录*/

【例 8.1】　向有序表中插入一个记录的过程如下：

	data[1]	data[2]	data[3]	data[4]	data[5]	分别为存储单元
	2	10	18	25	9	将 data[5]插入四个记录的有序表中，j=5
data[0]=data[j]；i=j−1；						初始化，设置待插入位置
	2	10	18	25	□	data[i+1]为待插入位置
i=4，data[0] < data[i]，data[i+1]=data[i]；i− −；						调整待插入位置
	2	10	18	□	25	
i=3，data[0] < data[i]，data[i+1]=data[i]；i− −；						调整待插入位置
	2	10	□	18	25	
i=2，data[0] < data[i]，data[i+1]=data[i]；i− −；						调整待插入位置
	2	□	10	18	25	
i=1，data[0] ≥data[i]，data[i+1]=data[0]；						插入位置确定，向空位填入插入记录
	2	9	10	18	25	向有序表中插入一个记录的过程结束

直接插入排序方法：仅有一个记录的表总是有序的，因此，对 n 个记录的表，可从第 2 个记录开始直到第 n 个记录，逐个向有序表中进行插入操作，从而得到 n 个记录按关键码有序的表。图 8.1 给出了一个初始序列为 52, 49, 80, 36, 14, 58, 61, 97, 50, 75 的直接插入排序示例。

```
        1    2   3   4   5   6   7   8   9   10
初始  [52] 49  80  36  14  58  61  97  50  75
i=2   [49  52] 80  36  14  58  61  97  50  75
i=3   [49  52  80] 36  14  58  61  97  50  75
i=4   [36  49  52  80] 14  58  61  97  50  75
i=5   [14  36  49  52  80] 58  61  97  50  75
i=6   [14  36  49  52  58  80] 61  97  50  75
i=7   [14  36  49  52  58  61  80] 97  50  75
i=8   [14  36  49  52  58  61  80  97] 50  75
i=9   [14  36  49  50  52  58  61  80  97] 75
i=10  [14  36  49  50  52  58  61  75  80  97]
```

图 8.1　直接插入排序示例

算法 8.1　直接插入排序算法。

```
void    InsertSort(SqList   *L)
{     int i, j;
for(i=2；i<=L->length；i++)
            if(L->data[i].key < L->data[i-1].key)        /*若小于，需将 data[i]插入有序表*/
            {  L->data[0].key=L->data[i].key；          /*为统一算法设置监测*/
               for(j=i-1；L->data[0].key < L->data[j].key；j- -)
                    L->data[j+1] = L->data[j]；         /*记录后移*/
                    L->data[j+1] = L->data[0]；         /*插入到正确位置*/
             }
}
```

效率分析：直接插入排序算法由嵌套的两个循环组成。外层循环为 $n-1$ 次，内层循环 for 的循环次数稍稍复杂些。算法的最佳情况出现在原序列中的记录已经按关键码排好序时，每个记录刚进入内层循环就退出，没有记录需要移动，算法的时间复杂度只和外循环有关，为 $O(n)$。算法的最差情况出现在每个记录进入 for 循环都必须比较到子序的最前端，子序中每个记录都必须移动，待插记录方可插入，算法的时间复杂度为 $O(n^2)$。考虑到平均情况是每个记录进入 for 循环后都比较和移动了一半的记录，算法的时间复杂度仍为 $O(n^2)$。算法的空间复杂度是 $O(1)$，因为附加空间只需一个监测点（即单元 data[0]）。

直接插入排序算法是稳定排序。

8.2.2　冒泡排序

冒泡排序（Bubble Sort）是一种简单的交换类排序方法，它是通过相邻的数据元素的交换，逐步将待排序序列变成有序序列的过程。冒泡排序的基本思想是：从头扫描待排序记录序列，在扫描的过程中顺次比较相邻的两个元素的大小。在第一趟排序中，对 n 个记录进行如下操作：相邻的两个记录的关键码比较，逆序时就交换位置。在扫描的过程中，不断地将相邻两个记录中关键码大的记录向后移动，最后将待排序记录序列中的最大关键码记录换到待排序记录序列的末尾，这也是最大关键码记录应在的位置。然后进行第二趟冒泡排序，对前 $n-1$ 个记录进行同样的操作，其结果是使次大的记录被放在第 $n-1$ 个记录的位置上。如此反复，直到排好序为止，所以冒泡过程最多进行 $n-1$ 趟。

图 8.2 给出了一个初始序列为 52, 49, 80, 36, 14, 58, 61, 97, 50, 75 的冒泡排序第一趟排序的过程的示意图，图 8.3 给出了一个初始序列为 52, 49, 80, 36, 14, 58, 61, 97, 50, 75 的冒泡排序每一趟排序后的结果，具体算法如下。

算法 8.2 冒泡排序算法。

```
void   bubblesort(SqList *L )
  {   int i, j,n;
      ElemType   temp;
      n=L->length;                    /*n 为 L 中元素个数*/
      for (i=1; i<n; i++)
        for (j=1; j<=n-i; j++)
           if (L->data[j].key>L->data[j+1].key)
              {temp=L->data[j+1]; L->data[j+1]= L->data[j]; L->data[j]=temp；}
                        /*数据元素交换*/
  }
```

j	data[j]	data[j+1]	是否交换	结　果
初始序列				52, 49, 80, 36, 14, 58, 61, 97, 50, 75
1	52	49	52>49 交换	**49, 52,** 80, 36, 14, 58, 61, 97, 50, 75
2	52	80	52<80 不交换	49, **52, 80**, 36, 14, 58, 61, 97, 50, 75
3	80	36	80>36 交换	49, 52, **36, 80**, 14, 58, 61, 97, 50, 75
4	80	14	80>14 交换	49, 52, 36, **14, 80,** 58, 61, 97, 50, 75
5	80	58	80>58 交换	49, 52, 36, 14, **58, 80**, 61, 97, 50, 75
6	80	61	80>61 交换	49, 52, 36, 14, 58, **61, 80**, 97, 50, 75
7	80	97	80<97 不交换	49, 52, 36, 14, 58, 61, **80, 97**, 50, 75
8	97	50	97>50 交换	49, 52, 36, 14, 58, 61, 80, **50, 97**, 75
9	97	75	97>75 交换	49, 52, 36, 14, 58, 61, 80, 50, **75, 97**

图 8.2　第一趟排序示意图

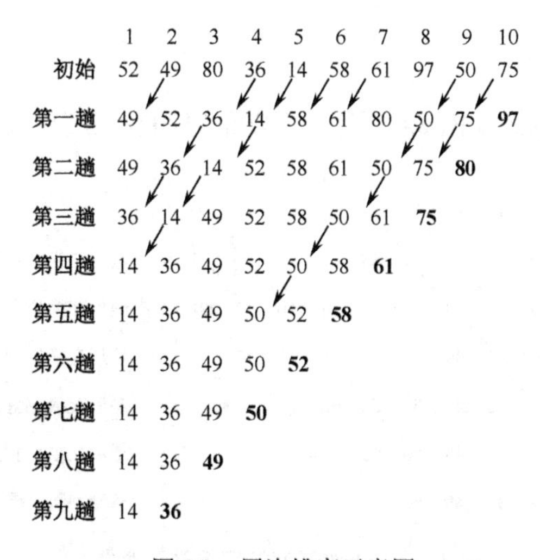

图 8.3　冒泡排序示意图

效率分析。空间效率：仅用了一个辅助单元。

时间复杂度：总共要进行 $n-1$ 趟冒泡排序，对 j 个记录的表进行一趟冒泡需要 $j-1$ 次关键码比较。

$$总比较次数=\sum_{j=2}^{n}(j-1)=\frac{1}{2}n(n-1)$$

移动次数：①最好情况下，待排序列已有序，不需要移动；最坏情况下，每次比较后均要进行三次移动，移动次数$=\sum_{j=2}^{n}3(j-1)=\frac{3}{2}n(n-1)$。

所以算法的时间复杂度为 $O(n^2)$。

可以对冒泡排序进行改进，如图 8.2 所示的例子中的第三趟最后交换的位置是第 6 位，从第 7 位开始到最后的序列由于没有再交换位置，说明已经排好了，则下一趟只需要对第 1 位到第 6 位的序列再进行冒泡排序；再如图 8.2 中的第五趟由于没有再交换过位置，说明序列已经全部排好，算法可以提前结束。改进的算法如下。

算法 8.3 改进的冒泡排序算法。

```
void   bubblesort2(SqList *L )
    {  int i, j,lastexchangeindex;
       ElemType   temp;
       i=L->length;
       while(i>1)
    {    lastexchangeindex=1;
         for (j=1; j<i; j++)
             if (L->data[j+1].key<L->data[j].key)
               {        temp=L->data[j+1];            /*数据元素交换*/
                         L->data[j+1]= L->data[j];
                         L->data[j]=temp；
                         lastexchangeindex=j;          /*记录数据元素交换的位置*/
                  }
                  i=lastexchangeindex;                 /*缩小待排序序列*/
      }
}
```

改进的冒泡排序算法示例如图 8.4 所示，算法的时间复杂度也为 $O(n^2)$

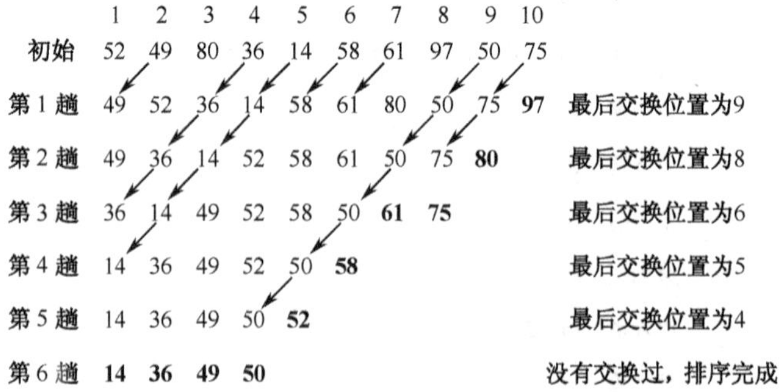

	1	2	3	4	5	6	7	8	9	10	
初始	52	49	80	36	14	58	61	97	50	75	
第 1 趟	49	52	36	14	58	61	80	50	75	**97**	最后交换位置为9
第 2 趟	49	36	14	52	58	61	50	75	**80**		最后交换位置为8
第 3 趟	36	14	49	52	58	50	**61**	**75**			最后交换位置为6
第 4 趟	14	36	49	52	50	**58**					最后交换位置为5
第 5 趟	14	36	49	50	**52**						最后交换位置为4
第 6 趟	**14**	**36**	**49**	**50**							没有交换过，排序完成

图 8.4 改进的冒泡排序算法示意图

8.2.3 简单选择排序

选择排序主要是每一趟从待排序列中选取一个关键码最小的记录，即第一趟从 n 个记录中选取关键码最小的记录，第二趟从剩下的 $n-1$ 个记录中选取关键码最小的记录，直到整个序列的记录选完。这样，由选取记录的顺序便得到按关键码有序的序列。

操作方法：第一趟，从 n 个记录中找出关键码最小的记录与第一个记录交换；第二趟，从第二个记录开始的 $n-1$ 个记录中再选出关键码最小的记录与第二个记录交换；如此，第 i 趟，则从第 i 个记录开始的 $n-i+1$ 个记录中选出关键码最小的记录与第 i 个记录交换，直到整个序列按关键码有序。图 8.5 是序列 52, 49, 80, 36, 14, 58, 61, 97, 50, 75 简单选择排序过程的示意图。

算法 8.4 简单选择排序算法。

```
void  SelectSort(SqList  *L)
  {   int i, j;
     ElemType  temp;
    for (i=1；i<L->length；i++)                    /* length−1 趟选取 */
    {     k=i;

          for (j=i+1；j<=L>length；j++)     /* 在 i 开始的 length−i+1 个记录中选*/
          if (L->data[k].key>L->data[j].key)
                   k=j;    /*关键码最小的记录下标存放在 k 中*/
          if(k!=i)
              {    temp=L->data[k];               /* 关键码最小的记录与第 i 个记录交换 */
                   L->data[k]= L->data[i];
                   L->data[i]=temp;
              }
    }
}
```

	1	2	3	4	5	6	7	8	9	10	
初始	52	49	80	36	**14**	58	61	97	50	75	1,5位交换
第1趟结果	[14]	49	80	**36**	52	58	61	97	50	75	2,4位交换
第2趟结果	[14	36]	80	**49**	52	58	61	97	50	75	3,4位交换
第3趟结果	[14	36	49]	80	52	58	61	97	**50**	75	4,9位交换
第4趟结果	[14	36	49	50]	**52**	58	61	97	80	75	不交换
第5趟结果	[14	36	49	50	52]	**58**	61	97	80	75	不交换
第6趟结果	[14	36	49	50	52	58]	**61**	97	80	75	不交换
第7趟结果	[14	36	49	50	52	58	61]	97	80	**75**	8,10位交换
第8趟结果	[14	36	49	50	52	58	61	75]	**80**	97	不交换
第9趟结果	[14	36	49	50	52	58	61	75	80]	97	完成

图 8.5 简单选择排序过程示意图

从程序中可看出，简单选择排序移动记录的次数较少，但关键码的比较次数依然是 $n(n+1)/2$，所以时间复杂度仍为 $O(n^2)$。

8.3 希尔排序

在待排序的关键字序列基本有序且关键字个数 n 较小时，直接插入排序法的性能最佳。希尔（Shell）排序又称缩小增量排序法，是一种基于插入思想的排序方法，它利用了直接插入排序的最佳性质，将待排序的关键码序列分成若干个较小的子序列，对子序列进行直接插入排序，使整个待排序序列排好序。在时间耗费上，比直接插入排序法的性能有较大的改进。

在进行直接插入排序时，若待排序记录序列已经有序，直接插入排序的时间复杂度可以提高到 $O(n)$。可以设想，若待排序记录序列基本有序，即序列中具有下列特性的记录较少时：data[i].key $<$ Max{ data[j].key}, $(1 \leqslant j < i)$，直接插入排序的效率会大大提高。希尔排序正是从这一点出发对直接插入排序进行了改进。

希尔排序的基本思想是：对待排记录序列先“宏观”调整，再“微观”调整。先将待排序记录序列分割成若干个“较稀疏的”子序列，分别进行直接插入排序。经过上述粗略调整，整个序列中的记录已经基本有序，最后对全部记录进行一次直接插入排序。

例如，将 n 个记录分成 d 个子序列：

{ data[1]，data[1+d]，data[1+2d]，…，data[1+kd] }
{ data[2]，data[2+d]，data[2+2d]，…，data[2+kd] }
…
{ data[d]，data[2d]，data[3d]，…，data[kd]，data[(k+1)d] }

其中，***d*** 称为增量，它的值在排序过程中从大到小逐渐缩小，直至最后一趟排序减为 1。

下面给出 Shell 排序对序列 52, 49, 80, 36, 14, 58, 61, 97, 50, 75 的排序过程。

第 1 趟希尔排序，设增量 ***d* = 4**，则将序列分成 4 个子序列。

52	49	80	36	**14**	58	61	97	**50**	75

各子序列分别进行直接插入排序，得到：

14	49	61	36	50	**58**	80	97	52	75

第 2 趟希尔排序，设增量 ***d* =2**，则将序列分成两个子序列。

14	49	61	36	50	**58**	80	97	52	75

各子序列分别进行直接插入排序，得到：

14	36	50	49	52	58	61	75	80	97

第 3 趟希尔排序，设增量 ***d* =1**，则将序列分成 1 个子序列。

14	36	50	49	52	58	61	75	80	97

对该序列进行直接插入排序，得到：

14	36	49	50	52	58	61	75	80	97

算法 8.5　希尔排序算法。

```
void  ShellInsert(ElemType data[], int length,  int  delta)
/*对记录数组 r 做一趟希尔插入排序，length 为数组的长度，delta 为增量*/
{
    for(i=1+delta ; i<= length; i++)
            /* 1+delta 为第一个子序列的第二个元素的下标 */
      if(data[i].key < data[i-delta].key)
      {
        data[0]= data[i];          /* 备份 data[i] (不做监视哨) */
        for(j=i-delta; j>0 &&data[0].key < data[j].key ; j-=delta)
        data[j+delta]= data[j];
        data[j+delta]= data[0];
      }
}/*ShellInsert*/

void  ShellSort(SqList *L, int delta[],int n)
/*对顺序表做希尔排序，delta 为增量数组，n 为 delta[]的长度 */
{
      for(i=0 ; i<=n-1; ++i)
        ShellInsert(L→datar, L→length, delta[i]);
}
```

希尔排序的分析是一个复杂的问题，因为它的时间耗费是所取的“增量”序列的函数。到目前为止，尚未有人求得一种最好的增量序列，但大量研究也得出了一些局部的结论。

在排序过程中，相同关键字记录的领先关系发生变化，则说明该**排序方法是不稳定的**。

例如待排序序列{2, 4, 1, $\underline{2}$}，采用希尔排序，设 d_1=2，则得到一趟排序结果为{1, $\underline{2}$, 2, 4}，说明希尔排序法是不稳定的排序方法。

8.4　快速排序

快速排序通过比较关键码、交换记录，以某个记录为界(该记录称为支点或枢轴)，将待排序列分成两部分。其中，一部分所有记录的关键码大于等于支点记录的关键码，另一部分所有记录的关键码小于支点记录的关键码。把以支点记录为界将待排序列按关键码分成两部分的过程称为一次划分。对各部分不断划分，直到整个序列按关键码有序。

一次划分方法：设 $1\leqslant p<q\leqslant n$，data[p], data[p+1], …, data[q]为待排序列。

① low=p；high=q；/*设置两个查找指针，low 是向后查找指针，high 是向前查找指针*/
data[0]=data[low]；　　　/*取第一个记录为支点记录，low 位置暂设为支点空位*/

② 若 low=high，支点空位确定，即为 low。
data[low]=data[0]；　　　　/*填入支点记录，一次划分结束*/
否则，low<high，查找需要交换的记录，并交换之

③ 若 low<high 且 data[high].key≥data[0].key /*从 high 所指位置向前查找，至多到 low+1 位置*/

high=high−1；转③　　　　　　　　/*寻找 data[high].key<data[0].key*/

data[low]=data[high]；　　/*找到 data[high].key<data[0].key，设置 high 为新支点位置，*/
　　　　　　　　　　　　　/*小于支点记录关键码的记录前移。*/

④ 若 low<high 且 data[low].key<data[0].key　　/*从 low 所指位置向后查找，至多到 high−1 位置 */

low=low+1；转④　　　　　/*寻找 data[low].key≥data[0].key*/

data[high]=data[low]；　　/*找到 data[low].key≥data[0].key，设置 low 为新支点位置，*/
　　　　　　　　　　　　　/*大于等于支点记录关键码的记录后移*/

转②　　　　　　　　　　　/*继续寻找支点空位*/

算法 8.6　快速排序的划分算法。

```
int  Partition(ElemType data[], int left, int right)           /*一趟快排序*/
   {  /*交换数组 data[low…high]的记录，使支点记录到位，并返回其所在位置*/
      /*此时，在它之前(后)的记录均不大(小)于它*/
low=left;  high=right;
data[0]=data[low];                         /*以子表的第一个记录作为支点记录*/
pivotkey=data[low].key;                          /*取支点记录关键码*/
while (low<high)                                      /*从表的两端交替地向中间扫描*/
   {  while(low<high && data[high].key>=pivotkey)  high--;
      if (low<high) data[low]=data[high];             /*将比支点记录小的交换到低端*/
      while(low<high && data[low].key<=pivotkey)  low++;
      if (low<high) data[high]=data[low];             /*将比支点记录大的交换到低端*/
      }
data[low]=data[0];                              /*支点记录到位*/
return  low;                                    /*返回支点记录所在位置*/
}
```

【例 8.2】　一趟快排序过程示例。

```
data[]  1    2    3    4    5    6    7    8    9    10
        49   14   38   74   96   65   8    49   55   27     记录中关键码
        low=1；high=10；  设置两个查找指针，  data[0]=data[low]；  支点记录送辅助单元，
        □    14   38   74   96   65   8    49   55   27
        ↑                                               ↑
        low                                             high
```

第一次查找交换：

从 high 向前查找小于 data[0].key 的记录，得到结果：

```
        27   14   38   74   96   65   8    49   55   □
        ↑                                             ↑
        low                                           high
```

从 low 向后查找大于 data[0].key 的记录，得到结果：

```
        27   14   38   □    96   65   8    49   55   74
                       ↑                             ↑
                       low                           high
```

第二次查找交换：

从 high 向前查找小于 data[0].key 的记录，得到结果：

```
        27   14   38    8   96   65   □   49   55   74
                        ↑             ↑
                       low           high
```

从 low 向后查找大于 data[0].key 的记录，得到结果：

```
        27   14   38    8   □   65   96   49   55   74
                            ↑        ↑
                           low      high
```

第三次查找交换：

从 high 向前查找小于 data[0].key 的记录，得到结果：

```
        27   14   38    8   □   65   96   49   55   74
                           ↑ ↑
                        low   high
```

从 low 向后查找大于 data[0].key 的记录，得到结果：

```
        27   14   38    8   □   65   96   49   55   74
                           ↑ ↑
                        low   high
```

low=high，划分结束，填入支点记录：

```
        27   14   38    8   49   65   96   49   55   74
```

算法 8.7 快速排序递归算法。

```
void  QSort(SqList  *L,  int low,  int high)        /*递归形式的快速排序*/
{                  /*对顺序表 L 中的子序列 L->[low…high]快速排序*/
    if (low<high)
    {  pivotloc=partition(L->data, low, high);       /*将表一分为二*/
        QSort(L, low, pivotloc-1);                   /*对低子表递归排序*/
        QSort(L, pivotloc+1, high);                  /*对高子表递归排序*/
    }
}
```

快速排序的递归过程可用生成一棵二叉树形象地给出，图 8.6 为例 8.2 中待排序列对应递归调用过程的二叉树。

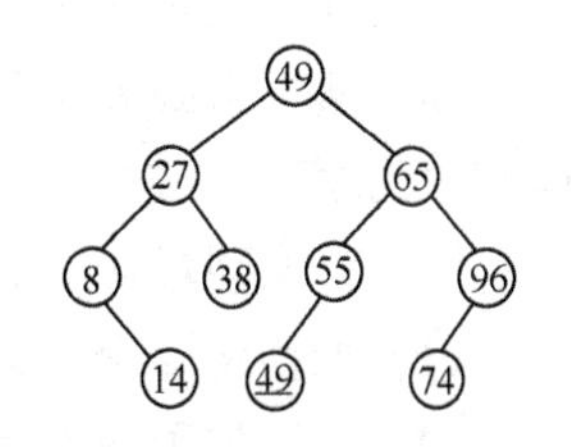

图 8.6 例 8.2 中待排序列对应递归调用过程的二叉树

效率分析：快速排序的最差情况是每次选定的支点记录不能将待排序列很好地分割成两个独立的子序列，而是一个子序列中无记录，另一个中有 $n-1$ 个记录。如果对一个原来已排好序的序列做快速排序，就会出现这种情况，而且这种情况会发生在每一次分割过程中，这时快速排序实际上已经蜕化为冒泡排序的过程，算法的时间复杂度也变得很差，为 $O(n^2)$。

快速排序的最好情况是每次选定的枢轴记录都将待排序列分成两个独立的长度几乎相等的子序列，即第一趟快速排序的范围是 n 个记录，第二趟快速排序的范围是两个长度各为 $\lfloor n/2 \rfloor$ 的子序列，第三趟快速排序的范围是四个长度各为 $\lfloor \lfloor n/2 \rfloor /2 \rfloor$ 的子序列，以此类推，整个算法时间复杂度为 $O(n\log_2 n)$。

快速排序的平均情况介于最差情况和最好情况之间。可以证明：快速排序的平均时间复杂度也是 $O(n\log_2 n)$，它是目前基于“记录比较”操作的内部排序方法中速度最快的，该方法也因此而得名。当 n 很大时，算法的速度明显高于其他算法。但是由于它的最差时间复杂度是 $O(n^2)$，所以在序列基本排好的情况中要避免使用。

8.5 堆排序

堆定义： 设有 n 个元素的序列 $R_1, R_2, \cdots, R_n$，当其所有关键字值满足条件

$$R_i.\text{Key} \geqslant R_{2i}.\text{Key} \quad 且 \quad R_i.\text{Key} \geqslant R_{2i+1}.\text{Key} \quad (i = 1, 2, \cdots, n)$$

时，称该序列为大根堆；反之，若当其所有关键字值满足条件

$$R_i.\text{Key} \leqslant R_{2i}.\text{Key} \quad 且 \quad R_i.\text{Key} \leqslant R_{2i+1}.\text{Key} \quad (i = 1, 2, \cdots, n)$$

时，则称该序列为小根堆。

显然，如果将该序列看成一棵完全二叉树，则作为堆的完全二叉树必然满足以下关系，该完全二叉树的所有非叶子结点的关键值均不小于其孩子结点的关键值，根结点的关键值是最大的（即大根堆），根结点是序列的第一个元素，称之为堆顶，最后一个元素称为堆底；或者反之，所有非叶子结点的关键值均不大于其孩子结点的关键值，根结点的关键值是最小的（即小根堆）。图 8.7 为两个堆的示例图。

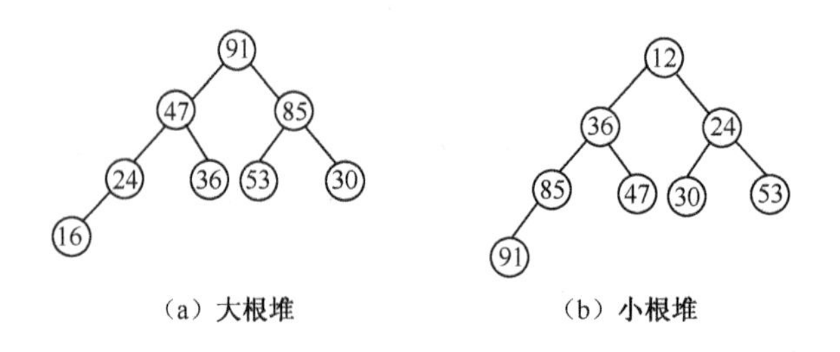

（a）大根堆　　（b）小根堆

图 8.7　两个堆的示例图

设有 n 个元素，将其按关键码排序。首先将这 n 个元素按关键码建成堆，将堆顶元素输出，得到 n 个元素中关键码最小（或最大）的元素。然后，将剩下的 n−1 个元素建成堆，输出堆顶元素，得到 n 个元素中关键码次小（或次大）的元素。如此反复，便得到一个按关键码有序的序列。这个过程称为堆排序。

因此，实现堆排序需解决两个问题：

（1）如何将 n 个元素的序列按关键码建成堆；

（2）输出堆顶元素后，怎样调整剩余 n−1 个元素，使其按关键码成为一个新堆。

首先，讨论输出堆顶元素后，对剩余元素重新建成堆的调整过程。

调整方法：设有 m 个元素的堆，输出堆顶元素后，剩下 m−1 个元素。将堆底元素送入堆顶，堆被破坏，其原因仅是根结点不满足堆的性质。将根结点与左、右孩子中较小（或小大）的进行交换。若与左孩子交换，则左子树堆被破坏，且仅左子树的根结点不满足堆的性质；若与右孩子交换，则右子树堆被破坏，且仅右子树的根结点不满足堆的性质。继续对不满足堆性质的子树进行上述交换操作，直到叶子结点，堆被建成。称这个自根结点到叶子结点的调整过程为筛选。

【例 8.3】 自堆顶到叶子结点的调整过程如图 8.8 所示。

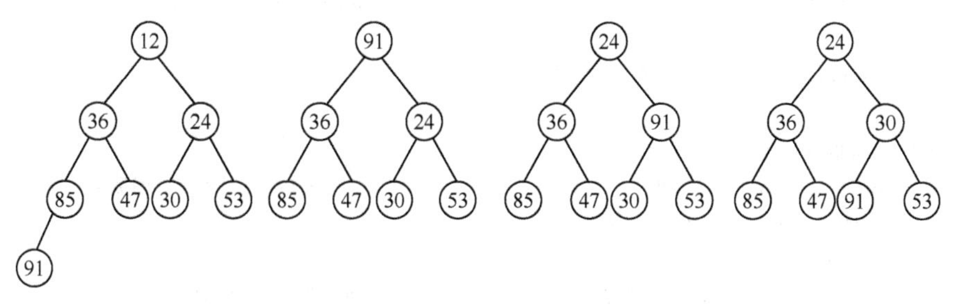

（a）输出堆顶12，将堆底91送入堆顶　（b）堆被破坏，根结点与右孩子交换　（c）右子树不满足堆的性质，其根与左孩子交换　（d）堆已建成

图 8.8 自堆顶到叶子结点的调整过程

再讨论对 n 个元素初始建堆的过程。

建堆方法：对初始序列建堆的过程，就是一个反复进行筛选的过程。n 个结点的完全二叉树，其最后一个结点是第 $\lfloor n/2 \rfloor$ 个结点的子女。对以第 $\lfloor n/2 \rfloor$ 个结点为根的子树进行筛选，使该子树成为堆，之后向前依次对以各结点为根的子树进行筛选，使之成为堆，直到根结点。

【例 8.4】 8 个结点的初始状态如图 8.9（a）所示，图 8.9（b）至图 8.9（e）为建堆过程。

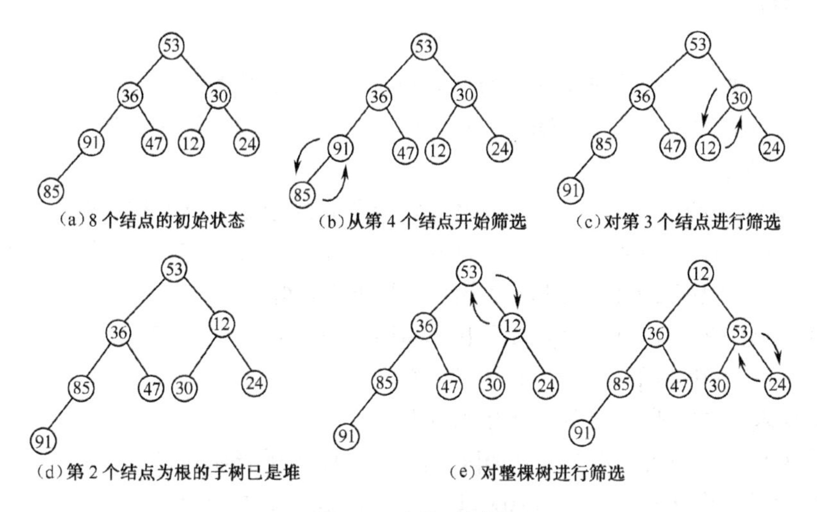

（a）8 个结点的初始状态　（b）从第 4 个结点开始筛选　（c）对第 3 个结点进行筛选　（d）第 2 个结点为根的子树已是堆　（e）对整棵树进行筛选

图 8.9 建堆示例图

堆排序（Heap Sort）：对 n 个元素的序列进行堆排序，先将其建成堆，以根结点与第 n 个结点交换；调整前 $n-1$ 个结点成为堆，再以根结点与第 $n-1$ 个结点交换；重复上述操作，直到整个序列有序。

算法 8.8 堆排序算法。

```
void   HeapAdjust(SqList   *L，int s，int m)
{/*data[s…m]中的记录关键码除 data[s]外均满足堆的定义，本函数将对第 s 个结点为根的子树筛
   选，使其成为大根堆*/
      rc=L->data[s]；
      for (j=2*s；j<=m；j=j*2)                    /* 沿关键码较大的孩子结点向下筛选 */
        {   if(j < m && L->data[j].key < L->data[j+1].key)
              j=j+1；                              /* 为关键码较大的元素下标*/
```

```
            if(rc.key < L->data[j].key)   break;        /*  rc 应插入在位置 s 上*/
            L->data[s]=L->data[j];   s=j;               /* 使 s 结点满足堆定义 */
           }
         L->data[s]=rc;        /* 插入 */
    }
    void   HeapSort(SqList   *L)
       {  for(i=L->length/2; i>0; i--)                    /* 将 data[1..length]建成堆 */
            HeapAdjust(L, i, L->length);
          for(i=L->length; i>1; i--)
          {     L->data[1] <=> L->data[i];              /* 堆顶与堆底元素交换 */
                HeapAdjust(L, 1, i-1);                  /* 将 data[1..i-1]重新调整为堆*/
               }
    }
```

效率分析： 设树高为 k，$k=\lfloor \log_2 n \rfloor+1$。从根结点到叶子结点的筛选，关键码比较次数至多为 $2(k-1)$次，交换记录至多 k 次。所以，在建好堆后，排序过程中的筛选次数不超过下式：

$$2(\lfloor \log_2(n-1) \rfloor + \lfloor \log_2(n-2) \rfloor + \cdots + \lfloor \log_2 2 \rfloor) < 2n\log_2 n$$

而建堆时的比较次数不超过 $4n$ 次，因此，堆排序在最坏情况下的时间复杂度为 $O(n\log_2 n)$。

8.6 归并排序

二路归并排序的基本操作是将两个有序表合并为一个有序表。

设 data[u..t]由两个有序子表 data[u..v−1]和 data[v..t]组成，两个子表长度分别为 v−u、t−v+1。合并方法为：

（1）i=u；j=v；k=u；　　　　　　/*置两个子表的起始下标及辅助数组的起始下标*/

（2）若 i>v 或 j>t，转（4）　　　　/*其中一个子表已合并完，比较选取结束*/

（3）/*选取 data[i]和 data[j]关键码较小的存入辅助数组 rf */

　　如果 data[i].key<data[j].key，rf[k]=data[i]；i++；k++；转（2）

　　否则，rf[k]=data[j]；　j++；k++；转（2）

（4）/*将尚未处理完的子表中元素存入 rf */

　　如果 i<v，将 data[i ..v−1]存入 rf[k ..t]　　/*前一子表非空*/

　　如果 j<=t，将 data[j ..t]存入 rf[k ..t]　　　/*后一子表非空*/

（5）合并结束。

算法 8.9　有序表的合并算法。

```
    void   Merge(ElemType *data, ElemType *rf, int u, int v, int t)
       {  for(i=u, j=v, k=u; i<v&&j<=t; k++)
           {  if(data[i].key<data[j].key)
                {    rf[k]=data[i]; i++; }
                else
                 {  rf[k]=data[j]; j++; }
           }
         if(i<v)   rf[k ..t]=data[i ..v-1];
         if(j<=t)   rf[k ..t]=data[j ..t];
    }
```

1．二路归并的迭代算法

1 个元素的表总是有序的。所以对 n 个元素的待排序列，每个元素可看成 1 个有序表。对子表两两合并生成 $\lfloor n/2 \rfloor$ 个子表，所得子表除最后一个子表长度可能为 1 外，其余子表长度均为 2。再进行两两合并，直到生成 n 个元素按关键码有序的表。

算法 8.10 归并排序的迭代算法。

```
void  MergeSort(SqList  *L，ElemType  *rf)
  {                                   / *对*L 表归并排序，*rf 为与*L 表等长的辅助数组*/
    ElemType  *q1，*q2;
    q1=rf; q2=L->data;
    for (len=1; len<L->length; len=2*len)            /*从 q2 归并到 q1*/
      {  for (i=1; i+2*len-1<=L->length; i=i+2*len)
             Merge(q2，q1，i，i+len，i+2*len−1);      /*对等长的两个子表合并*/
         if (i+len-1 < p->length)
             Merge(q2，q1，i，i+len，p->length);      /*对不等长的两个子表合并*/
          else    if(i<=L->length)
                     while(i<=L->length)               /*若还剩下一个子表，则直接传入*/
                         q1[i]=q2[i];
         q1<=> q2;                     /*交换，以保证下一趟归并时，仍从 q2 归并到 q1*/
         if(q1!=L->data)               /*若最终结果不在*p 表中，则传入之*/
             for(i=1; i<=p->length; i++)
                  L->data[i]=q1[i];
       }
  }
```

2．二路归并的递归算法

算法 8.11 归并排序的递归算法。

```
void  MSort(ElemType  *p，ElemType  *p1，int  s，int  t)
{                                    /*将 p[s ..t]归并排序为 p1[s ..t]*/
      ElemType  p2[N];
        if (s= =t)  p1[s]=p[s];
      else
        {  m=(s+t)/2;                  /*平分*p 表*/
           MSort(p，p2，s，m);         /*递归地将 p[s ..m]归并为有序的 p2[s ..m]*/
           MSort(p，p2，m+1，t);       /*递归地将 p[m+1 ..t]归并为有序的 p2[m+1 ..t]*/
           Merge(p2，p1，s，m+1，t);   /*将 p2[s ..m]和 p2[m+1 ..t]归并到 p1[s ..t]*/
        }
}
void MergeSort(SqList  *L)                 /*对顺序表*p 做归并排序*/
{  MSort(L->data，L->data，1，L->length);
  }
```

图 8.10 是对下列序列实现二路归并的过程实例。

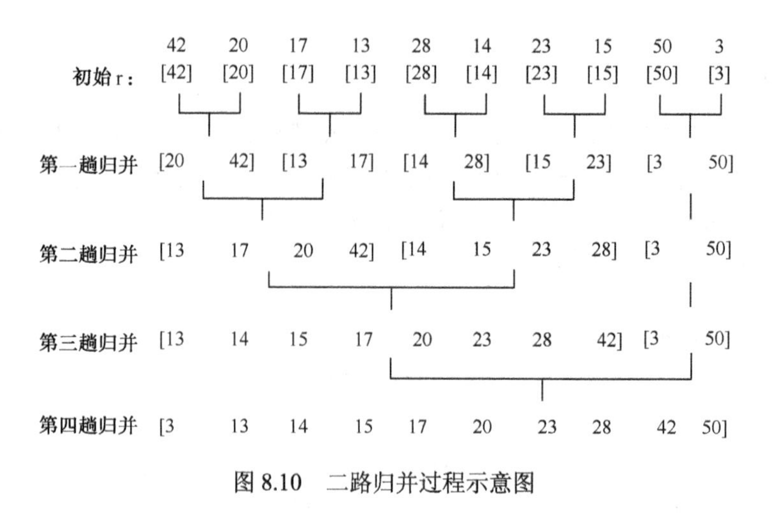

图 8.10 二路归并过程示意图

效率分析：需要一个与表等长的辅助元素数组空间，所以空间复杂度为 $O(n)$。

对 n 个元素的表，将这 n 个元素看做叶子结点，若将两两归并生成的子表看做它们的父结点，则归并过程对应由叶向根生成一棵二叉树的过程。所以归并趟数约等于二叉树的高度减 1，即 $\log_2 n$，每趟归并需要移动记录 n 次，故时间复杂度为 $O(n\log_2 n)$。

*8.7 基数排序

基数排序是与前面介绍的各类排序完全不同的一种排序方法。前面几种方法主要是通过比较关键码和移动（交换）记录这两种操作来实现的，而基数排序不需要进行关键码的比较和记录的移动，它是一种借助于多关键码排序的思想，是将单关键码按基数分成“多关键码”进行排序的方法。

8.7.1 多关键码排序

扑克中有 52 张牌，可按花色和面值分成两个字段，其大小关系为：

花色： 梅花 < 方块 < 红心 < 黑心

面值： 2 < 3 < 4 < 5 < 6 < 7 < 8 < 9 < 10 < J < Q < K < A

若对扑克按花色、面值进行升序排序，得到如下序列：

梅花 2, 3,…, A，方块 2, 3,…, A，红心 2, 3,…, A，黑心 2, 3,…, A

即两张牌，若花色不同，不论面值怎样，花色低的那张牌小于花色高的，只有在同花色情况下，大小关系才由面值的大小确定。这就是多关键码排序。

为得到排序结果，我们讨论两种排序方法。

方法 1：先对花色排序，将其分为 4 个组，即梅花组、方块组、红心组、黑心组。再对每个组分别按面值进行排序，最后，将 4 个组连接起来即可。

方法 2：先按 13 个面值给出 13 个编号组（2 号，3 号，...，A 号），将牌按面值依次放入对应的编号组，分成 13 堆。再按花色给出 4 个编号组（梅花、方块、红心、黑心），将 2 号组中的牌取出分别放入对应花色组，再将 3 号组中的牌取出分别放入对应花色组，……，这样，4 个花色组中均按面值排序，然后，将 4 个花色组依次连接起来即可。

设 n 个元素的待排序列包含 d 个关键码 $\{k^1, k^2, \cdots, k^d\}$，则称序列对关键码 $\{k^1, k^2, \cdots, k^d\}$ 有序是指：对于序列中任两个记录 data[i]和 data[j]（$1 \leqslant i \leqslant j \leqslant n$）都满足下列有序关系，其

中 k^1 称为最主位关键码，k^d 称为最次位关键码。

$$\left(k_i^1,k_i^2,\cdots,k_i^d\right)<\left(k_j^1,k_j^2,\cdots,k_j^d\right)$$

多关键码排序按照从最主位关键码到最次位关键码或从最次位关键码到最主位关键码的顺序逐次排序，分两种方法。

最高位优先（Most Significant Digit first）法，简称 MSD 法。先按 k^1 排序分组，同一组中记录，关键码 k^1 相等，再对各组按 k^2 排序分成子组，之后，对后面的关键码继续这样的排序分组，直到按最次位关键码 k^d 对各子组排序后，再将各组连接起来，便得到一个有序序列。扑克按花色、面值排序中介绍的方法一即是 MSD 法。

最低位优先（Least Significant Digit first）法，简称 LSD 法。先从 k^d 开始排序，再对 k^{d-1} 进行排序，依次重复，直到对 k^1 排序后便得到一个有序序列。扑克按花色、面值排序中介绍的方法二即是 LSD 法。

8.7.2 链式基数排序

将关键码拆分为若干项，每项作为一个"关键码"，则对单关键码的排序可按多关键码排序方法进行。比如，关键码为 4 位的整数，可以每位对应一项，拆分成 4 项；又如，关键码由 5 个字符组成的字符串，可以每个字符作为一个关键码。由于这样拆分，每个关键码都在相同的范围内（对数字是 0～9，字符是'a'～'z'），称这样的关键码可能出现的符号个数为"基"，记做 RADIX。上述取数字为关键码的"基"为 10；取字符为关键码的"基"为 26。基于这一特性，用 LSD 法排序较为方便。

基数排序：从最低位关键码起，按关键码的不同值将序列中的记录"分配"到 RADIX 个队列中，然后再"收集"之，如此重复 d 次即可。链式基数排序是用 RADIX 个链队列作为分配队列，关键码相同的记录存入同一个链队列中，收集则是将各链队列按关键码大小顺序链接起来。

【例 8.5】以静态链表存储待排记录，头结点指向第一个记录。链式基数排序过程如图 8.11 所示。

图 11(a):初始记录的静态链表。
图 11(b):第一趟按个位数分配，修改结点指针域，将链表中的记录分配到相应链队列中。
图 11(c):第一趟收集：将各队列链接起来，形成单链表。
图 11(d):第二趟按十位数分配，修改结点指针域，将链表中的记录分配到相应链队列中。
图 11(e):第二趟收集：将各队列链接起来，形成单链表。
图 11(f):第三趟按百位数分配，修改结点指针域，将链表中的记录分配到相应链队列中。
图 11(g):第三趟收集：将各队列链接起来，形成单链表，此时序列已有序。
基数排序是稳定的。

效率分析

时间复杂度：设待排序列为 n 个记录，d 个关键码，关键码的取值范围为 RADIX，则进行链式基数排序的时间复杂度为 $O(d(n+\text{RADIX}))$，其中，一趟分配时间复杂度为 $O(n)$，一趟收集时间复杂度为 $O(\text{RADIX})$，共进行 d 趟分配和收集。

空间效率：需要 2*RADIX 个指向队列的辅助空间，以及用于静态链表的 n 个指针。

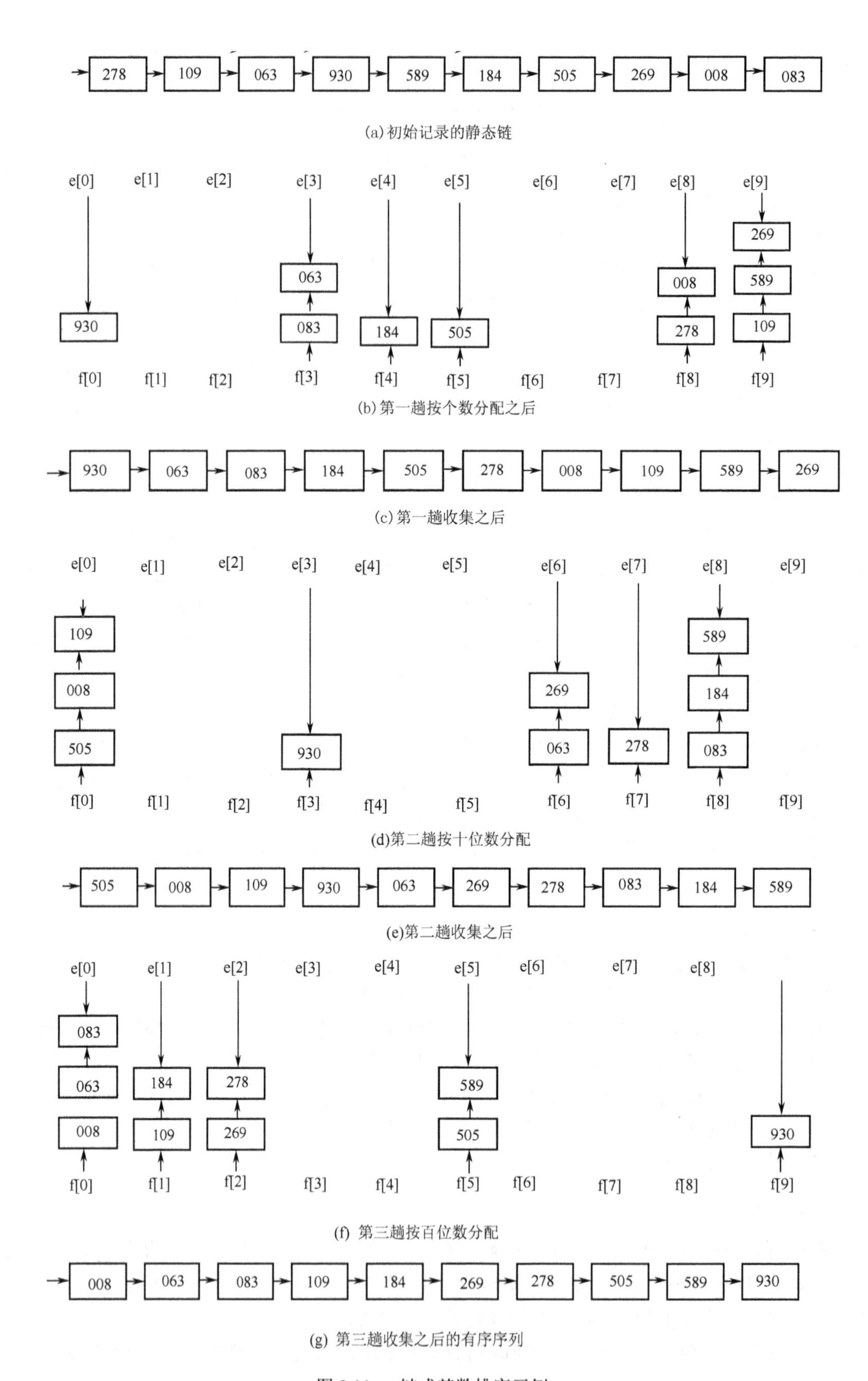

(a) 初始记录的静态链

(b) 第一趟按个数分配之后

(c) 第一趟收集之后

(d)第二趟按十位数分配

(e)第二趟收集之后

(f) 第三趟按百位数分配

(g) 第三趟收集之后的有序序列

图 8.11　链式基数排序示例

8.8 各种排序方法的比较与讨论

首先，从算法的平均时间复杂度、最坏时间复杂度和算法所需的辅助空间三个方面，对各种排序方法进行比较，如表 8.1 所示。

表 8.1　各种排序方法的性能比较

排 序 方 法	平均时间复杂度	最坏时间复杂度	特 殊 情 况	辅助存储空间	稳 定 性
直接插入排序	$O(n^2)$	$O(n^2)$	原表有序 $O(n)$	$O(1)$	稳定
简单选择排序	$O(n^2)$	$O(n^2)$	$O(n^2)$	$O(1)$	不稳定
冒泡排序	$O(n^2)$	$O(n^2)$	原表有序 $O(n)$	$O(1)$	稳定
希尔排序	$n^{1.3}$	—	—	$O(1)$	不稳定
快速排序	$O(n\log_2 n)$	$O(n^2)$	原表有序 $O(n^2)$	$O(\log_2 n)$	不稳定
堆排序	$O(n\log_2 n)$	$O(n\log_2 n)$	$O(n\log_2 n)$	$O(1)$	不稳定
归并排序	$O(n\log_2 n)$	$O(n\log_2 n)$	$O(n\log_2 n)$	$O(n)$	稳定

其次，从排序方法的稳定性角度对各种排序方法加以比较。直接插入排序、冒泡排序、归并排序是稳定的，而简单选择排序、快速排序和堆排序是不稳定的。

排序在计算机程序设计中非常重要，根据上面比较的各种排序方法的特点，其适用的场合也不同。在选择排序方法时需要考虑的因素有：

（1）待排序的记录数目 n 的大小；

（2）记录本身数据量的大小，也就是记录中除关键码外的其他信息量的大小；

（3）关键码的结构及其分布情况；

（4）对排序稳定性的要求。

依据这些条件，可得出如下几点结论。

（1）若 n 较小（如 $n<50$），可采用直接插入排序、冒泡排序或简单选择排序。如果记录中的数据较多，移动较费时，应采取简单选择排序法。

（2）若记录的初始状态已经按关键码基本有序，则选用直接插入排序或冒泡排序法为宜。

（3）若 n 较大，则应采用改进排序方法，如快速排序、堆排序或归并排序法。这些排序算法的时间复杂度均为 $O(n\log_2 n)$，但就平均性能而言，快速排序被认为是目前基于比较记录关键码的内部排序中最好的排序方法，但遗憾的是，快速排序在最坏情况下的时间复杂度是 $O(n^2)$，堆排序与归并排序在最坏情况下的时间复杂度仍为 $O(n\log_2 n)$。堆排序和快速排序法都是不稳定的。若要求稳定排序，则可选用归并排序。

（4）前面讨论的排序算法，都是在顺序存储上实现的。当记录本身的信息量很大时，为避免大量时间用在移动数据上，可以用链表作为存储结构。插入排序和归并排序都易在链表上实现，但有的排序方法（如快速排序和堆排序）在链表上很难实现。

综上所述，每一种排序方法各有特点，没有哪一种是绝对最优的。应根据具体情况选择合适的排序方法，也可以将多种方法结合起来使用。

8.9 典型例题

【例 8.6】 排序方法选择。

（1）设有 10 000 个无序元素，要求找出前 10 个最小元素，在下列排序方法中（归并排序、快速排序、堆排序、插入排序）哪种方法最好，为什么？

解：待排序元素有 10 000 个，仅需找出前 10 个最小元素，因此并不需要整个排序；在所给定的方法中，调用堆排序中的一趟排序，即可通过最小堆找出一个最小值，每趟排序仅需调用一趟排序 10 次，即可达到要求结果；而归并排序、快速排序、插入排序方法均要全部排好才可达到要求，因此选择堆排序最好。

（2）对长度为 n 的记录序列进行快速排序时，所需进行的比较次数依赖于这 n 个元素的初始排列。分析其最坏与最好情况，对 $n = 7$ 给出一个最好情况的初始排列实例。

解：快速排序算法是平均排序性能最好的算法之一。

快速排序的最坏情况是序列有序，每次以枢轴元素为界，序列分为两个子表，一个子表为空，另一个子表有 $n-1$ 个元素，快速排序蜕变为冒泡排序。

快速排序最好情况是这样的排列，每次的枢轴元素放置的位置在表中间，正好能够将序列分为两个长度相当的子表，此时快速排序性能类同折半判定树的分析，其趟数为 $L\log_2 n+1$。

$n = 7$ 时一个最好情况的初始排列实例为：[4，1，3，2，6，5，7]。

第 1 趟划分结果为：

[2，1，3]4[6，5，7]

第 2 趟划分结果为：

[1]，2，[3]4[5]，6，[7]

最终的排序结果为：

1，2，3，4，5，6，7

【例 8.7】 荷兰国旗问题。

假设有一个仅由红、白、蓝三种颜色的条块组成的序列，需要在 $O(n)$时间内将这些条块按红、白、蓝的顺序排好，即排成荷兰国旗图案。

例如，给定彩色条块序列为：

{蓝、白、红、白、蓝、红、白、白、红、蓝}

则要求排列结果为：

{红、红、红、白、白、白、白、蓝、蓝、蓝}

[问题分析] 这个问题实际上是一种排序的问题，它要按颜色值（红<白<蓝）的顺序对这些条块序列进行排序：如果用 1、2、3 分别代表红、白、蓝三种颜色，那么就可以直接使用比较运算符进行比较，利用本章的排序算法进行排序。但是一般的排序算法的时间复杂度都大于 $O(n)$，因此不能直接使用，必须加以改进。

在这个问题中，由于每个元素的取值只有三种可能，因此可以利用这个特点来完成问题的求解。下面分别用简单选择排序和快速排序的思想来解决这个问题。

方法一：采用简单选择排序思想。

[算法思想] 假设这些条块颜色依次存放在 L[0…n−1]中，利用简单选择排序思想，首先从序列中选取所有的红色条块，依次放到序列的前面，然后从剩余的序列中选取所有的白色条块，依次放到红色条块后面：这样经过两趟选择后，整个序列就按红、白、蓝有序。由于每一趟选择的时间复杂度为 $O(n)$，所以整个过程的时间复杂度也为 $O(n)$。

算法 8.12 解决荷兰国旗问题的算法一。

```
      void Sort (int L[],  int n)
/* 条块颜色依次存放在 L[0..n−1]中，本算法利用简单选择排序思想，将整个序列按红、白、蓝进
   行排序。*/
   {
   int  i, j, x;
   i=0;  /* i 指向第一个红色条块应该放的位置 */
   for (j=i;  j<n;  j++)          /* j 扫描所有尚未放置好的条块，寻找红色条块 */
   {     if (L[j]==1)             /* 找到一个红色条块*/
         {
              if (j!=i)           /*找到的红色条块不在下一个红色条块应该放的位置则换位*/
              {
                   x=L[j];
                   L[j]=L[i];
                   L[i]=x;
              }
              i++;                /* i 指向下一个红色条块应该放的位置 */
         }
   }
   /* 退出前面循环后，i 指向第一个白色条块应该放的位置 */
   for(j=i;  j<n;  j++)           /* j 扫描所有尚未放置好的条块，寻找白色条块 */
         if (L[j]==2)             /* 找到一个白色条块*/
         {
              if (j!=i)           /*找到的白色条块不在下一个白色条块应该放的位置则换位*/
              {
                   x= L[j];
                   L[j]= L[i];
                   L[i]=x;
              }
              i++;                /* i 指向下一个白色条块应该放的位置 */
         }
}
```

方法二：采用快速排序思想。

[算法思想] 简单选择排序算法思想比较简单，但使用了两个几乎完全一样的循环，使得算法显得过于冗长。

下面利用快速排序中对序列进行划分的思想，这样用一个循环就可以了。具体方法是：设置 3 个整型变量 r、w、b，其中 r 指向红色条块区的下一个单元，w 指向白色条块区的下一

个单元，b 指向蓝色条块区的前一个单元。

开始时令 r 和 w 为 0，b 为 n−1。w 相当于快速排序中的 low 指针，b 相当于快速排序中的 high 指针。

最终 L[0…r−1]存放红色条块区，L[r…w−1] 存放白色条块区，L[w…n−1]存放蓝色条块区。

检查 L[w]的值，有下列三种情况：

（1）如果 L[w]=2，则它已经在白色区末尾，w 直接加 1；

（2）如果 L[w]=3，将它加到蓝色区头部，即 L[w]与 L[b]交换，且 b 减 1；

（3）如果 L[w]=1，此时先将白色区第一个元素（即红色区的下一个单元）移到白色区末尾，再将它加到红色区的下一个单元，即 L[w]与 L[r]交换，且 r 和 w 同时加 1。

重复这个过程，直到 w>b 为止。

算法 8.13 解决荷兰国旗问题的算法二。

```
/*方法二采用快速排序思想*/
void Sort (int L[],   int n)
/* 条块颜色依次存放在 L[0..n−1]中，本算法利用快速排序思想，将整个序列按红、白、蓝进行排序。*/
{
int  x;
int  r;     /* r 指向红色条块区的下一个单元（同时也是白色条块区的第一个单元）*/
int  w;     /* w 指向白色条块区的下一个单元（同时也相当于快速排序中的 low 指针）*/
int  b;     /* b 指向蓝色条块区的前一个单元（同时也相当于快速排序中的 high 指针）*/
r=w=0;                          /* 相当于 low=0 */
b=n−1;                          /* 相当于 high=n−1 */
while (w<=b)
{
    x=L[w];
    if (x==1)          /*  L[w]是红色条块，并且在白色条块区的下一个单元 */
    {
        L[w]= L[r];    /* L[r]是第一个白色条块，将其移到白色条块区最后 */
        w++;           /*  w 指向白色条块区的下一个单元*/
        L[r]=x;        /*  将红色条块 x 放到红色条块区的下一个单元*/
        r++;           /* r 指向红色条块区的下一个单元*/
    }
    else
        if (x==2)      /* L[w]是白色条块，并且恰好在白色条块区的下一个单元 */
            w++;       /*  w 指向白色条块区的下一个单元*/
        else
        {              /*  L[w]是蓝色条块*/
            L[w]= L[b];    /*  b 指向蓝色条块区的前一个单元，将 L[b]与 L[w]交换 */
            L[b]=x;
            b− −;          /* b 指向蓝色条块区的前一个单元*/
        }
}
}
```

【例 8.8】 哈希排序。

假设有 300 个记录，其关键字均为小于 1 000 的正整数，并且互不相等。试设计一种排序算法，以尽可能少的比较次数和移动次数实现排序。

解：题中没有限制辅助空间，因此可以采用哈希表方法在 $O(n)$时间复杂度内实现辅助存放，由于是按地址与内容对应的存储，可通过按序将结果另行置入结果数组的方式实现排序。

实现步骤：

（1）设计辅助数组 b[1…999]，每个元素存放一个记录，初始时全部置为空记录；

（2）逐一扫描记录序列 r[1…300]的每一个记录，若记录 r[i]的关键字为 K，则将其放到 b[K]中；

（3）再依次将 b[1…999]中的非空记录逐一按顺序存于 r[1…300]中。

本 章 小 结

排序是使用最频繁的一类算法。排序分内排序与外排序，本书只讨论内排序。

在插入排序类中讨论了直接插入排序；在交换排序类中讨论了冒泡排序、快速排序；在选择排序类中讨论了简单选择排序、堆排序；在归并排序类中讨论了二路归并排序的迭代算法和递归算法。理解掌握这些算法的基本方法非常重要。

本章的要点如下。

（1）熟练掌握三种基本排序方法（直接插入排序、冒泡排序、简单选择排序）的基本思想和算法实现，掌握这些算法的特点和适用情况，并能进行应用分析。

（2）掌握三种改进排序方法（希尔排序、快速排序、堆排序）的基本思路，掌握其特点和适用情况，并能根据特点给出应用分析。

（3）理解归并排序的基本思想和算法描述，了解迭代算法和递归算法之间的区别。

（4）在算法设计方面，要求掌握直接插入排序算法、交换排序（包括冒泡排序算法、快速排序的递归算法）、选择排序（包括简单选择排序算法、堆排序算法）、归并排序（迭代算法和递归算法）。

习 题 8

8.1 选择题

（1）下述排序算法中，稳定的是________。

A．直接选择排序　　B．直接插入排序

C．快速排序　　D．堆排序

（2）下列排序算法中，________需要的辅助存储空间最大。

A．快速排序　　B．插入排序　　C．希尔排序　　D．基数排序

（3）下列各种排序算法中平均时间复杂度为 $O(n_2)$是________。

A．快速排序　　B．堆排序　　C．归并排序　　D．冒泡排序

（4）在基于关键码比较的排序算法中，______算法在最坏情况下，关键码比较次数不高于 $O(n\log_2 n)$。

A．冒泡排序　　B．直接插入排序

C．二路归并排序　　D．快速排序

（5）一组记录为{46, 79, 56, 38, 84, 40}，则采用冒泡排序法按升序排列时第一趟排序的结果是________。

A．46, 79, 56, 38, 40, 84　　B．46, 56, 38, 79, 40, 84

C．38, 40, 46, 56, 84, 79　　D．38, 46, 79, 56, 40, 84

（6）每次从无序表中取出一个元素，把它插入到有序表中的适当位置，此种排序方法叫做________排序。

A．插入　　B．堆　　C．快速　　D．归并

（7）每次从无序表中挑选出一个最小或最大元素，把它交换到有序表的一端，此种排序方法叫做________排序。

A．插入　　B．堆　　C．快速　　D．归并

（8）设一组初始记录关键字序列（5, 2, 6, 3, 8），以第一个记录关键字 5 为基准进行一趟快速排序的结果为________。

A．2, 3, 5, 8, 6　　B．3, 2, 5, 8, 6

C．3, 2, 5, 6, 8　　D．2, 3, 6, 5, 8

（9）设有 n 个待排序的记录关键字，则在堆排序中需要________个辅助记录单元。

A．1　　B．n　　C．$n\log_2 n$　　D．n^2

（10）对于关键字值序列（12, 13, 11, 18, 60, 15, 7, 18, 25, 100），用筛选法建堆，必须从关键字值为__________的结点开始。

A．100　　B．12　　C．60　　D．15

（11）下列排序方法中，_______方法的比较次数与记录的初始排列状态无关。

A．直接插入排序　　B．冒泡排序

C．快速排序　　D．直接选择排序

（12）设有关键码初始序列{Q, H, C, Y, P, A, M, S, R, D, F, X}，新序列{F, H, C, D, P, A, M, Q, R, S, Y, X}是采用________ 方法对初始序列进行第一趟排序的结果。

A．直接插入排序　　B．二路归并排序

C．以第一元素为分界元素的快速排序　　D．基数排序

（13）在待排序文件已基本有序的前提下，下述排序方法中效率最高的是______。

A．直接插入排序　　B．直接选择排序

C．快速排序　　D．二路归并排序

（14）排序的算法很多，若按排序的稳定性和不稳定性分类，则________ 是不稳定排序。

A．冒泡排序　　B．归并排序　　C．直接插入排序　　D．希尔排序

（15）若需在 $O(n\log_2 n)$的时间内完成对数组的排序，且要求排序是稳定的，则可选排序方法是________ 。

A．快速排序　　B．堆排序　　C．归并排序　　D．直接插入排序

（16）将两个各有 n 个元素的有序表归并成一个有序表，最少的比较次数是_____。

A．n　　B．$2n-1$　　C．$2n$　　D．$n-1$

（17）下列排序算法中，时间复杂度不受数据初始状态影响，恒为 $O(\log_2 n)$的是______。

A．堆排序　　B．冒泡排序　　C．直接选择排序　　D．快速排序

（18）下列排序算法中，________ 算法可能会出现下面情况：初始数据有序时，花费的时间反而最多。

A．堆排序　　B．冒泡排序　　C．快速排序　　D．希尔排序

(19)数据表A中有10 000个元素，如果仅要求求出其中最大的10个元素，则采用________最节省时间。

A．堆排序　　B．希尔排序　　C．快速排序　　D．直接选择排序

（20）如果只想得到1024个元素组成的序列中第5个最小元素之前的部分排序的序列，用________方法最快。

A．冒泡排序　　B．快速排序　　C．简单选择排序　　D．堆排序

8.2　填空题

（1）当待排序的记录数较大、排序码较随机且对稳定性不做要求时，宜采用__________排序；当待排序的记录数较大，存储空间允许且要求排序稳定时，宜采用______________________排序。

（2）在堆排序的过程中，对任意一个分支结点进行筛运算的时间复杂度为________，整个堆排序过程的时间复杂度为________。

（3）快速排序、堆排序、归并排序中，_________排序是稳定的。

（4）当向一个大根堆插入一个具有最大值的元素时，需要逐层_________调整，直到被调整到____________位置为止。

（5）设一组初始记录关键字序列为（20, 18, 22, 16, 30, 19），则以20为中轴的一趟快速排序结果为____________________________。

（6）设一组初始记录关键字序列为（20, 18, 22, 16, 30, 19），则根据这些初始关键字序列建成的初始堆为________________________。

（7）设一组初始记录关键字序列为（49, 38, 65, 97, 76, 13, 27, 50），则以$d=4$为增量的一趟希尔排序结束后的结果为_____________________________。

（8）对一组初始关键字序列（40, 50, 95, 20, 15, 70, 60, 45, 10）进行冒泡排序，则第一趟需要进行相邻记录比较的次数为__________，在整个排序过程中最多需要进行__________趟排序才可以完成。

（9）在插入和选择排序中，若初始数据基本正序，则选用__________；若初始数据基本反序，则选用__________。

（10）在插入排序、希尔排序、选择排序、快速排序、堆排序、归并排序中，平均比较次数最少的是_________，需要内存容量最多的是_________。

（11）堆排序是不稳定的，空间复杂度为___________。在最坏情况下，其时间复杂度为__________。

（12）若待排序的文件中存在多个关键字相同的记录，经过某种排序方法排序后，具有相同关键字的记录间的相对位置保持不变，则这种排序方法是__________的排序方法。

（13）在对一组记录（50, 40, 95, 20, 15, 70, 60, 45, 80）进行直接插入排序时，当把第7个记录60插入到有序表时，为寻找插入位置需比较__________次。

（14）在对一组记录（50, 40, 95, 20, 15, 70, 60, 45, 80）进行希尔排序时，假定取$d(i{+}{+}1)=\lfloor d_i/2\rfloor$，$0<i<t-1$，其中$t=\lfloor d_i/2\rfloor$，$d_0=n$，$d_t=1$，$n$为待排序记录的个数，则第二趟排序结束后前4条记录为__________。

（15）二路归并排序的时间复杂度是__________。

（16）对于n个记录的集合进行归并排序，所需的附加空间消耗是__________。

（17）设表中元素的初始状态是按键值递增的，分别用堆排序、快速排序、冒泡排序和归

并排序方法对其仍按递增顺序进行排序，则__________最省时间，__________最费时间。

（18）从无序序列建立堆的方法是：首先将要排序的所有元素分放到一棵________的各个结点中，然后从 i=__________的结点 k_i 开始，逐步把以 $k_{n/2}$, $k_{n/2-1}$, $k_{n/2-2}$, ……为根的子树排成堆，直到以 k_1 为根的树排成堆，就完成了建堆的过程。

（19）若待排序的序列中多个记录具有相同的键值，经过排序，这些记录的相对次序仍然保持不变，则称这种排序方法是__________的，否则称为是__________的。

（20）在利用快速排序方法对一组记录（50, 40, 95, 20, 15, 70, 60, 45, 80）进行快速排序后，递归调用使用的栈所能达到的最大深度为__________，需递归调用的次数为__________，其中第二次递归调用是对__________组记录进行快速排序。

8.3　什么是内部排序？什么是排序方法的稳定性？

8.4　下面列举的是常用的排序方法：直接插入排序、二分法插入排序、冒泡排序、快速排序、直接选择排序、堆排序、归并排序。试问，哪些排序方法是稳定的?

8.5　快速排序在什么情况下，所需记录之关键码的比较次数最多?

8.6　试构造对 5 个整数元素进行排序，最多只用 7 次比较的算法思想。

8.7　设有 15 000 个无序的元素，希望用最快的速度挑选出其中前 10 个最大元素。在快速排序、堆排序、归并排序、基数排序和希尔排序中，采用哪种方法最好？并说明理由。

8.8　如果有一个含 1 000 个记录的表，其中只有少数几个记录不在自己的正确位置上，但离自己的正确位置不远，从比较次数和记录移动次数考虑，应选用哪种排序方法？

8.9　将哨兵放在 R[n]中，被排序记录放在 R[0…（n−1）]中，写出直接插入排序算法。

8.10　已知一个文件的初始关键字序列为：(265, 301, 751, 129, 937, 863, 742, 694, 075, 438)。写出建成大根堆后的序列和第一次堆排序后重建大根堆的序列。

8.11　证明：对于一个长度为 n 的任意文件进行排序，至少需要做 $n\log_2 n$ 次比较。

8.12　判断下列序列是否为堆，若不是堆，则把它们调整为堆。

（1）(100, 85, 95, 75, 80, 60, 82, 40, 20, 10, 65)；

（2）(100, 95, 85, 82, 80, 75, 65, 60, 40, 20, 10)；

（3）(100, 85, 40, 75, 80, 60, 65, 95, 82, 10, 20)；

（4）(10, 20, 40, 60, 65, 75, 80, 82, 85, 95, 100)。

8.13　若有文件的关键字序列为：(265, 301, 751, 129, 937, 863, 742, 694, 076, 438)，给出二路归并排序过程。

8.14　给出一组关键字 29、18、25、47、58、12、51、10，分别写出按下列各种排序方法进行排序的变化过程：

（1）归并排序，每归并一次书写一个次序；

（2）快速排序，每划分一次书写一个次序；

（3）堆排序，先建成一个堆，然后每从堆顶取下一个元素后，将堆调整一次。

8.15　对于给定的一组键值：83，40，63，13，84，35，96，57，39，79，61，15，分别画出应用直接插入排序、直接选择排序、快速排序、堆排序、归并排序对上述序列进行排序中各趟的结果。

第9章 实 验

实验0 预备知识实验——复数ADT及其实现

一、实验目的

1. 了解抽象数据类型（ADT）的基本概念及描述方法。
2. 通过对复数抽象数据类型ADT的实现，熟悉C语言语法及程序设计，为以后章节的学习打下基础。

二、实例

复数抽象数据类型ADT的描述及实现。

[复数ADT的描述]

```
ADT complex{
    数据对象：D={ c1,c2   | c1,c2∈FloatSet }
    数据关系：R={ <c1,c2> | c1     c2      }
    基本操作：创建一个复数          creat(a);
             输出一个复数          outputc(a);
             求两个复数相加之和    add(a,b);
             求两个复数相减之差    sub(a,b);
             求两个复数相乘之积    chengji(a,b);
             等等;
        } ADT complex;
```

[复数ADT实现的源程序]

```
#include <stdio.h>
#include <stdlib.h>
/* 存储表示，结构体类型的定义   */
typedef   struct
    { float x;                      /* 实部子域 */
      float y;               /* 虚部的实系数子域 */
    }comp;
/* 全局变量的说明 */
comp a,b,a1,b1;
int z;
/* 子函数的原型声明   */
```

```
void creat(comp *c);
void outputc(comp a);
comp add(comp k,comp h);
/*  主函数  */
main()
{ creat(&a);      outputc(a);
   creat(&b);      outputc(b);
   a1=add(a,b); outputc(a1);
}   /* main    */
/*   创建一个复数      */
void creat(comp *c)
{ float c1,c2;
   printf("输入实部 real x=?");scanf("%f",&c1);
   printf("输入虚部 xvpu y=?");scanf("%f",&c2);
   (*c).x=c1;    c ->y=c2;
}      /* creat */
/*   输出一个复数  */
void outputc(comp a)
   { printf("\n    %f+%f i \n\n",a.x,a.y);
     }
/*   求两个复数相加之和  */
comp add(comp k,comp h)
{ comp l;
   l.x=k.x+h.x;    l.y=k.y+h.y;
   return(l);
   }    /* add */
```

三、实习题

（1）将上面源程序输入计算机，进行调试，运行程序。

（2）编写求两个复数的差、积、商的函数。

（3）编写求一个复数的实部、虚部、模的函数。

（4）编写main()，并且分别调用以上函数。

（5）输入测试数据，输出结果（数据自拟）。

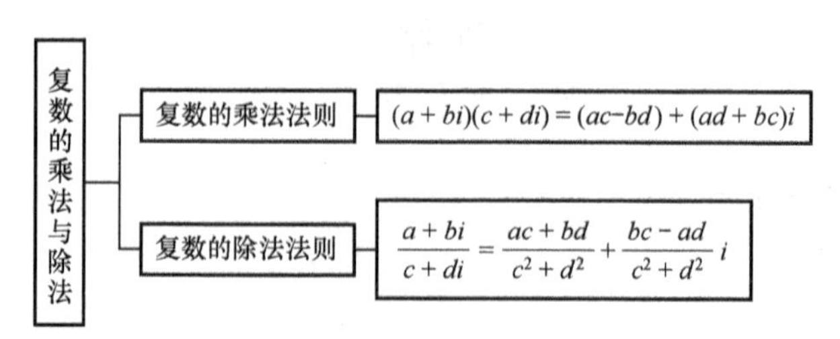

实验 1　顺序表的基本操作

一、线性表的基本概念

线性表是最简单、最基本、最常用的一种线性结构。它有两种存储方法：顺序存储和链式存储，它的主要基本操作是插入、删除和检索等。

二、实验目的

1．掌握线性表的基本运算；
2．掌握顺序存储的概念，学会对顺序存储数据结构进行操作；
3．加深对顺序存储数据结构的理解，逐步培养解决实际问题的编程能力。

三、实验内容

（一）基础题
1．编写线性表基本操作函数。
（1）InitList（LIST *L，int ms）：初始化线性表。
（2）insertList（LIST *L，int item，int rc）：向线性表指定位置插入元素。
（3）DeleteList1（LIST *L，int item）：删除指定元素值的线性表记录。
（4）DeleteList2（LIST *L，int rc）：删除指定位置的线性表记录。
（5）FindList（LIST *L，int item）：查找线性表中的元素。
（6）OutputList（LIST *L）：输出线性表元素。
2．调用上述函数实现下列操作，操作步骤如下：
（1）初始化线性表；
（2）调用插入函数建立一个线性表；
（3）在线性表中寻找指定的元素；
（4）在线性表中删除指定值的元素；
（5）在线性表中删除指定位置的元素；
（6）遍历并输出线性表。
注：每完成一个步骤，必须及时输出线性表元素，便于观察结果。
（二）提高题
3．编程实现将两个有序的线性表进行合并，要求同样的数据元素只出现一次。

解题思路：由于两个线性表中的元素有序排列，在进行合并的时候，依次比较，哪个线性表的元素值小，就先将这个元素复制到新的线性表中，若两个元素值相等，则复制一个即可，这样一直到其中的一个线性表结束，然后将剩余的线性表复制到新的线性表中。

4．要求以较高的效率实现删除线性表中元素值在 x 到 y（x 和 y 自定）之间的所有元素。

解题思路：在线性表中设置两个初值为 0 的下标变量 i 和 j，其中 i 为比较元素的下标，j 为赋值元素的下标。依次取线性表中下标为 i 的元素与 x 和 y 比较，假若在 x 和 y 之外的元素，则赋值给下标为 j 的元素。这种算法比删除一个元素后立即移动其后面的元素效率要高得多。

四、参考程序

程序 1：题 1，线性表基本操作函数。

```
#include<stdio.h>
#include<stdlib.h>
#include<alloc.h>
struct LinearList                / *定义线性表结构*/
{
    int *list;               /* 存线性表元素 */
    int size;                /* 存线性表长度 */
    int MaxSize;             /* 存 list 数组元素个数 */
};
typedef struct LinearList LIST;
void InitList( LIST *L, int ms )  /* 初始化线性表 */
{
    if( (L->list =________1________) == NULL ) {
        printf( "内存申请错误!\n" );
        exit( 1 );
    }
_____2_____
    L->MaxSize = ms;
}

int InsertList( LIST *L, int item, int rc )
/* item:记录值  rc:插入位置  */
{
      int i;
    if(______3______)  /* 线性表已满 */
        return -1;
    if( rc < 0 )                /* 插入位置为 0 */
        rc = 0;
    if(______4_____)
        rc = L->size;
    for( i = L->size - 1; i >= rc; i-- )   /* 将线性表元素后移 */
        _______5_______
    L->list[rc] = item;
    L->size ++;
    return 0;
}

void OutputList( LIST *L )       /* 输出线性表元素 */
{
    int i;
    for( i = 0;______6__________i++ )
        printf( "%d ", L->list[i] );
      printf( "\n" );
}
```

```
int FindList( LIST *L, int item )        /* 返回 >=0 为元素位置 -1 没找到 */
{
    int i;
    for( i = 0; i < L->size; i++ )
        if(______7________)     /* 找到相同的元素，返回位置 */
            return i;
    return -1;                  /* 没找到 */
}

int DeleteList1( LIST *L, int item )
/* 删除指定元素值的线性表记录，返回>=0：删除成功 */
{
    int i, n;
    for( i = 0; i < L->size; i++ )
        if( item == L->list[i] ) /* 找到相同的元素 */
            break;
    if( i < L->size ) {
        for( n = i; n < L->size - 1; n++ )
            L->list[n] = L->list[n+1];
        L->size --;
        return i;
    }
       return -1;
}

int DeleteList2( LIST L, int rc )   /* 删除指定位置的线性表记录 */
{
8  /*编写删除指定位置的线性表记录子程序*/
}
```

程序 2：题 2。

```
void main()
{
    LIST LL;
       int i, r;
    printf( "list addr=%p\tsize=%d\tMaxSize=%d\n", LL.list, LL.size, LL.MaxSize );
    InitList( &LL, 100 );
    printf( "list addr=%p\tsize=%d\tMaxSize=%d\n", LL.list, LL.size, LL.MaxSize );
    while( 1 )
    {
        printf( "请输入元素值，输入 0 结束插入操作:" );
        fflush( stdin );    /* 清空标准输入缓冲区 */
        scanf( "%d", &i );
        if(________1___________)
                break;
        printf( "请输入插入位置：" );
```

```
        scanf( "%d", &r );
        InsertList(________2__________);
        printf( "线性表为:  " );
        _______3____________
    }
    while( 1 )
    {
        printf( "请输入查找元素值，输入 0 结束查找操作:" );
        fflush( stdin );    /* 清空标准输入缓冲区 */
        scanf( "%d", &i );
        if( i == 0 )
                break;
        r =____4_________
            if( r < 0 )
            printf( "没找到\n" );
        else
            printf( "有符合条件的元素，位置为：%d\n", r+1 );
    }
    while( 1 )
    {
        printf( "请输入删除元素值，输入 0 结束查找操作:" );
        fflush( stdin );    /* 清空标准输入缓冲区 */
        scanf( "%d", &i );
        if( i == 0 )
                break;
        r =_______5_______
            if( r < 0 )
            printf( "没找到\n" );
        else {
            printf( "有符合条件的元素，位置为：%d\n 线性表为：", r+1 );
            OutputList( &LL );
              }
    }
    while( 1 )
    {
        printf( "请输入删除元素位置，输入 0 结束查找操作:" );
        fflush( stdin );    /* 清空标准输入缓冲区 */
        scanf( "%d", &r );
        if( r == 0 )
                break;
        i =____6_________
          if( i < 0 )
            printf( "位置越界\n" );
        else {
            printf( "线性表为：" );
            OutputList( &LL );
              }
```

```
        }
}
```

程序 4：题 4。

```
#define   X 10
#define   Y 30
#define   N 20
int A[N]={ 2, 5, 15, 30, 1, 40, 17, 50, 9, 21, 32, 8, 41, 22, 49, 31, 33, 18, 80, 5 };
#include<stdio.h>
void del( int *A, int *n, int x, int y )
{
        int i, j;
        for( i = j = 0; i < *n; i++ )
                if( A[i] > y || A[i] < x ) // 不在 x 到 y 之间，则保留
                        ____1____;
            ____2____ = j;
}

void output( int *A, int n )
{
        int i;
        printf( "\n 数组有%d 个元素:\n", n );
        for( i = 0; i < n; i++ ) {
                printf( "%7d", A[i] );
                if( ( i + 1 ) % 10 == 0 )
                        printf( "\n" );
        }
            printf( "\n" );
}

void main()
{
        int n;
        n = N;
        output( A, n );
          ____3____;
            output( A, n );
}
```

实验 2　链表的基本操作

一、线性表的链式存储和运算实现

由于顺序表的存储特点是用物理上的相邻实现了逻辑上的相邻，它要求用连续的存储单元顺序存储线性表中各元素，因此，对顺序表插入、删除时需要通过移动数据元素来实现，

影响了运行效率。本实验采用线性表链式存储结构，它不需要用地址连续的存储单元来实现，因为它不要求逻辑上相邻的两个数据元素在物理上也相邻，它是通过“链”建立起数据元素之间的逻辑关系的，因此对线性表的插入、删除不需要移动数据元素。

二、实验目的

1．掌握链表的概念，学会对链表进行操作；

2．加深对链式存储数据结构的理解，逐步培养解决实际问题的编程能力。

三、实验内容

（一）基础题

1．编写链表基本操作函数。

（1）InitList（LIST *L，int ms）：初始化链表。

（2）InsertList1（LIST *L，int item，int rc）：向链表指定位置插入元素。

（3）InsertList2（LIST *L，int item，int rc）：向有序链表指定位置插入元素。

（4）DeleteList（LIST *L，int item）：删除指定元素值的链表记录。

（5）FindList（LIST *L，int item）：查找链表中的元素。

（6）OutputList（LIST *L）：输出链表元素。

2．调用上述函数实现下列操作，操作步骤如下：

（1）初始化链表；

（2）调用插入函数建立一个链表；

（3）在链表中寻找指定的元素；

（4）在链表中删除指定值的元素；

（5）遍历并输出链表。

注：每完成一个步骤，必须及时输出链表元素，便于观察操作结果。

（二）提高题

3．将一个头结点指针为 a 的单链表 A 分解成两个单链表 A 和 B，其头结点指针分别为 a 和 b，使得 A 链表中含有原链表 A 中序号为奇数的元素，而 B 链表中含有原链表 A 中序号为偶数的元素，且保持原来的相对顺序。

解题思路：将单链表 A 中序号为偶数的元素删除，并在删除时把这些结点链接起来构成单链表 B 即可。

4．将链接存储线性表逆置，即最后一个结点变成第一个结点，原来倒数第二个结点变成第二个结点，依此类推。

解题思路：从头到尾扫描单链表 L，将第一个结点的 next 域置为 NULL，将第二个结点的 next 域指向第一个结点，将第三个结点的 next 域指向第二个结点，依此类推，直到最后一个结点，便用 head 指向它。

四、参考程序

程序 1：题 1，链表基本操作函数。

```
#include<stdio.h>
#include<malloc.h>
```

```
typedef struct list {
        int data;
        struct list *next;
}LIST;

void InitList( LIST **p )    /* 初始化链表 */
{
1    /*编写初始化链表子程序*/

}

void InsertList1( LIST **p, int item, int rc )
 /* 向链表指定位置[rc]插入元素[item] */
{
            int i;
        LIST *u, *q, *r;  /* u:新结点  q:插入点前趋  r:插入点后继  */
        u = ( LIST * )malloc( sizeof(LIST) );
        u->data = item;
        for( i = 0, r = *p ;____2____; i++ ) {
                q = r;
                r = r->next;
        }
        if(____3____)                  /* 插入首结点或 p 为空指针  */
                *p = u;
        else
                ____4____
            u->next = r;
}

void InsertList2( LIST **p, int item )
/* 向有序链表[p]插入键值为[item]的结点  */
{
        LIST *u, *q, *r;  /* u:新结点  q:插入点前趋  r:插入点后继  */
        u = ( LIST * )malloc( sizeof(LIST) );
        u->data = item;
        for( r = *p;____5____&& r->data < item; q = r, r = r->next )
                ;               /* 从链表首结点开始顺序查找  */
        if( r == *p )                  /* 插入首结点或 p 为空指针  */
                ____6____
        else
                q->next = u;
            u->next = r;
}

/* 删除键值为[item]的链表结点，返回 0: 删除成功  1: 没找到  */
int DeleteList( LIST **p, int item )
{
```

```
    LIST *q, *r;                    /* q:结点前趋  r:结点后继 */
    q = *p; r=q;
    if( q == NULL )                 /* 链表为空 */
        return 1;
    if( q->data ==___7____) {       /* 要删除链表首结点 */
        *p = q->next;               /* 更改链表首指针 */
        ___8_____                   /* 释放被删除结点的空间 */
        return 0;                   /* 删除成功 */
    }
    for( ;____9_____&&____10_____ ; r = q, q = q->next )
        ;                           /* 寻找键值为[item]的结点 */
    if( q->data == item ) {         /* 找到结点 */
         r->next= q->next           /* 被删结点从链表中脱离 */
        free( q );                  /* 释放被删除结点的空间 */
        return 0;                   /* 删除成功 */
    }
      return 1;                     /* 没有指定值的结点, 删除失败 */
}

/* 查找键值为[item]的链表结点位置, 返回>=1: 找到  -1: 没找到 */
int FindList( LIST *p, int item )
{
    int i;
    for( i = 1; p->data != item && p != NULL ;____11_____ , i++ )
        ;                           /* 查找键值为[item]的结点 */
    return ( p == NULL ) ? -1 : i;  /* 找到返回[i] */
}

void OutputList( LIST *p )          /* 输出链表结点的键值 */
{
    while(___12_____) {
        printf( "%4d", p->data );
        p = p->next;                /* 遍历下一个结点 */
      }
}

void FreeList( LIST **p )           /* 释放链表空间 */
{
    LIST *q, *r;
    for( q = *p; q != NULL; ) {
        _____13_____
        q = q->next;
        _____14_____
    }
    *p = NULL;                      /* 将链表首指针致空 */
}
```

程序 2：题 2。

```
void main()
{
        LIST *p;
        int op, i, rc;
        InitList( &p );                 /* 初始化链表 */
        while( 1 )
    {
         printf( "请选择操作   1：指定位置追加   2: 升序追加   3: 查找结点\n" );
         printf( "        4: 删除结点        5: 输出结点  6: 清空链表   0：退出\n" );
         fflush( stdin );               /* 清空标准输入缓冲区 */
         scanf( "%d", &op );
         switch( op ) {
              case 0:                   /* 退出 */
                   return;
              case 1:                   /* 指定位置追加结点 */
                   printf( "请输入新增结点键值和位置：" );
                   scanf( "%d%d", &i, &rc );
                   _______1__________;
                   break;
              case 2:                   /* 按升序追加结点 */
                   printf( "请输入新增结点键值：" );
                   scanf( "%d", &i );
                   InsertList2( &p, i );
                   break;
              case 3:                   /* 查找结点 */
                   printf( "请输入要查找结点的键值：" );
                   scanf( "%d", &i );
                   rc =____2_____;
                   if( rc > 0 )
                        printf( "  位置为[%d]\n", rc );
                   else
                     printf( "   没找到\n" );
                   break;
              case 4:                   /* 删除结点 */
                   printf( "请输入要删除结点的键值：" );
                   scanf( "%d", &i );
                   rc =____3_______ ;
                   if( rc == 0 )
                        printf( "   删除成功\n", rc );
                   else
                     printf( "   没找到\n" );
                   break;
              case 5:                   /* 输出结点 */
                   printf( "\n 链表内容为:\n" );
                   _____4__________;
```

```
                        break;
                    case 6:                 /* 清空链表 */
                        ______5______ ;
                      break;
                }
            }
        }

}
```

程序 3：题 3。

```
#include<stdio.h>
#include<alloc.h>

typedef struct node {
        int x;
        struct node *next;
}NODE;
void input( NODE **a )
{
        NODE *p, *q;
              int i;
        printf( "请输入链表的元素，-1 表示结束\n" );
              *a = NULL;
        while( 1 ) {
                scanf( "%d", &i );
                if( i == -1 )
                        break;
                p = ( NODE * )malloc( sizeof(NODE) );
                p->x = i;
                p->next = NULL;
                if( *a == NULL )
                        *a = q = p;
                else {
                        q->next = p;
                        q = q->next;
                }
        }
}

void output( NODE *a )
{
        int i;
        for( i = 0; a != NULL; i++, a = a->next ) {
                printf( "%7d", a->x );
```

```
            if( ( i + 1 ) % 10 == 0 )
                printf( "\n" );
        }
        printf( "\n" );
}

void disa( NODE *a, NODE **b )
{
        NODE *r, *p, *q;
        p = a;
        r = *b = ( a == NULL ) ? NULL : a->next;     // 如果链表 a 为空，则链表 b 也为空
        while(___1___&&___2___) {
            q = p->next;                              // q 指向偶数序号的结点
            ______3______// 将 q 从原 a 链表中删除
            r->next = q;                              // 将 q 结点加入到 b 链表的末尾
                ______4______                         // r 指向 b 链表的最后一个结点
                p = p->next;                          // p 指向原 a 链表的奇数序号的结点
        }
        r->next = NULL;                               // 将生成 b 链表中的最后一个结点的 next 域置空
}

void main()
{
        NODE *a, *b;
        input( &a );
        printf( "链表 a 的元素为:\n" );
        output( a );
      ______5______
        printf( "链表 a 的元素（奇数序号结点）为:\n" );
        output( a );
        printf( "链表 b 的元素（偶数序号结点）为:\n" );
        output( b );
}
```

实验 3　栈的基本操作

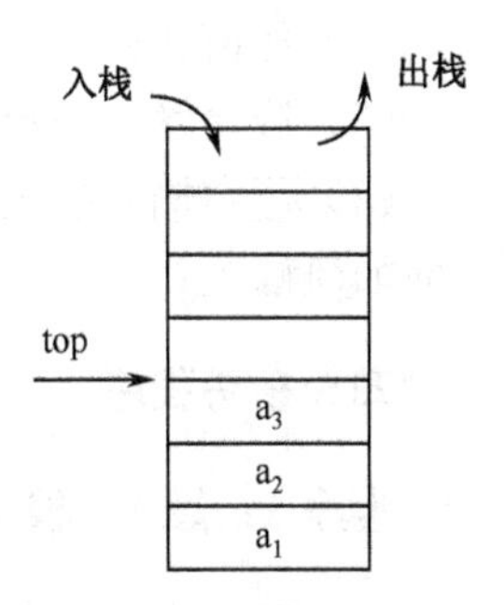

图 9.1　栈操作示意图

一、栈的基本概念

栈（Stack）是限制在表的一端进行插入和删除的线性表。允许插入、删除的这一端称为栈顶，另一个固定端称为栈底。当表中没有元素时称为空栈。如图 9.1 所示栈中有三个元素，进栈的顺序是 a_1、a_2、a_3，当需要出栈时其顺序为 a_3、a_2、a_1，所以栈又称为后进先出的线性

表（Last In First Out），简称 LIFO 表。

在日常生活中，有很多后进先出的例子，读者可以列举。在程序设计中，常常需要栈这样的数据结构，按照与保存数据时相反的顺序来使用这些数据，这时就需要用一个栈来实现。对于栈，基本运算有：初始化、判栈空、入栈、出栈、读栈顶元素。

二、实验目的

1．熟悉栈的定义和栈的基本操作；

2．掌握顺序存储栈和链接存储栈的基本运算；

3．加深对栈结构的理解，逐步培养解决实际问题的编程能力。

三、实验内容

（一）基础题

1．编写栈的基本操作函数。

（1）push（int *stack，int maxn，int *toppt，int x），进栈函数。

（2）pop（int *stack，int *toppt，int *cp），出栈函数。

（3）OutputStack（int *stack，int toppt），输出栈元素。

2．调用上述函数实现下列操作，操作步骤如下：

（1）调用进栈函数建立一个栈；

（2）读取栈顶元素；

（3）从栈中删除元素；

（4）输出栈中所有元素。

注：每完成一个步骤，必须及时输出栈中元素，便于观察操作结果。

（二）提高题

3．假设一个算术表达式中包含圆括弧、方括弧和花括弧三种类型的括弧，编写一个判别表达式中括弧是否正确配对的函数 correct（char *exp，int max），其中，传入参数为表达式和表达式长度。

4．将中缀表示的算术表达式转换成后缀表示，并计算表达式的值。如中缀表达式(A−(B * C + D) * E)/(F + G)的后缀表示为：A B C * D + E * − F G + /。

注：为了方便，假定变量名为单个数字(0～9)，运算符只有+,−,*,/，并假定提供的算术表达式正确。

思考题：

（1）如何在程序中检查算术表达式的正确性（如括号匹配、中缀表达式错误等）？

（2）假定输入的数字为任意位，程序应如何修改？

（3）假定输入的数字为任意位，并且运算符除+,−,*,/之外有^（幂）和$\sqrt{\ }$（开根号），程序应如何修改？

四、参考程序

程序 1：题 1，栈的基本操作函数。

```
#include<stdio.h>
#define MAXN 10                    /* 栈的最大容量 */
```

```
/* 定义栈的类型为 int */

int push( int *stack, int maxn, int *toppt, int x )  /* 进栈函数 */
{
    if( *toppt >= maxn )   /*__________1__________ */
        return 1;
    ______2__________            /* 元素进栈 */
    ++(*toppt);                  /* 栈顶指针+1 */
      return 0;                  /* 进栈成功 */
}

int pop( int *stack, int *toppt, int *cp )       /*出栈函数*/
{
    if(________3__________)            /* 栈空，出栈失败，返回 1 */
        return 1;
    --(*toppt);       /* 栈顶指针-1 */
     ________4________
      return 0;       /* 出栈成功 */
}

void OutputStack( int *stack, int toppt )        /* 输出栈元素 */
{
    int i;
    for( i =_______5_____; i >= 0; i-- )
        printf( "%d ", stack[i] );
    printf( "\n" );
}
```

程序 2：题 2，主函数。

```
void main()
{
    int s[MAXN], i;              /* 定义栈 */
    int top = 0;                 /* 设置为空栈 */
    int op;
    while( 1 )
    {
        printf( "请选择操作，1：进栈 2：出栈 0：退出 " );
        fflush( stdin );          /* 清空标准输入缓冲区 */
        scanf( "%d", &op );
        switch( op ) {
            case 0:               /* 退出 */
                return;
            case 1:               /* 进栈 */
                printf( "请输入进栈元素：" );
                scanf( "%d", &i );
                if( ________1__________ ) {   /* 进栈成功 */
```

```
                    printf( "进栈成功，栈内元素为:\n" );
                    OutputStack( s, top );
                }
                else
                    printf( "栈满\n" );
                        break;
            case 2:          /* 出栈 */
                if( _____2_____ ) {          /* 出栈成功 */
                    printf( "出栈元素为: [%d] , 栈内元素为:\n" , i );
                    _____3_____
                }
                else
                    printf( "栈空\n" );
                break;
        }
    }
}
```

程序 3：题 3，配对函数。

```
int correct( char *exp, int max ) /* 传入参数为表达式、表达式长度,返回 0:成功,返回 1:错误*/
{
    int flag = 0;       /* 括号匹配标志，0: 正确 */
    char s[MAXN];          /* 定义栈 */
    int top = 0;        /* 栈指针为 0，表示空栈 */
        char c;
    int i;
    for( i = 0;  _____1_____ ; i++ ) {
/* 循环条件为表达式未结束且括号匹配 */
            if( exp[i]=='(' || exp[i]=='[' || exp[i]=='{' }
                push( s, MAXN, &top, exp[i] );
            if( exp[i]==')' || exp[i]==']' || exp[i]=='}' ) {/* 遇到},},}, 出栈 */
                _________2_________          /* 置出栈结果, 栈空出错 */
                if( ( exp[i]==')' && c!='(' ) || ( exp[i]==']' && c!='[' )
                 || ( exp[i]=='}' && c!='{' ) )        /* 括号不匹配 */
                    flag = 1;
                 }
    }
    if(_____3_____ )          /* 栈不为空，表明还有(,[,{符号没匹配 */
            flag = 1;
        return flag;
}

void main()
{
    char s[MAXN], c;             /* 定义栈 */
        char exp[1024];
```

```
    int top = 0;              /* 设置为空栈 */
    while( 1 ) {
        printf( "请输入表达式, 输入 0 退出: " );
        gets( exp );              /* 从标准输入中读取表达式 */
        exp[MAXN] = '\0';             /* 表达式长度 <= MAXN */
        if( strcmp( exp, "0" ) == 0 )
            ______4______
        if(   ______5______)
            printf( "表达式内容为：\n%s\n 表达式括号不匹配\n" , exp );
        else
            printf( "表达式括号匹配\n" );
       }
}
```

程序 4：题 4，波兰表达式。

```
#include<stdio.h>
#include<alloc.h>
#define MAXN 100                  /* 栈的最大容量 */
int pushc( ________________________ ) /* char 型元素进栈函数 */
{
    /*编写进栈子程序*/
}

int popc( char *stack, int *toppt, char *cp )        /* char 型元素出栈函数 */
{
    /*编写出栈子程序*/
}

int eval( ____________________ )        /* 算术运算 */
{
    /*编写算术运算子程序*/

}

int operate( char *str, int *exp ) /* 计算后缀表达式的值, 返回 0:成功 -1:表达式错误 -2:栈满 */
{
    char c;
    int opd1, opd2, temp, c1;
        int s[MAXN];
    int i;
        int top = 0;
    for( i = 0; str[i] != '\0'; i++ ){
        c = str[i];
        if( c >= '0' && c <= '9' ){     /* 数字进栈 */
            c1 = c - '0';        /* 将字符转换成数字值 */
            if( push( s, MAXN, &top, c1 ) != 0 ){
```

```
                printf( "表达式太长，栈满" );
                return -2;
            }
        }
        else if( c == '+' || c == '-' || c == '*' || c == '/' )
 { /* 运算符 */
            pop( s, &top, &opd1 );
            if( pop( s, &top, &opd2 ) != 0 )
                return -1;
            temp = eval( c, opd2, opd1 );
            _________1_________          ;
        }
        else
            return -1;
    }

    ______2______        /* 取出结果 */
    if( top != 0 )       /* 栈非空 */
        return -1;
    return 0;
}
```

```
int trans( char *sin, char *sout ) /* 将中缀表达式转换成后缀，返回 0：处理成功 */
{
    char s[MAXN], c;                    /* 定义栈，栈元素 */
    ______3______                       /* 设置为空栈 */
    int off = 0;                 /* 数组下标 */
    int i;
    for( i = 0; sin[i] != '\0'; i++ ) /* 遇到休止符，表示表达式输入结束 */
        if( sin[i] >= '0' && sin[i] <= '9' )    /* 输入数字，进数组 */
            sout[ ____4____ ] = sin[i];
        else switch( sin[i] ) {
            case '(':     /* 左括号，括号入栈 */
                pushc( s, MAXN, &top, sin[i] );
                    break;
            case ')':     /* 右括号，将栈中左括号前的元素出栈，存入数组 */
                while( 1 ){
                    if( popc( s, &top, &c ) != 0 ){      /* 栈空 */
                        printf( "表达式括号不匹配\n" );
                        return -1;
                    }
                    if( c == '(' )       /* 找到匹配的括号 */
                        break;
                  sout[ off++ ] = c;    /* 栈顶元素入数组 */
                }
                    break;
            case '+':     /* 为'+','-'，将栈中左括号前的元素出栈，存入数组 */
```

```
            case '-':
                while( top > 0 && s[top-1] != '(' ) {
                    ______5______
                    sout[ off++ ] = c;
                }
                pushc( s, MAXN, &top, sin[i] );    /* '+','-'符号入栈 */
                        break;
            case '*':    /* 为'*','/', 将栈顶'*','/'符号出栈, 存入数组 */
            case '/':
                while( top>0 && (s[top-1] == '*' || s[top-1] == '/' ) ){
                    popc( s, &top, &c );
                    sout[ off++ ] = c;
                }    /*这段循环如何用 if 语句实现? */
                pushc( s, MAXN, &top, sin[i] );    /* '*','/'符号入栈 */
                        break;
        }
    while(______6______)            /* 所有元素出栈, 存入数组 */
        sout[ off++ ] = c;
    sout[ off ] = '\0';             /* 加休止符 */
    return 0;
}

void main()
{
    char *sin;              /* 输入表达式指针, 中缀表示 */
    char *sout;             /* 输出表达式指针, 后缀表示 */
    int i;
    sin = (char *)malloc( 1024 * sizeof(char) );
    sout = (char *)malloc( 1024 * sizeof(char) );
    if(   ______7______    ) {
        printf( "内存申请错误!\n" );
        return;
    }
    printf( "请输入表达式: " );
    gets( sin );
       if( ______8______ ) {            /* 转换成功 */
printf( "后缀表达式为:[%s]\n", sout );
        switch( ______9______ ) {
            case 0:
                printf( "计算结果为: [%d]\n", i );
                break;
            case -1:
                printf( "表达式错误\n" );
                break;
            case -2:
                printf( "栈操作错误\n" );
                break;
```

```
            }
        }
    }
```

实验 4　队列的基本操作

一、队列的基本概念

前面所讲的栈是一种后进先出的数据结构，在实际问题中还经常使用一种“先进先出”（First In First Out，FIFO）的数据结构，即插入在表一端进行，而删除在表的另一端进行，将这种数据结构称为队或队列，把允许插入的一端叫队尾（rear），把允许删除的一端叫队头（front）。如图 9.2 所示是一个有 5 个元素的队列，入队的顺序依次为 a_1、a_2、a_3、a_4、a_5，出队时的顺序将依然是 a_1、a_2、a_3、a_4、a_5。

出队 ← a_1 a_2 a_3 a_4 a_5 ← 入队

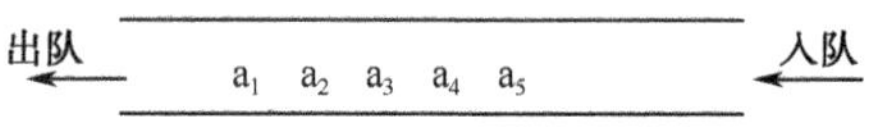

图 9.2　队列示意图

显然，队列也是一种运算受限制的线性表，所以又叫先进先出表，简称 FIFO 表。

在日常生活中队列的例子很多，如排队买东西，排前面的买完后走掉，新来的排在队尾。在队列上进行的基本操作有：队列初始化、入队操作、出队操作、读队头元素、判队空。

二、实验目的

1．掌握链接存储队列的进队和出队等基本操作；
2．掌握环形队列的进队和出队等基本操作；
3．加深对队列结构的理解，逐步培养解决实际问题的编程能力。

三、实验内容

（一）基础题

1．编写链接队列的基本操作函数。

（1）EnQueue（QUEUE **head，QUEUE **tail，int x）：进队操作。
（2）DeQueue（QUEUE **head，QUEUE **tail，int *cp）：出队操作。
（3）OutputQueue（QUEUE *head）：输出队列中的元素。

2．调用上述函数实现下列操作，操作步骤如下：

（1）调用进队函数建立一个队列；
（2）读取队列的第一个元素；
（3）从队列中删除元素；
（4）输出队列中所有元素。

注：每完成一个步骤，必须及时输出队列中元素，便于观察操作结果。

3．编写环形队列的基本操作函数。

（1）EnQueue（int *queue，int maxn，int *head，int *tail，int x）
进队操作，返回 1:队满。
（2）DeQueue（int *queue，int maxn，int *head，int *tail，int *cp）

出队操作 返回 1:队空。

（3）OutputQueue（int *queue，int maxn，int h，int t）输出队列中的元素。

4．调用上述函数实现下列操作，操作步骤如下：

（1）调用进队函数建立一个队列；

（2）读取队列的第一个元素；

（3）从队列中删除元素；

（4）输出队列中所有元素。

注：每完成一个步骤，必须及时输出队列中的元素，便于观察操作结果。

（二）提高题

5．医务室模拟。

［**问题描述**］假设只有一名医生，在一段时间内随机地来几位患者，假设患者到达的时间间隔为 0～14 分钟之间的某个随机值，每个患者所需处理时间为 1～9 分钟之间的某个随机值。试用队列结构进行模拟。

［**实现要求**］要求输出医生的总等待时间和患者的平均等待时间。

［**程序设计思想**］计算机模拟事件处理时，程序按模拟环境中的事件出现顺序逐一处理，在本程序中体现为医生逐个为到达的患者看病。当一个患者就诊完毕而下一位还未到达时，时间立即推进为下一位患者，中间时间为医生空闲时间。当一个患者还未结束之前，另有一位患者到达，则这些患者应依次排队，等候就诊。

6．招聘模拟。

［**问题描述**］某集团公司为发展生产，向社会公开招聘 m 个工种的工作人员，每个工种各有不同的编号（0～$m-1$）和计划招聘人数，参加应聘人数为 n（编号为 0～$n-1$）。每位应聘者需申报两个工种，并参加公司组织的考试。公司将按应聘者成绩从高到低的顺序进行排队录取。公司的录取原则是：从高分到低分依次对每位应聘者先按其第一志愿录取；当不能按第一志愿录取时，便将他的成绩扣去 5 分后，重新排队，并按其第二志愿考虑录取。

程序为每个工种保留一个录取者的有序队列。录取处理循环直至招聘额满或已对全部应聘者都做了录用处理。

［**实现要求**］要求程序输出每个工种的录用者信息（编号、成绩），以及落选者的信息（编号、成绩）。

［**程序设计思路**］程序中按应聘者成绩从高到低的顺序进行排队录取。如果在第一志愿队列中落选，便将他的成绩扣去 5 分后重新排队，并按其第二志愿考虑录取。程序为每个工种保留一个录取者的有序队列。录取处理循环直至招聘额满或已对全部应聘者都做了录用处理。

四、参考程序

程序 1：题 1，链接队列的基本操作函数。

```
#include<stdio.h>
#include<alloc.h>
typedef struct queue {          /*  定义队列结构  */
        int data;            /*  队列元素类型为 int */
        struct queue *link;
}QUEUE;
```

```
void EnQueue( QUEUE **head, QUEUE **tail, int x ) /*  进队操作  */
{
    QUEUE *p;
    p = (QUEUE *)malloc( sizeof(QUEUE) );
    ______1______
    p->link = NULL;        /*  队尾指向空  */
    if( *head == NULL )    /*  队首为空，即为空队列  */
        ______2______
    else {
        (*tail)->link = p; /*  新单元进队列尾  */
        *tail = p;         /*  队尾指向新入队单元  */
      }
}

int DeQueue( QUEUE **head, QUEUE **tail, int *cp )       /*  出队操作  1:队空  */
{
    QUEUE *p;
      p = *head;
    if( *head == NULL )          /*  队空  */
        return 1;
    *cp = (*head)->data;
    *head =______3______
    if( *head == NULL )          /*  队首为空，队尾也为空  */
        *tail = NULL;
    free( p );                   /*  释放单元  */
      return 0;
}

void OutputQueue( QUEUE *head )          /*  输出队列中元素  */
{
    while______4______() {
        printf( "%d ", head->data );
        head = head->link;
    }
      printf( "\n" );
```

程序 2：题 2，主程序。

```
void main()
{
    QUEUE *head, *tail;
    int op, i;
    head = tail = NULL;          /*______1______    */
      while( 1 )
    {
        printf( "请选择操作，1：进队  2：出队  0：退出  " );
        fflush( stdin );    /*  清空标准输入缓冲区  */
```

```
            scanf( "%d", &op );
            switch( op ) {
                case 0:             /* 退出 */
                    return;
                case 1:             /* 进队 */
                    printf( "请输入进队元素：" );
                    scanf( "%d", &i );
                    _______2_______;
                    printf( "队内元素为:\n" );
                    OutputQueue( head );
                    break;
                case 2:             /* 出队 */
                    if(_______3_______== 0 ) {/* 出队成功 */
                        printf( "出队元素为: [%d] , 队内元素为:\n" , i );
                        OutputQueue( head );
                    }
                    else
                        printf( "队空\n" );
                    break;
            }
        }
}
```

程序3：题3，环形队列的基本操作函数。

```
#include<stdio.h>
#include<alloc.h>
#define MAXN 11                          /* 定义环形顺序队列的存储长度 */
int EnQueue( int *queue, int maxn, int *head, int *tail, int x )/* 进队操作，返回 1:队满 */
{
    if(_______1_______== *head )         /* 队尾指针赶上队首指针，队满 */
        return 1;
      *tail =_______2_______             /* 队尾指针+1 */
    queue[*tail] = x;                    /* 元素入对尾 */
      return 0;
}

int DeQueue( int *queue, int maxn, int *head, int *tail, int *cp )
/* 出队操作 返回 1:队空 */
{
    if( *head == *tail )                 /* 队首=队尾，表明队列为空 */
        return 1;
    *head = ( *head + 1 ) % maxn;        /* 队首指针+1 */
     _______3_______   /* 取出队首元素 */
      return 0;
}
```

```
void OutputQueue( int *queue, int maxn, int h, int t )  /* 输出队列中元素 */
{
    while(________4________) {          /* */
        h = ( h + 1 ) % maxn;
        printf( "%d ", queue[h] );
    }
    printf( "\n" );
}
```

程序 4：题 4，主程序。

```
void main()
{
    int q[MAXN];              /* 假设环形队列的元素类型为 int */
    int q_h=0, q_t=0;         /* 初始化队首,队尾指针为 0 */
    int op, i;

    while( 1 )
    {
        printf( "请选择操作，1：进队 2：出队 0：退出 " );
        fflush( stdin );    /* 清空标准输入缓冲区 */
        scanf( "%d", &op );
        switch( op ) {
            case 0:              /* 退出 */
                return;
            case 1:              /* 进队 */
                printf( "请输入进队元素：" );
                scanf( "%d", &i );
                if(  ________1________!= 0 )
                    printf( "队列满\n" );
                else {
                    printf( "入队成功, 队内元素为:\n" );
                    OutputQueue( q, MAXN, q_h, q_t );
                }
                break;
            case 2:              /* 出队 */
                if(________2________== 0 ) {/* 出队成功 */
                    printf( "出队元素为: [%d] , 队内元素为:\n" , i );
                    OutputQueue( q, MAXN, q_h, q_t );
                }
                else
                    printf( "队空\n" );
                break;
        }
    }
}
```

程序 5：题 5，医务室模拟程序。

```
#include<stdio.h>
#include<stdlib.h>
#include<alloc.h>
typedef struct {
      int arrive;          /* 患者到达时间 */
      int treat;           /* 患者处理时间 */
}PATIENT;
typedef struct queue {          /* 定义队列结构 */
      PATIENT data;             /* 队列元素类型为 int */
      struct queue *link;
}QUEUE;

void EnQueue( QUEUE **head, QUEUE **tail, PATIENT x )     /* 进队操作 */
{
      /*编写进队操作子程序*/
}

int DeQueue( QUEUE **head, QUEUE **tail, PATIENT *cp )     /* 出队操作 1:队空 */
{
/*编写出队操作子程序*/

}

void OutputQueue( QUEUE *head )          /* 输出队列中元素 */
{
      while(_______1_______) {
      printf( "到达时间: [%d]  处理时间: [%d]\n ", head->data.arrive, head->data.treat );
            head = head->link;
      }
}

void InitData( PATIENT *pa, int n )  /* 生成患者到达及处理时间的随机数列 */
{
      int parr = 0;                    /* 前一个患者到达的时间 */
         int i;
      for( i = 0; i < n; i++ ) {
            pa[i].arrive = parr + random( 15 ); /* 假设患者到达的时间间隔为 0～14 */
            pa[i].treat = random( 9 ) + 1;        /* 假设医生处理时间为 1～9 */
            parr = pa[i].arrive;
 printf( "第[%d]个患者到达时间为[%d]处理时间为[%d]\n", i+1, parr, pa[i].treat );
         }
}

void main()
```

```
{
    QUEUE *head, *tail;
        PATIENT *p, curr;               /* 患者到达及处理时间信息，当前出队患者信息 */
    int n, i, finish;
    int nowtime;                        /* 时钟 */
    int dwait, pwait;           /* 医生累计等待时间，患者累计等待时间 */
        head = tail = NULL;             /* 将队列头和尾置为空 */
        while( 1 )
    {
        n = 0;
        nowtime = dwait = pwait = 0;
        printf( "请输入患者总数(1～20),= 0：退出 " );
        scanf( "%d", &n );
        if( n == 0 )        /* 退出 */
            return;
        if( n > 20 || n < 0 )
                continue;
            if( ( p = ( PATIENT *)malloc( n * sizeof( PATIENT ) ) ) ==______2______)
            {   printf( "内存申请错误\n" );
                return;
        }
        ______3______/* 生成患者到达及处理时间的随机数列 */
        for( i = 0;______4______; ) {/* 患者到达未结束或还有等待，处理 */
            if( head == NULL ) {  /* 等待队列为空 */
                if(p[i].arrive - nowtime > 0)/* 患者到达时间与上次处理时间迟 */
                ______5______        /* 累计医生等待时间 */
                nowtime = p[i].arrive;         /* 时钟推进 */
                ______6______        /* 患者入队 */
            }
            DeQueue( &head, &tail, &curr );          /* 出队一位患者 */
            ______7______        /* 累计患者等待时间 */
            finish = nowtime + curr.treat;           /* 当前患者处理结束时间 */
            while( i < n && p[i].arrive <= finish )
                /* 下一位患者到达时间在当前患者等待时间结束之前，入队 */
                ______8______
            nowtime = finish;                /* 时钟推进到当前患者处理结束时间 */
        }
        free( p );          /* 释放空间 */
        printf( "医生等待时间[%d]，患者平均等待时间[%.2f]\n", dwait, (float)pwait/n );
    }
}
```

程序 6：题 6，招聘程序。

```
#include<stdio.h>
#include<stdlib.h>
#include<alloc.h>
```

```
#define DEMARK 5            /* 按第二批录用的扣分成绩 */
typedef struct stu {        /* 定义招聘人员信息结构 */
    int no, total, z[2], sortm, zi;  /* 编号, 总成绩, 志愿, 排除成绩, 录取志愿号 */  struct stu *next;
}STU;
typedef struct job{
    int lmt, count;         /* 计划录用人数, 已录用人数 */
    STU *stu;         /* 录用者有序队列 */
}JOB;
STU *head=NULL, *over=NULL;
int all;
void OutPutStu( STU *p )        /* 输出应聘人员有序队列中编号和成绩 */
{
    for( ;_______1_______; p = p->next )
        printf( "%d(%d)\t", p->no, p->total );
}

void FreeStu( STU **p )              /* 释放应聘人员空间 */
{
    STU *q;
    while( *p != NULL ) {
        q = *p;
        _______2_______
        free( q );
      }
}

void Insert( STU **p, STU *u )          /* 按排除成绩从大到小顺序插队 */
{
    STU *v, *q;                  /* 插队元素的前后元素指针 */
    for( q = *p; q != NULL; v = q, q = q->next )
        if(_______3_______) /* 队中工人成绩<插入元素成绩 */
            break;
    if( q == *p )                /* 插入到队首 */
        *p = u;
    else                    /* 不为队首插入 */
        _______4_______
      u->next = q;               /* 新元素的后继元素指针 */
}

int InitJob( JOB **h, int n, int *all )  /* 随机生成工种信息 */
{
    int i;
      JOB *p;
    *all = 0;
      printf( "工种信息{工种号(计划招聘人数)}\n" );
    if( ( p = ( JOB * )malloc( n * sizeof( JOB ) ) ) == NULL ) {
        printf( "内存申请错误!\n" );
```

```
        return -1;
    }
    for( i = 0; i < n; i++ ) {
        p[i].lmt = random( 10 ) + 1;          /* 假设工种招聘人数为 1～10 */
        p[i].count = 0;
        p[i].stu = NULL;
        *all += p[i].lmt;
        printf( "%d(%d)\t", i, p[i].lmt );
    }
    printf( "\n 总招聘人数[%d]\n", *all );
    *h = p;
    return 0;
}

int InitStu( STU **h, int n, int m )       /* 随机生成应聘人员信息 */
{
    STU *p;
    int i;
    printf( "应聘人员信息{编号, 成绩, 志愿 1, 志愿 2}\n" );
    for( i = 0; i < n; i++ ) {
        if( ( p = ( STU * )malloc( sizeof( STU ) ) ) == NULL ) {
            printf( "内存申请错误!\n" );
            return -1;
        }
        p->no = i;
        p->total = p->sortm = random( 201 );
        p->z[0] = random( m );               /* 应聘人员第一志愿 0～m-1 */
        p->z[1] = random( m );               /* 应聘人员第二志愿 0～m-1 */
        p->zi = 0;                       /* 录取志愿初始化为 0, 即第一志愿 */
        printf( "%d,%3d,%d,%d\t", i, p->total, p->z[0], p->z[1] );
        Insert( h, p );
    }
    printf( "\n" );
    return 0;
}

void main()
{
    int m;                               /* 工种总数, 编号为 0～M-1 */
    int n;                       /* 应聘人员总数 */
    JOB *rz;
    int all;                     /* 计划招聘人员总数 */
    STU *head=NULL, *over=NULL;/* 应聘人员队列, 落聘人员队列 */
    STU *p;
    int i;
    while( 1 )
    {
```

```
m = n = 0;
printf( "请输入工种总数(1～20),= 0：退出 " );
scanf( "%d", &m );
if( m == 0 )        /* 退出 */
    return;
if( m > 20 || m < 0 )
        continue;
if(________5________!= 0 )   /* 生成工种信息 */
    return;
printf( "\n 请输入应聘人员总数(5～400),= 0：退出 " );
scanf( "%d", &n );
if( n == 0 )        /* 退出 */
    return;
if( n < 5 || n > 400 ) {
        free( rz );   /* 释放工种信息空间 */
    continue;
    }
if(________6________!= 0 )   /* 生成应聘人员信息 */
    return;
      printf( "\n 应聘人员队列\n" );
OutPutStu( head );
While(________7________) { /* 当人员没招满且队列不为空 */
    p = head;                  /* 取应聘人员队首指针 */
    head = head->next;             /* 队首指针下移 */
    i = p->z[ p->zi ];         /* 取该应聘人员的应聘工种号 */
    if( rz[i].count < rz[i].lmt ) {  /* 该工种人员没招满 */
        rz[i].count++;
        ________8________
        all--;
        continue;
    }
    if( p->zi >= 1 ) {
        p->next = over;            /* 该工人入落聘者队列 */
        over = p;
        continue;
    }
    p->sortm -= DEMARK;        /* 该工种已招满，工人分数降档 */
    p->zi = 1;          /* 该工人改为第二志愿 */
    ________9________      /* ________10________*/
}
for( i = 0; i < m; i++ ) {        /* 打印各工种招聘情况 */
    printf( "\n 工种[%d]招聘情况\n", i );
    OutPutStu( rz[i].stu );
    printf( "\n" );
}
printf( "\n 落聘人员\n" );
OutPutStu( head );
```

```
            OutPutStu( over );
            printf( "\n" );
            for( i = 0; i < m; i++ )               /* 释放各工种招聘人员空间 */
                FreeStu( &rz[i].stu );
            ______11______                          /* 释放落聘人员空间 */
            FreeStu( &over );                       /* 释放落聘人员空间 */
            free( rz );                             /* 释放工种信息空间 */
        }
    }
```

实验 5　字符串的基本操作

一、串的基本概念

串是由零个或多个任意字符组成的字符序列。一般记做：

s="a_1 a_2 … a_n"

n 为串的长度，表示串中所包含的字符个数，当 $n = 0$ 时，称为空串，通常记为 Φ。

二、实验目的

1．掌握字符串的基本操作；
2．掌握字符串函数的基本使用方法；
3．加深对字符串的理解，逐步培养解决实际问题的编程能力。

三、实验内容

（一）基础题

1．采用顺序结构存储串，编写一个函数 substring(str1,str2)，用于判定 str2 是否为 str1 的子串。

［程序设计思路］ 设 str1="$a_0a_1 \cdots a_m$",
str2="$b_0b_1 \cdots b_n$"

从 str1 中找与 b_0 匹配的字符 a_i，若 $a_i = b_0$，则判定 $a_{i+1}= b_1$, … $a_{i+n}= b_n$，若都相等，则结果是子串，否则继续比较 a_i 之后的字符。

2．**［问题描述］** 编写一个函数，实现在两个已知字符串中找出所有非空最长公共子串的长度和最长公共子串的个数。

［实现要求］ 输出非空最长公共子串的长度和最长公共子串的个数。

［程序设计思路］ 设两个字符串首指针分别为 str1 和 str2，它们的长度分别记为 len1 和 len2。不失一般性，设有 len1>=len2，则它们最长的公共子串长度不会超过 len2。程序为找最长的公共子串，考虑找指定长度的所有公共子串的子问题。在指定长度从 len2 开始逐一递减的寻找过程中，一旦找到了公共子串，程序最先找到的公共字符串就是最长公共子串。

（二）提高题

3．**［问题描述］** 对预处理后的正文进行排版输出。假定，预处理后的正文存放在字符串

s 中，s 由连续的单词组成，单词由连续的英文字母组成。在预处理过程中已产生以下信息：变量 nw 存放正文中单词的个数，数组元素 sl（i）存放正文中第 *i* 个单词在 s 中的字符位置，sn（i）存放正文中第 *i* 个单词的长度。规定 s 中的字符位置从 1 开始计数，每个字符占一个位置。字符串 s 中的某个单词可用以下的子串形式来存取：s（单词起始位置：单词终止位置），并规定在字符串（或子串）赋值时，赋值号两端的字符串（或子串）长度必须相等。

［**实现要求**］

（1）每行输出 80 个字符；

（2）一个单词不能输出在两行中；

（3）除最后一行外，所有输出既要左对齐又要右对齐。即每行的第一个字符必须是某个单词的第一个字母，最后一个字符必须是某个单词的最后一个字母；

（4）单词之间必须有 1 个或 1 个以上的空格；

（5）最后一行只需左对齐，且单词之间均只有一个空格；

（6）使空格尽可能均匀地分布在单词之间，即同一行中相邻的单词间的空格数最多相差 1。

四、参考程序

程序 1：题 1，字符串匹配。

```
#include <stdio.h>
#include <string.h>
/* 简单模式匹配算法 */
int simple_match( char *t, char *p )
{
    int n, m, i, j, k;
    n = strlen( t );
    m = strlen( p );
    for( j = 0;_____1_____; j++ ) {      /* 顺序考察从 t[j]开始的子串 */
        for( i = 0;_____2_____; i++ )
            ;                            /* 从 t[j]开始的子串与字符串 p 比较 */
        if( i == m )                     /* 匹配成功 */
            return 0;
    }
      return 1;                          /* 匹配失败 */
}

void main()
{
    char *s1[]={ "Abcabc", "Abc123ab", "eeefffg" };
    char *s2[]={ "aBc", "c123", "fge" };
    int i;
    for( i = 0; i < 3; i++ ) {
        printf( "长字符串[%s]  匹配子串[%s] ", s1[i], s2[i] );
        if(_____3_____)
            printf( "   匹配成功\n" );
        else
```

```
            printf( "匹配失败\n" );
        }
}
```

程序 2：题 2，公共字符串。

```
#include <stdio.h>
#include<string.h>
int commstr( char *str1, char *str2, int *lenpt )
{
    int len1, len2, ln, count, i, k, p;
    char *st, form[20];
    if( (len1=strlen(str1)) < (len2=strlen(str2)) ) { /*  使 str1 的长度不小于 str2 */
        st = str1;
        str1 = str2;
        str2 = st;
        ln = len1;
        len1 = len2;
        len2 = ln;
    }
    count = 0;
    for(_______1_______; ln > 0; ln-- ) {     /*  找长为 ln 的公共子串  */
        for( k = 0;_______2_______; k++ ) {
                /*  自 str2[k]开始的长为 ln 的子串与 str1 中的子串比较  */
            for( p = 0; p + ln <= len1; p++ ) {
            /* str1 中的子串自 str1[p]开始，两子串比较通过对应字符逐一比较实现  */
                for( i = 0;_______3_______; i++ );
                if( i == ln ) {       /*  找到一个最长公共子串  */
                    sprintf( form, "子串%%d[%%%d.%ds]\n", ln, ln );
                    printf( form, ++count, str2+k );
                                }
            }
        }
        if(_______4_______)
            break;
    }
    _______5_______;
      return count;
}

void main()
{
    int c, len;
    c = commstr( "Abc1AbcsAbcd123", "123Abc", &len );
      printf( "共有%d 个长为%d 的公共子串\n", c, len );
}
```

程序 3：题 3，排版输出。

```
#include <stdio.h>
#include <string.h>
/* 正文排版输出函数 s:预处理后的正文 nw:单词个数 sl:单词在 s 中的起始位置 sn:单词长度 */
void paiban( char *s, int nw, int *sl, int *sn )
{
    int i, j, n, k, lnb, ln, m, ln1, lnw;
        char info[81];
        ln = sn[0];         /* 一行中单词长度之和(包括每个单词间的一个空格) */
    for( i=1,j=0; i < nw; i++ ) {  /* 循环输出至最后一行前 */
        ln1 = ln + 1 + sn[i];
        if(______1______)
            ln = ln1;
        else {
            n = 80 - ln;
            lnw =______2______;     /* 每个单词间隔的空格 */
            lnb =______3______;     /* 按 lnw 个间隔排版后，还多余的空格 */
            for( k = 0; k < 80; k++ )    /* 将行输出内容初始化成全部空格 */
                info[k] = ' ';
            info[80] = '\0';
            k = 0;                  /* k 值为下一个单词在行中的起始位置 */
            while( j < i ) {                /*在一行中输出第 j 个至第 i 个单词*/
                for( m = 0; m < sn[j]; m++ ) /* 将单词复制到行中 */
                    ______4______ = s[ sl[j] + m ];
                k +=______5______;     /* 设置下一单词位置 */
                if( lnb > 0 ) {          /* 该行中还有多余的空格 */
                    k++;
                    ______6______;
                }
                j++;
            }
            printf( "%s", info );
            ln = sn[i];
        }
    }
    for( k = 0; k < 80; k++ )
        info[k] = ' ';
    info[80] = '\0';
    k = 0;
    while(______7______) {
        for( m = 0; m < sn[j]; m++ )
            info[k+m] = s[ sl[j] + m ];
        k += 1 + sn[j];
        j++;
    }
    printf( "%s\n", info );
```

```
}

void main()
{
        int i;
        char form[10];
char str[]="maggie\
is\
trying\
hard\
tolearn\
english\
spanishisthe\
language\
ofherthoughts\
anddreamsinshcool\
sheisquietandsad\
andsometimes\
angryshemovesalone\
fromonefourth-grade\
classtoanother\
thengoeshometowait\
forherparents\
toreturnfromwork\
wayafterdark\
shehasnot\
beenhappysinceshemovetowashington\
fromperu\
expertssaythat\
gamesandactivitys\
are\
the";
        int sn[]={5,6,7,8,9,10,11,12,13,14,15,16,17,18,19,
                20,21,22,23,24,25,26,4,3,2,1};
                int sl[]={0,5,11,18,26,35,45,56,68,81,95,110,126,143,161,
•               180,200,221,243,266,290,315,341,345,348,350};
            printf( "正文内容为:\n\n" );
        for( i=0; i<26; i++ ) {
                sprintf( form, "%%%d.%ds ", sn[i], sn[i] );
                printf( form, &str[sl[i]] );
        }
        printf( "\n\n 排版后输出内容为:\n\n" );
        paiban( str, 26, sl, sn );
}
```

实验6 二叉树的基本操作

一、二叉树的基本概念

二叉树（Binary Tree）是个有限元素的集合，该集合或者为空，或者由一个称为根（Root）的元素及两个不相交的、被分别称为左子树和右子树的二叉树组成。当集合为空时，称该二叉树为空二叉树。在二叉树中，一个元素也称为一个结点。

二叉树是有序的，即若将其左、右子树颠倒，就成为另一棵不同的二叉树。即使树中结点只有一棵子树，也要区分它是左子树还是右子树。因此二叉树具有五种基本形态，如图9.3所示。

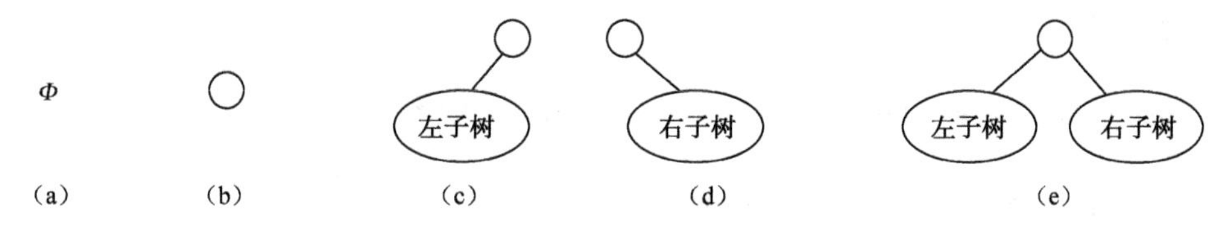

图9.3 二叉树的五种基本形态

二叉树有顺序存储结构和链式存储结构两种实现方式，本实验采用链式存储结构。

二、实验目的

1．掌握二叉树链表的结构和二叉排序树的建立过程；
2．掌握二叉排序树的插入和删除操作；
3．加深对二叉树的理解，逐步培养解决实际问题的编程能力。

三、实验内容

（一）基础题

1．编写二叉排序树的基本操作函数。

（1）SearchNode（TREE *tree，int key，TREE **pkpt，TREE **kpt），查找结点函数；
（2）InsertNode（TREE **tree，int key），二叉排序树插入函数；
（3）DeleteNode（TREE **tree，int key），二叉排序树删除函数。

2．调用上述函数实现下列操作：

（1）初始化一棵二叉树；
（2）调用插入函数建立一棵二叉排序树；
（3）调用查找函数在二叉树中查找指定的结点；
（4）调用删除函数删除指定的结点，并动态显示删除结果。

注：要求动态显示二叉树的建立过程。

（二）提高题

3．已知以二叉链表为存储结构，试编写按中序遍历并打印二叉树的算法。

［**程序设计思路**］采用一个栈，先将二叉树根结点入栈，若它有左子树，便将左子树根结点入栈；直到左子树为空，然后依次退栈并输出结点值，若输出的结点有右子树，便将右子树根结点入栈，如此循环入栈退栈，直到栈为空。

四、参考程序

程序 1：题 1，二叉树的基本操作函数。

```
typedef struct tree {          /* 定义树的结构 */
    int data;                  /* 假定树的元素类型为 int */
    struct tree *lchild;       /* 左孩子*/
    struct tree *rchild;       /* 右孩子*/
}TREE;
typedef struct stack {         /* 定义链接栈结构 */
    TREE *t;                   /* 栈结点元素为指向二叉树结点的指针 */
    int flag;                  /* 后序遍历时用到该标志 */
    struct stack *link;        /* 栈结点链接指针 */
}STACK;

void push( STACK **top, TREE *tree )      /* 树结点入栈 */
{
    STACK *p;                  /* 工作指针 */
    p = (STACK *)malloc( sizeof(STACK) );      /* 申请栈结点 */
    p->t = tree;               /* 根结点进栈 */
    p->link = *top;            /* 新栈结点指向栈顶 */
    *top = p;                  /* 栈顶为新结点 */
}

void pop( STACK **top, TREE **tree )      /* 出栈，栈内元素赋值给树结点 */
{
    STACK *p;                       /* 工作指针 */
    if( *top == NULL )              /* 空栈 */
      *tree = NULL;
    else {                          /* 栈非空 */
        *tree = (*top)->t;          /* 栈顶结点元素赋值给树结点 */
        p = *top;
        *top = (*top)->link;        /* 栈顶指向下一个链接，完成出栈 */
        free( p );                  /* 释放栈顶结点空间 */
    }
}

void SearchNode( TREE *tree,        /* 查找树根结点 */
    int key,                        /* 查找键值 */
    TREE **pkpt,                    /* 返回键值为 key 结点的父结点的指针 */
    TREE **kpt )                    /* 返回键值为 key 结点的指针 */
{
    *pkpt = NULL;                   /* 初始化为查找结点不存在 */
    *kpt = tree;                    /* 从根结点开始查找 */
    while(______1______) {
        if(______2______== key )      /* 找到 */
```

```
                return;
            *pkpt = *kpt;       /* 当前结点作为 key 键值的父结点，继续查找 */
            if( key < (*kpt)->data )/* 键值小于当前结点，查左子树 */
                ________3________;
            else                        /* 键值大于当前结点，查右子树 */
                ________4________;
        }
}
int InsertNode( TREE **tree, int key )
/* 查找树上插入新结点，返回 1:该键值结点已存在，-1:内存申请失败 */
{
        TREE *p, *q, *r;
        SearchNode( *tree, key, &p, &q );
        if(________5________)                /* 找到相同键值的结点，不插入 */
            return 1;
        if( (r = (TREE *)malloc( sizeof(TREE) ) ) == NULL )       /* 申请新结点空间 */
            return -1;
        ________6________;
        r->lchild = r->rchild = NULL;       /* 新结点的左右子树为空 */
        if( p == NULL )                     /* 如果为空树，新结点为查找树的根结点 */
            *tree = r;
        else if( p->data > key ) /* 父结点键值大于新结点 */
            ________7________;             /* 新结点为左孩子 */
        else
            ________8________;             /* 新结点为右孩子 */
        return 0;
}

int DeleteNode( TREE **tree, int key )       /* 查找树上删除结点，返回 1:该键值结点不存在 */
{
        TREE *p, *q, *r;
        SearchNode( *tree, key, &p, &q );
        if( q == NULL )                     /* 该键值结点不存在 */
            return 1;
        if( p == NULL )                     /* 被删结点为父结点 */
            if( q->lchild == NULL ) /* 被删结点无左子树，则其右子树作为根结点 */
                *tree =________9________;
            else {              /* 被删结点有左子树，则将其左结点作为根结点 */
                *tree =________10________;
                r = q->lchild;
                while( r->rchild != NULL )
                /* 寻找被删结点左子树按中序遍历的最后结点 */
                    r = r->rchild;
                ________11________;  /* 被删结点右子树作为找到结点的右子数 */
            }
        else if(__12________)               /* 被删结点不是根结点，且无左子树 */
            if( q == p->lchild )
```

```
/* 被删结点为其父结点的左子结点,将其右子树作为父结点的左子树 */
                p->lchild = q->rchild;
        else /* 被删结点为其父结点的右子结点,将其右子树作为父结点的右子树 */
                ________13________;
        else {      /* 被删结点不是根结点, 且有左子树 */
            r = q->lchild;
            while( r->rchild != NULL )
/* 寻找被删结点左子树按中序遍历的最后结点 */
                r = r->rchild;
        ______14______;         /* 被删结点右子树作为找到结点的右子树 */
            if(______15______)
          /* 被删结点是其父结点的左子树结点,将其左子树作为父结点的左子树 */
                p->lchild = q->lchild;
            else
/* 被删结点为其父结点的右子树结点,将其右子树作为父结点的右子树 */
              p->rchild = q->lchild;
        }
        free( q );   /* 释放被删结点内存空间 */
          return 0;
}
```

程序 2：题 3，层次遍历打印二叉树。

```
void OutputTree( TREE *tree )
      /* 层次打印树结点, 中序遍历, 采用链接栈的迭代方法 */
{
      STACK *top;                      /* 栈顶指针 */
      int deep=0, no=0, maxdeep=0;     /* 初始化树深度和遍历序号为 0 */
      top = NULL;                      /* 初始化为空栈 */
      while(____1____) {   /* 循环条件为二叉树还未遍历完, 或栈非空 */
          while( tree != NULL ) {      /* 二叉树还未遍历完 */
                  ____2____;           /* 树结点入栈 */
              top->flag = ++deep;
              if( maxdeep < deep )
                  maxdeep = deep;
              ____3____;               /* 沿左子树前进, 将经过的结点依次进栈 */
          }
          if( top != NULL ) {          /* 左子数入栈结束, 且栈非空 */
              deep = ____4____;
              no++;
              ____5____;               /* 树结点出栈 */
              gotoxy( no * 4, deep + 2 );
              printf( ____6____ );     /* 访问根结点 */
              fflush( stdout );
              ____7____;               /* 向右子树前进 */
          }
      }
```

```
        gotoxy( 1, maxdeep + 3 );
        printf( "任意键继续\n" );
        getch();
}
```

程序 3：题 2，主函数。

```
/* 本程序实现了二叉查找树的建立，查找结点，删除结点，以及中序遍历，前序遍历，后序遍历的递归和迭代方法 */
#include<stdio.h>
#include<alloc.h>
#include<conio.h>
void main()
{
        TREE *t;                /* 定义树 */
        int op=-1, i, ret;
        t = NULL;               /* 初始化为空树 */
        while( op != 0 )
        {
                printf( "请选择操作，1：增加树结点 2：删除树结点 0：结束操作 " );
                fflush( stdin );    /* 清空标准输入缓冲区 */
                scanf( "%d", &op );
                switch( op ) {
                        case 0:         /* 退出 */
                                break;
                        case 1:         /* 增加树结点 */
                                printf( "请输入树结点元素：" );
                                scanf( "%d", &i );
                                switch(_____1_____) {
                                        case 0:         /* 成功 */
                                                clrscr();

                                                gotoxy( 1, 1 );
                                                printf( "成功，树结构为:\n" );
                                                OutputTree( t );
                                                break;
                                        case 1:
                                                printf( "该元素已存在" );
                                                break;
                                        default:
                                                printf( "内存操作失败");
                                                                break;
                                }
                                                break;
                        case 2:         /* 删除结点 */
                                printf( "请输入要删除的树结点元素：" );
                                scanf( "%d", &i );
```

```
            if( ____2____ ) {      /* 删除成功 */
                clrscr();
                gotoxy( 1, 1 );
                printf( "删除成功, 树结构为:\n"   );
                OutputTree( t );
            }
            else
                printf( "该键值树结点不存在\n" );
            break;
        }
    }
```

实验 7　树的遍历和哈夫曼树

一、二叉树的遍历

二叉树的遍历是指按照某种顺序访问二叉树中的每个结点，使每个结点被访问一次且仅被访问一次。

1．先序遍历（DLR）

对于图 9.4 所示的二叉树，按先序遍历所得到的结点序列为：

A B D G C E F

2．中序遍历（LDR）

对于图 9.4 所示的二叉树，按中序遍历所得到的结点序列为：

D G B A E C F

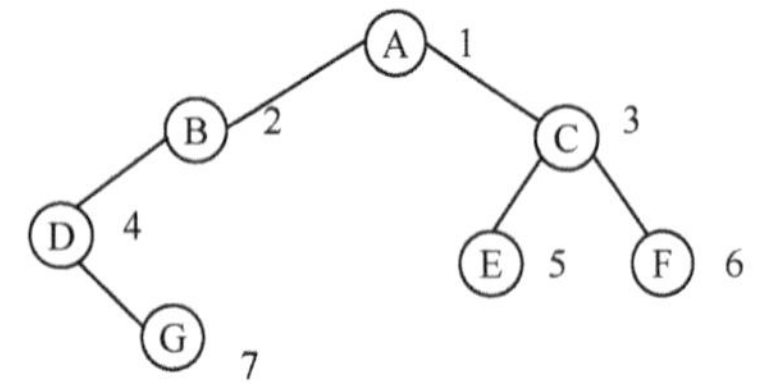

图 9.4　一棵非完全二叉树

3．后序遍历（LRD）

对于图 9.4 所示的二叉树，按先序遍历所得到的结点序列为：

G D B E F C A

4．层次遍历

对于图 9.4 所示的二叉树，按层次遍历所得到的结果序列为：

A B C D E F G

二、哈夫曼树的基本概念

最优二叉树也称为哈夫曼（Huffman）树，是指对于一组带有确定权值的叶子结点，构造的具有最小带权路径长度的二叉树。

三、实验目的

1．掌握用递归方法实现二叉树的遍历；

2．掌握用非递归方法实现二叉树的遍历；
3．掌握建立 Huffman 树的操作；
4．加深对二叉树的理解，逐步培养解决实际问题的编程能力。

四、实验内容

（一）基础题
1．编写二叉树的遍历操作函数。
（1）re_preorder（TREE *tree）：前序遍历，递归方法。
（2）re_midorder（TREE *tree）：中序遍历，递归方法。
（3）re_posorder（TREE *tree）：后序遍历，递归方法。
（4）st_preorder（TREE *tree）：前序遍历，采用链接栈的迭代方法。
（5）st_midorder（TREE *tree）：中序遍历，采用链接栈的迭代方法。
（6）st_posorder（TREE *tree）：后序遍历，采用链接栈的迭代方法.
2．调用上述函数实现下列操作：
（1）用递归方法分别前序、中序和后序遍历二叉树；
（2）用非递归方法分别前序、中序和后序遍历二叉树。
注：要求动态显示二叉树的建立过程。
（二）提高题
3．根据 Huffman 编码的原理，编写一个程序，在用户输入结点权重的基础上建立它的 Huffman 编码。
［**程序设计思路**］构造一棵 Huffman 树，由此得到的二进制前缀便为 Huffman 编码。由于 Huffman 树没有度为 1 的结点，则一棵有 n 个叶子结点的 Huffman 树共有 $2n-1$ 个结点，设计一个结构数组，存储 $2n-1$ 个结点的值，包括权重、父结点、左结点和右结点等。

五、参考程序

程序 1：题 1，二叉树的遍历操作函数。

```
typedef struct tree {          /* 定义树的结构 */
    int data;                  /* 假定树的元素类型为 int */
    struct tree *lchild;       /* 左孩子 */
    struct tree *rchild;       /* 右孩子 */
}TREE;
typedef struct stack {         /* 定义链接栈结构 */
    TREE *t;                   /* 栈结点元素为指向二叉树结点的指针 */
        int flag;              /* 后序遍历时用到该标志 */
    struct stack *link;        /* 栈结点链接指针 */
}STACK;

void re_preorder( TREE *tree )        /* 前序遍历, 递归方法 */
{
    /*编写前序遍历子程序*/
}
```

```
void re_midorder( TREE *tree )        /* 中序遍历, 递归方法 */
{
    if( tree != NULL ) {              /* 不为空子树时递归遍历 */
        re_midorder( tree->lchild );  /* 先遍历左子树 */
        printf( "%d ", tree->data );  /* 再遍历父结点 */
        re_midorder( tree->rchild );  /* 最后遍历右子树 */
    }
}

void re_posorder( TREE *tree )        /* 后序遍历, 递归方法 */
{
/*编写后序遍历子程序*/
}

void push( STACK **top, TREE *tree )          /* 树结点入栈 */
{
        STACK *p;        /* 工作指针          */
    p = (STACK *)malloc( sizeof(STACK) );     /* 申请栈结点 */
    p->t = tree;      /* 根结点进栈 */
    p->link = *top;          /* 新栈结点指向栈顶 */
    *top = p;         /* 栈顶为新结点 */
}

void pop( STACK **top, TREE **tree )          /* 出栈, 栈内元素赋值给树结点 */
{
    STACK *p;                 /* 工作指针 */
    if( *top == NULL )        /* 空栈 */
        *tree = NULL;
    else {                    /* 栈非空 */
        *tree = (*top)->t;    /* 栈顶结点元素赋值给树结点 */
        p = *top;
        *top = (*top)->link;  /* 栈顶指向下一个链接, 完成出栈 */
        free( p );            /* 释放栈顶结点空间 */
    }
}

void st_preorder( TREE *tree )        /* 前序遍历, 采用链接栈的迭代方法 */
{
    STACK *top;                       /* 栈顶指针 */
    top = NULL;                       /* 初始化为空栈 */
    while( tree != NULL ) {           /* 二叉树还未遍历完 */
        ____1____;                    /* 访问根结点 */
        if( ____2____ )               /* 右子树结点入栈 */
            push( &top, tree->rchild );
        if( tree->lchild != NULL )    /* 左子树结点入栈 */
            ____3____;
```

```
            pop( &top, &tree );          /* 树结点出栈 */
        }
    }

    void st_midorder( TREE *tree )       /* 中序遍历，采用链接栈的迭代方法 */
    {
        STACK *top;                      /* 栈顶指针 */
        top = NULL;                      /* 初始化为空栈 */
        while( ____4____ ) {             /* 循环条件为二叉树还未遍历完，或栈非空 */
            while( tree != NULL ) {      /* 二叉树还未遍历完 */
                push( &top, tree );      /* 树结点入栈 */
                ____5____;               /* 沿左子树前进，使经过的结点依次进栈 */
            }
            if( top != NULL ) {          /* 左子数入栈结束，且栈非空 */
                pop( &top, &tree );      /* 树结点出栈 */
                ______6______;           /* 访问根结点 */
                ______7______ ;          /* 向右子树前进 */
            }
        }
    }

    void st_posorder( TREE *tree )       /* 后序遍历，采用链接栈的迭代方法 */
    {
        STACK *top;                      /* 栈顶指针 */
        top = NULL;                      /* 初始化为空栈 */
        do{
            while( ____8____ ) {         /* 二叉树还未遍历完 */
                push( &top, tree );      /* 树结点入栈 */
                top->flag = 0;           /* 标志为 0，表示右子树未访问 */
                ____9____;               /* 沿左子树前进，将经过的结点依次进栈 */
            }
            if( top != NULL ) {          /* 栈非空 */
                while( top!=NULL && ____10____ ) {   /* 右子树已访问 */
                    pop( &top, &tree );     /* 出栈 */
                    printf( "%d ", tree->data );
                }
                if( top != NULL ) {
                    ____11____;             /* 置右子树为访问标志 */
                    tree = (top->t)->rchild; /* 查找栈顶元素的右子树 */
                }
            }
        }while( top != NULL );           /* 循环条件为栈非空 */
    }
```

程序 2：题 2，主函数。

```
/* 本程序实现了二叉查找树的中序遍历，前序遍历，后序遍历的递归和迭代方法 */
```

```
#include<stdio.h>
#include<alloc.h>
#include<conio.h>
void main()
{
      TREE *t;                /* 定义树 */
      int i,op=-1;
      t = NULL;               /* 初始化为空树 */
while( op != 0 )
      {
            printf( "请选择操作，1：增加树结点 0：结束操作 " );
            fflush( stdin );    /* 清空标准输入缓冲区 */
            scanf( "%d", &op );
            switch( op ) {
                  case 0:             /* 退出 */
                        break;
                  case 1:             /* 增加树结点 */
                        printf( "请输入树结点元素：" );
                        scanf( "%d", &i );
                        switch(   InsertNode( &t, i ) /* InsertNode（）函数在上一实验中有 */
{
                              case 0:             /* 成功 */
                                    clrscr();
                                    gotoxy( 1, 1 );
                                    printf( "成功，树结构为:\n" );
                                    OutputTree( t ); /* OutputTree()函数在上一实验中有 */

                                    break;
                              case 1:
                                    printf( "该元素已存在" );
                                    break;
                              default:
                                    printf( "内存操作失败");
                               break;
                  }
               break;
            }
}
      printf( "前序遍历, 递归方法\n" );
      re_preorder( t );          /* 前序遍历, 递归方法 */
         printf( "\n 任意键继续\n\n" );
         getch();

      printf( "中序遍历, 递归方法\n" );
      re_midorder( t );          /* 中序遍历, 递归方法 */
      printf( "\n 任意键继续\n\n" );
         getch();
```

```
        printf( "后序遍历, 递归方法\n" );
        re_posorder( t );         /* 后序遍历, 递归方法 */
        printf( "\n 任意键继续\n\n" );
            getch();
        printf( "前序遍历, 采用链接栈的迭代方法\n" );
        st_preorder( t );         /* 前序遍历, 采用链接栈的迭代方法 */
        printf( "\n 任意键继续\n\n" );
            getch();
        printf( "中序遍历, 采用链接栈的迭代方法\n" );
        st_midorder( t );         /* 中序遍历, 采用链接栈的迭代方法 */
        printf( "\n 任意键继续\n\n" );
            getch();
        printf( "后序遍历, 采用链接栈的迭代方法\n" );
        st_posorder( t );         /* 后序遍历, 采用链接栈的迭代方法 */
        printf( "\n 任意键退出\n\n" );
            getch();
    }
```

程序 3：题 3，Huffman 编码。

```
    #include<stdio.h>
    #define MAX 21
    typedef struct {  /* 定义 huffman 树结点结构 */
        char data;  /* 结点值 */
        int weight; /* 权重 */
        int parent; /* 父结点 */
        int left;   /* 左结点 */
        int right;  /* 右结点 */
    }huffnode;
    typedef struct {  /* 定义 huffman 编码结构 */
        char cd[MAX];
        int start;
    }huffcode;
    void main()
    {
        huffnode ht[2*MAX];
        huffcode hcd[MAX], d;
        int i, k, f, j, r, n=0, c, m1, m2;
        printf( "请输入元素个数( 1 --> %d ):", MAX-1);
        scanf( "%d", &n );
        if( n > MAX-1 || n < 1 )       /* 输入错误, 退出 */
            return;
        for( i = 0; i < n; i++ ) {
            fflush( stdin );
            printf( "第%d 个元素=>\n\t 结点值:", i+1 );
            scanf( "%c", &ht[i].data );
            printf( "\t 权重:" );
```

```
        scanf( "%d", &ht[i].weight );
    }
    for( i = 0;____1____; i++ )
        ht[i].parent = ht[i].left = ht[i].right = 0;
    for( i = n; i < 2 * n - 1; i++ ) {        /* 构造 huffman 树 */
        m1 = m2 = 0x7fff;
        j = r = 0;                     /* j, r 为最小权重的两个结点位置 */
        for( k = 0; k < i; k++ )
            if( ht[k].parent == 0 )
                if(____2____ < m1 ) {
                    m2 = m1;
                    r = j;
                      ____3____;
                    j = k;
                }
                else if( ht[k].weight < m2 ) {
                    m2 = ____4____;
                    r = k;
                }
        ht[j].parent = ____5____;
        ht[r].parent = ____6____;
        ht[i].weight = ____7____;
        ht[i].left = j;
        ht[i].right = r;
    }
    for( i = 0; i < n; i++ ) { /* 根据 huffman 树求 huffman 编码 */
        d.start = n;
        c = i;
        f = ht[i].parent;
        while( f != 0 ) {
            if(____8____ == c )
                d.cd[ --d.start ] = '0';
            else
                d.cd[ --d.start ] = ____9____;
            c = f;
            ____10____;
        }
          ____11____ = d;
    }
    printf( "输出 huffman 编码:\n" );
    for( i = 0; i < n; i++ ) {
        printf( "%c:", ht[i].data );
        for( k = hcd[i].start; k < n; k++ )
            printf("%c", hcd[i].cd[k] );
        printf( "\n" );
      }
}
```

实验 8　图的基本操作

一、图的定义和遍历

1．图的定义

图（Graph）是由非空的顶点集合和一个描述顶点之间的关系——边（或弧）的集合组成，其形式化定义为：

$$G = (V, E)$$
$$V = \{v_i | v_i \in 顶点集合\}$$
$$E = \{(v_i, v_j) | v_i, v_j \in V \wedge P(v_i, v_j)\}$$

其中，G 表示一个图，V 是图 G 中顶点的集合，E 是图 G 中边的集合，集合 E 中 $P(v_i, v_j)$表示顶点 v_i 和顶点 v_j 之间有一条直接连线，即偶对(v_i, v_j)表示一条边。图 6.1 给出了一个图的示例，在该图中：集合 $V = \{v_1, v_2, v_3, v_4, v_5\}$；集合 $E = \{(v_1, v_2),(v_1, v_4),(v_2, v_3),(v_3, v_4),(v_3, v_5),(v_2, v_5)\}$。

2．图的遍历

图的遍历是指从图中的任一顶点出发，对图中的所有顶点访问一次且只访问一次。图的遍历操作和树的遍历操作相似。图的遍历是图的一种基本操作，图的许多其他操作都建立在遍历操作的基础之上。

图的遍历通常有深度优先搜索和广度优先搜索两种方式，下面分别介绍。

（1）深度优先搜索。

深度优先搜索（Depth-First Search）类似于树的先根遍历，是树的先根遍历的推广。

假设初始状态是图中所有顶点未曾被访问，则深度优先搜索可从图中某个顶点发 v 出发，访问此顶点，然后依次从 v 的未被访问的邻接点出发深度搜索图，直至图中所有和 v 有路径相通的顶点都被访问到；若此时图中尚有顶点未被访问，则另选图中一个未曾被访问的顶点作为起始点，重复上述过程，直至图中所有顶点都被访问到为止。

（2）广度优先搜索。

广度优先搜索（Breadth-First Search）类似于树的按层次遍历的过程。

假设从图中某顶点 v 出发，在访问了 v 之后依次访问 v 的各个未曾访问过的邻接点，然后分别从这些邻接点出发依次访问它们的邻接点，并使“先被访问的顶点的邻接点”先于“后被访问的顶点的邻接点”被访问，直至图中所有已被访问的顶点的邻接点都被访问到。若此时图中尚有顶点未被访问，则另选图中一个未曾被访问的顶点作为起始点，重复上述过程，直至图中所有顶点都被访问到为止。换句话说，广度优先搜索图的过程中以 v 为起始点，由近至远，依次访问和 v 有路径相通且路径长度为 1, 2, …的顶点。

二、实验目的

1．掌握图的邻接矩阵、邻接表的表示方法；
2．掌握建立图的邻接矩阵的算法；
3．掌握建立图的邻接表的算法；
4．加深对图的理解，逐步培养解决实际问题的编程能力。

三、实验内容

（一）基础题

1．编写图基本操作函数。

（1）creat_graph（lgraph lg，mgraph mg）：建立图的邻接表，邻接矩阵。

（2）ldfs（lgraph g，int i）：邻接表表示的图的递归深度优先搜索。

（3）mdfs（mgraph g，int i，int vn）：邻接矩阵表示的图的递归深度优先搜索。

（4）lbfs（lgraph g，int s，int n）：邻接表表示的图的广度优先搜索。

（5）mbfs（mgraph g，int s，int n）：邻接矩阵表示的图的广度优先搜索。

2．调用上述函数实现下列操作：

（1）建立一个图的邻接矩阵和图的邻接表；

（2）采用递归深度优先搜索输出图的邻接矩阵；

（3）采用递归深度优先搜索输出图的邻接表；

（4）采用图的广度优先搜索输出图的邻接表；

（5）采用图的广度优先搜索输出图的邻接矩阵。

（二）提高题

3．求最少换车次数。

［**问题描述**］设某城市有 n 个车站，并有 m 条公交线路连接这些车站。设这些公交车都是单向的，这 n 个车站被顺序编号为 0 至 $n-1$。本程序，输入该城市的公交线路数、车站个数及各公交线路上的各站编号。

［**实现要求**］求得从站 0 出发乘公交车至站 $n-1$ 的最少换车次数。

［**程序设计思路**］利用输入信息构建一张有向图 G（用邻接矩阵 $\boldsymbol{g}$ 表示），有向图的顶点是车站，若有某条公交线路经 i 站能到达 j 站，就在顶点 I 到顶点 j 之间设置一条权为 1 的有向边<i, j>。这样，从站点 x 至站点 y 的最少上车次数便对应图 G 中从点 x 至点 y 的最短路径长度。程序要求的换车次数就是上车次数减 1。

四、参考程序

程序 1：题 1 与题 2，图基本操作函数及其调用。

```
#include<stdio.h>
#include<alloc.h>
#include<conio.h>
#define MAX 30                      /* 图中最多顶点数 */
typedef struct node {               /* 邻接表中链表的结点类型 */
   int vno;                         /* 邻接顶点的顶点序号 */
   struct node *next;               /* 后继邻接顶点 */
}edgeNode;
typedef edgeNode *lgraph[MAX]; /* 邻接表类型 */
typedef int mgraph[MAX][MAX]; /* 邻接矩阵类型 */
int visited[MAX];                   /* 访问标志 */
int queue[MAX];                     /* 广度优先搜索存储队列 */

int creat_graph( lgraph lg, mgraph mg )     /* 输入无向图的边，建立图的邻接表，邻接矩阵 */
```

```
{
    int vn, en, k, i, j;
    edgeNode *p;
    printf( "\n 邻接表方式建图\n" );
    while( 1 ) {                /* 输入图的顶点数，边数 */
        vn = en = 0;
        printf( "输入图的顶点数[1-30]\n" );
        fflush( stdin );
        scanf( "%d", &vn );
        if( ____1____ )
            continue;
        printf( "输入图的边数[0-%d]\n", vn*(vn-1)/2 );
        scanf( "%d", &en );
        if( en >= 0 && ____2____ )
            break;
    }
    for( k = 0; k < vn; k++ )
        lg[k] = ___3___;        /* 置空邻接表 */
    for( k = 0; k < vn; k++ )   /* 置空邻接矩阵 */
        for( i = 0; i < vn; i++ )
                ____4____;
    for( k = 0; k < en;  ) {    /* 构造邻接表，邻接矩阵的各条边 */
        i = j = -1;
        printf( "输入第[%d]对相连的两条边[1-%d]: ", k+1, vn );
        scanf( "%d%d", &i, &j );
        if( i < 1 || j < 1 || i > vn || j > vn ) {
            printf( "输入错误，边范围为[1-%d]\n", vn );
            continue;
        }
        k++;
        i--;
            j--;
        p = (edgeNode *)malloc( sizeof(edgeNode) );
        ____5____;
        p->next = lg[i];
            lg[i] = ____6____;          /* 将新结点插入到第 i 行邻接表行首 */
        p = (edgeNode *)malloc( sizeof(edgeNode) );
        p->vno = i;
        ____7____;
        lg[j] = p;                      /* 将新结点插入到第 j 行邻接表行首 */
        mg[i][j] = ____8____ = 1;       /* 置邻接矩阵的值 */
    }
        return vn;
}

void ldfs( lgraph g, int i )            /* 邻接表表示的图的递归深度优先搜索 */
{
```

```
    edgeNode *t;
    printf( "%4d", i+1 );          /* 访问顶点 i */
    visited[___9___] = 1;          /* 置 i 顶点已被访问 */
    t = g[i];
    while( t != NULL ) {           /* 检查所有与顶点 i 相邻接的顶点 */
        if( ____10____ )           /* 如果该顶点未被访问过 */
            ldfs( g, t->vno );     /* 从邻接顶点出发深度优先搜索 */
        ____11____;                /* 考察下一个邻接顶点 */
    }
}

void mdfs( mgraph g, int i, int vn )     /* 邻接矩阵表示的图的递归深度优先搜索 */
{
    int j;
    printf( "%4d", i+1 );          /* 访问顶点 i */
    visited[i] = 1;                /* 置 i 顶点已被访问 */
    for( j = 0; j < vn; j++ ) {    /* 检查所有与顶点 i 相邻接的顶点 */
        if( ___12___ && ___13___ )  /* 如果该顶点有边且未被访问过 */
            mdfs( g, j, vn );      /* 从邻接顶点出发深度优先搜索 */
    }
}

void lbfs( lgraph g, int s, int n )  /* 邻接表表示的图的广度优先搜索 */
{
    int i, v, w, head, tail;
    edgeNode *t;
    for( i = 0; i < n; i++ )
        visited[i] = 0;            /* 置全部顶点为未访问标志 */
    head = tail = 0;               /* 队列置空 */
    printf( "%4d", s+1 );          /* 访问出发顶点 */
    visited[s] = 1;                /* 置该顶点已被访问标志 */
    queue[ ___14___ ] = s;         /* 出发顶点进队 */
    while( head < tail ) {         /* 队不空循环 */
        v = queue[ ___15___ ];     /* 取队列首顶点 */
        for( t = g[v]; t != NULL; t = t->next ) {
            /* 按邻接表，顺序考察与顶点 v 邻接的各顶点 w */
            w = ____16____;
            if( visited[w] == 0 ) {  /* 顶点 w 未被访问过 */
                printf( "%4d", w+1 );  /* 访问顶点 w */
                ____17____;            /* 置顶点 w 已被访问标志 */
                queue[tail++] = w;     /* 顶点 w 进队 */
            }
        }
    }
}
```

```
void mbfs( mgraph g, int s, int n )        /* 邻接矩阵表示的图的广度优先搜索 */
{
    int i, j, v, head, tail;
    for( i = 0; i < n; i++ )
        visited[i] = 0;             /* 置全部顶点为未访问标志 */
    head = tail = 0;                /* 队列置空 */
    printf( "%4d", s+1 );           /* 访问出发顶点 */
    visited[s] = 1;                 /* 置该顶点已被访问标志 */
    queue[ tail++ ] = s;            /* 出发顶点进队 */
    while( __18__ ) {               /* 队不空循环 */
        v = queue[ head++ ];        /* 取队列首顶点 */
        for( j = 0; j < n; j++ ) {
            /* 按邻接矩阵，顺序考察与顶点 v 邻接的各顶点 w */
            if( ___19___ && visited[j] == 0 ) {     /* 如果该顶点有边且未被访问过 */
                printf( "%4d", j+1 );   /* 访问顶点 j */
                visited[j] = 1;         /* 置顶点 w 已被访问标志 */
                ____20____;             /* 顶点 j 进队 */
            }
        }
      }
}

void main()
{
    lgraph lg;
    mgraph mg;
    int n, i;
    n = creat_graph( lg, mg );
    for( i = 0; i < n; i++ )
        visited[i] = 0;             /* 置全部顶点为未访问标志 */
    printf( "\n 邻接表表示的图的递归深度优先搜索 \n" );
    ____21____;
    getch();
    for( i = 0; i < n; i++ )
        visited[i] = 0;             /* 置全部顶点为未访问标志 */
    printf( "\n 邻接矩阵表示的图的递归深度优先搜索\n" );
    ____22____;
    getch();
    printf( "\n 邻接表表示的图的广度优先搜索\n" );
    ____23____;
    getch();
    printf( "\n 邻接矩阵表示的图的广度优先搜索\n" );
    ____24____;
}
```

程序 2：题 3，求最少换车次数。

```
#include<stdio.h>
```

```
#define M 20
#define N 50
int a[N+1];        /* 用于存放一条线路上的各站编号 */
int g[N][N];       /* 存储对应的邻接矩阵 */
int dist[N];       /* 存储站 0 到各站的最短路径 */
int m=0, n=0;
void buildG()      /* 建图 */
{
    int i, j, k, sc, dd;
        while( 1 ) {
          printf( "输入公交线路数[1-%d], 公交站数[1-%d]\n", M, N );
          scanf( "%d%d", &m, &n );
          if( m >= 1 && m <= M && n >= 1 && n <= N )
              break;
    }
    for( i = 0; i < n; i++ )  /* 邻接矩阵清 0 */
        for( j = 0; j < n; j++ )
            g[i][j] = 0;
    for( i = 0; i < m; i++ ) {
        printf( "沿第%d 条公交车线路前进方向的各站编号(0<=编号<=%d, -1 结束):\n", i+1, n-1);
          sc = 0;                /* 当前线路站计数器 */
          while( 1 ) {
              scanf( "%d", &dd );
              if( dd == -1 )
                  break;
              if( dd >= 0 && dd < n )
                  a[____1____] = dd;       /* 保存站点编号 */
          }
          a[sc] = -1;
          for( k = 1; a[k] >= 0; k++ )          /* 处理第 i+1 条公交线路 */
              for( j = 0; j < k; j++ )
                  g[____2____] = 1;  /* 该条线路所经过的两个站点置 1 */
    }
}

int minLen()       /* 求从站点 0 开始的最短路径 */
{
    int j, k;
    for( j = 0; j < n; j++ )
        dist[j] =____3____;
    dist[0] = 1;
    while(1) {
        for( k = -1, j = 0; j < n; j++ ) /* 找下一个最少上车次数的站 */
            if( ____4____ && ( k == -1 ||____5____) )
                k = j;
```

```
            if( k < 0 || k == n-1 )          /* 找到最后一个站点，或无最少上车站数 */
                break;
            dist[k] = -dist[k];        /* 设置 k 站已求得上车次数的标志 */
            for( j = 1; j < n; j++ )   /* 调整经过 k 站能到达的其余各站的上车次数 */
                if( g[k][j] == 1 && ( dist[j] == 0 || -dist[k] + 1 < dist[j] ) )
                    ______6______;
        }
        j =___7___;
        return ( k < 0 ? -1 :___8___);
    }

    void main()
    {
        int t;
        buildG();
        if( (t=_____9_____)
            printf( "无解!\n" );
        else
            printf( "从 0 号站到%d 站需换车%d 次\n", n-1, t );
    }
```

实验 9　排序

一、排序的基本概念

排序（Sorting）是计算机程序设计中的一种重要操作，其功能是对一个数据元素集合或序列重新排列成一个按数据元素某个项值有序的序列。

二、实验目的

1．掌握在数组上进行各种排序的方法和算法；

2．深刻理解各种方法的特点，并能加以灵活应用；

3．加深对排序理解，逐步培养解决实际问题的编程能力。

三、实验内容

（一）基础题

1．编写各种排序方法的基本操作函数。

（1）s_sort（int e[]，int n）：选择排序。

（2）si_sort（int e[]，int n）：直接插入排序。

（3）sb_sort（int e[]，int n）：冒泡排序。

（4）merge（int e[]，int n）：二路归并排序。

2．调用上述函数实现下列操作：

（1）给定数组 E[N] = {213, 111, 222, 77, 400, 300, 987, 1 024, 632, 555}，调用选择排序函

数进行排序；

（2）调用直接插入函数进行排序；

（3）调用冒泡函数进行排序；

（4）调用二路归并排序函数进行排序。

（二）提高题

3．编写希尔排序函数对给定的数组进行排序。

［**编程思路**］把结点按下标的一定增量分组，对每组结点使用插入排序，随着增量逐渐减少，所分成的组包含的结点越来越多，当增量的值减少到 1 时，整个数据合为一组有序结点，则完成排序。

4．编写快速排序函数，对给定的数组进行排序。

［**编程思路**］快速排序是对冒泡排序的一种本质上的改进，它的基本思想是通过一趟扫描后，使待排序序列的长度能较大幅度地减少。在冒泡排序中，一次扫描只能确保最大键值的结点移到了正确位置，而待排序序列的长度可能只减少 1。快速排序通过一次扫描使某个结点移到中间的正确位置，并使在它左边序列的结点的键值都比它小，称这样一次扫描为“划分”。每次划分使一个长序列变成两个新的较小子序列，对这两个子序列分别做这样的划分，直至新的子序列的长度为 1 时才不再划分。当所有的子序列长度都为 1 时，序列已是排好序的了。

四、参考程序

程序 1：题 1 与题 2 的选择排序。

```
#include<stdio.h>
#include<conio.h>
#define N 10
int E[N] = { 213, 111, 222, 77, 400, 300, 987, 1024, 632, 555 };

void s_sort( int e[], int n )/* e:存储线性表的数组  n：线性表的结点个数  */
{
      int i, j, k, t;
      for( i = 0; i < n-1; i++ ) {      /* 控制 n−1 趟的选择步骤  */
            /* 在 e[i], e[i+1],...,e[n−1]中选键值最小的结点 e[k] */
            for( k = i, j =___1___; j < n; j++ )
                  if( e[k] > e[j] )
                        _k=j;
            if( ___2___ ) {          /* e[i]与 e[k]交换  */
                  t = e[i];
                  e[i] = e[k];
                  e[k] = t;
            }
      }
}

void main()
{
```

```
    int i;
    printf( "顺序排序   初始数据序列为:\n" );
    for( i = 0; i < N; i++ )
        printf( "%d ", E[i] );
    ____3____
    printf( "\n 排序后数据序列为：\n" );
    for( i = 0; i < N; i++ )
        printf( "%d ", E[i] );
      getch();
}
```

程序 2：题 1 与题 2 的直接插入排序。

```
#include<stdio.h>
#include<conio.h>
#define N 10
int E[N] = { 213, 111, 222, 77, 400, 300, 987, 1024, 632, 555 };

void si_sort( int e[], int n )  /* e:存储线性表的数组   n：线性表的结点个数 */
{
    int i, j, t;
    for( i = 1; i < n; i++ ){/*  控制 e[i], e[i+1],...,e[n−1]的比较插入步骤 */
        /*  找结点 e[i]的插入位置 */
        for( ____1____ j = i-1; j >= 0 && ____2____ ;j− − )
            e[j+1] = e[j];
              ____3____;
    }
}

void main()
{
    int i;
    printf( "直接排序   初始数据序列为:\n" );
    for( i = 0; i < N; i++ )
        printf( "%d ", E[i] );
    ______4______;
    printf( "\n 排序后数据序列为：\n" );
    for( i = 0; i < N; i++ )
        printf( "%d ", E[i] );
      getch();
}
```

程序 3：题 1 与题 2 的冒泡排序。

```
#include<stdio.h>
#include<conio.h>
#define N 10
int E[N] = { 213, 111, 222, 77, 400, 300, 987, 1024, 632, 555 };
```

```
void sb_sort( int e[], int n ) /* e:存储线性表的数组   n：线性表的结点个数 */
{
    int j, p, h, t;
    for( h =____1____; h > 0; h = p ) {
        for( p = j = 0; j < h; j++ )
            if( ____2____ ) {
                ____3____;
                e[j] = e[j+1];
                ____4____;
                p =____5____;
            }
    }
}

void main()
{
    int i;
    printf( "冒泡排序，初始数据序列为:\n" );
    for( i = 0; i < N; i++ )
        printf( "%d ", E[i] );
  ____6____
    printf( "\n 排序后数据序列为：\n" );
    for( i = 0; i < N; i++ )
        printf( "%d ", E[i] );
      getch();
}
```

程序 4：题 1 与题 2 的二路归并排序。

```
#include<stdio.h>
#include<conio.h>
#include<alloc.h>
#define N 10
int E[N] = { 213, 111, 222, 77, 400, 300, 987, 1024, 632, 555 };

void merge_step( int e[], int a[], int s, int m, int n )      /* 两个相邻有序段的合并 */
{
    int i, j, k;
    k = i = s;
    j = m + 1;
    while( i <= m && ____1____ )      /* 当两个有序都未结束时循环 */
        if( e[i] <= e[j] )            /* 取其中小的元素复制 */
            ____2____;
        else
            a[k++] = e[j++];
    while( i <= m )                   /* 复制还未合并完的剩余部分 */
```

```
        a[k++] = ___3___;
    while( j <= n )                    /* 复制还未合并完的剩余部分 */
        a[k++] = ___4___;
}
void merge_pass( int e[], int a[], int n, int len )
/* 完成一趟完整的合并 */
{
    int f_s, s_end;
    f_s = 0;
    while( f_s + len < n ) { /* 至少有两个有序段 */
        s_end = f_s + ___5___;
        if( s_end >= n )               /* 最后一段可能不足 len 个结点 */
            s_end =___6___;
        merge_step( ___7___ );         /* 相邻有序段合并 */
        f_s = s_end + 1;               /* 下一对有序段中左段的开始下标为上一对末尾+1 */
    }
    if( f_s < n )                      /* 当还剩一个有序段时， 将其从 e[]复制到 a[] */
        for( ; f_s < n; f_s++ )
            a[f_s] = e[f_s];
}

void merge( int e[], int n )  /* 二路合并排序 */
{
    int *p, len=1, f=0;
    p = (int *)malloc( n * sizeof(int) );
    while( len < n ) {/* 交替地在 e[]和 p[]之间来回合并 */
        if( f == 0 )
            merge_pass( ___8___ );
        else
            merge_pass( ___9___ );
        ___10___;         /* 一趟合并后，有序结点数加倍 */
        f = 1 - f;        /* 控制交替合并 */
    }
    if( f == 1 )          /* 当经过奇数趟合并时，从 p[]复制到 e[] */
        for( f = 0; f < n; f++ )
            e[f] = p[f];
    free( p );
}

void main()
{
    int i;
    printf( "归并排序，初始数据序列为:\n" );
    for( i = 000; i < N; i++ )
        printf( "%d ", E[i] );
    ___11___
    printf( "\n 排序后数据序列为：\n" );
```

```
        for( i = 0; i < N; i++ )
            printf( "%d ", E[i] );
        getch();
}
```

实验 10　查找

一、查找的基本概念

计算机、计算机网络使信息查询更快捷、方便、准确。要从计算机、计算机网络中查找特定的信息，就需要在计算机中存储包含该特定信息的表。例如，要从计算机中查找英文单词的中文解释，就需要类似英汉字典这样的信息表，以及对该表进行的查找操作。本章将讨论的问题即是“信息的存储和查找”。

查找是许多程序中最消耗时间的一部分。因而，一个好的查找方法会大大提高运行速度。另外，由于计算机的特性，像对数、平方根等是通过函数求解的，无须存储相应的信息表。

二、实验目的

1．掌握在数组上进行各种查找的方法和算法；
2．深刻理解各种方法的特点，并能加以灵活应用；
3．加深对查找的理解，逐步培养解决实际问题的编程能力。

三、实验内容

（一）基础题

1．编写各种查找方法的基本操作函数。

（1）search1（int *k，int n，int key）：无序线性表的顺序查找。

（2）search2（int *k，int n，int key）：有序线性表的顺序查找。

（3）bin_search（int *k，int n，int key）：二分法查找。

2．调用上述函数实现下列操作：

（1）在给定的数组 E[N] = {213, 111, 222, 77, 400, 300, 987, 1 024, 632,555}，调用无序线性表的顺序查找函数进行查找；

（2）调用有序线性表的顺序查找函数进行查找；

（3）调用二分法查找函数进行查找。

（二）提高题

3．职工工作量统计。

[问题描述] 采用随机函数产生职工的工号和他所完成产品个数的数据信息，对同一职工多次完成的产品个数进行累计，最后按以下格式输出：职工完成产品数量的名次、该名次每位职工完成的产品数量、同一名次的职工人数和他们的职工号。

[实现要求] 输出统计结果，如下所示。

```
ORDER      QUANTITY      COUNT    NUMBER
1             375          3        10          20          21
```

4	250	2	3	5
6	200	1	9	
7	150	2	11	14
.				
.				

［**程序设计思路**］采用链表结构存储有关信息，链表中的每个表元对应一位职工。在数据采集的同时，形成一个有序链表（按完成的产品数量和工号排序）。当一个职工有新的数据输入时，在累计他的完成数量时会改变原来链表的有序性，为此应对链表进行删除、查找和插入等处理。

四、参考程序

程序 1：题 1 与题 2，查找函数及其调用。

```
#include<stdio.h>
#include<conio.h>
#define N 10
int E[N] = { 213, 111, 222, 77, 400, 300, 987, 1024, 632, 555 };

void s_sort( int e[], int n )  /* e:存储线性表的数组   n：线性表的结点个数 */
{
    int i, j, k, t;
    for( i = 0; i < n-1; i++ ) {     /* 控制 n−1 趟的选择步骤 */
        /* 在 e[i], e[i+1],...,e[n-1]中选键值最小的结点 e[k] */
        for( k = i, j = i + 1; j < n; j++ )
            if( e[k] > e[j] )
                k = j;
        if( k != i ) {      /* e[i]与 e[k]交换 */
            t = e[i];
            e[i] = e[k];
            e[k] = t;
        }
    }
}

int search1( int *k, int n, int key )      /* 无序线性表的顺序查找 */
{
    int i;
    for( i = 0; ___1___ ; i++ )
        ;
      return( i<n ? i : -1 );
}

int search2( int *k, int n, int key )      /* 有序线性表的顺序查找 */
{
    int i;
```

```
    for( i = 0;  ___2___ ; i++ )
            ;
    if( i < n && k[i] == key )
        return i;
      return -1;
}
int bin_search( int *k, int n, int key )  /* 二分法查找 */
{
    int low=0, high=n-1, mid;
    while( ___3___ ) {               /* 查找范围下界不大于上界 */
        mid = ( low + high ) / 2;    /* 取有序列的中间元素值 */
        if( key == ___4___ ] )
            return mid;              /* 找到键值 */
        if( key > k[mid] )           /* 键值可能在中值和上界之间 */
               ___5___;
        else
               ___6___;
    }
      return -1;
}

void main()
{
    int i, j;
    printf( "初始数据序列为:\n" );
    for( i = 0; i < N; i++ )
        printf( "%d ", E[i] );
    printf( "\n 输入要查找的关键码" );
    scanf( "%d", &i );
    if( ( j = ___7___)
        printf( "找到关键字, 位置为%d\n", j+1 );
    else
        printf( "找不到\n" );
      getch();

    s_sort( E, N );
    printf( "\n 顺序排序后数据序列为：\n" );
    for( i = 0; i < N; i++ )
        printf( "%d ", E[i] );

    printf( "\n 输入要查找的关键字" );
    scanf( "%d", &i );
    if ( ( j = search2( ___8___ ) ) >= 0 )
        printf( "找到关键字, 位置为%d\n", j+1 );
    else
        printf( "找不到\n" );
    getch();
```

```
    printf( "\n 输入要查找的关键字" );
    scanf( "%d", &i );
    if( ( j = ______9______ )
        printf( "找到关键字，位置为%d\n", j+1 );
    else
        printf( "找不到\n" );
    getch();
}
```

程序 2：题 3，工作量统计。

```
#include<stdio.h>
#include<stdlib.h>
#define MAXQ 5                  /* 定义最大的工作量 */
typedef struct workload {       /* 定义工作量结构 */
    int no;                     /* 工人工号 */
    int q;                      /* 完成产品数量 */
    struct workload *next;/* 后继元素 */
}WL;

void GetData( int maxno, int *no, int *q )   /* 随机产生工人工作量数据 */
{
    *no = random( maxno );
    *q = random( MAXQ ) + 1;
}

WL *creat_wl( int maxno, int maxrc )        /* 创建职工工作量有序结构 */
{
    int no, q, i;
    WL *u, *v, *p, *head;
    head = NULL;
    for( i = 0; i < maxrc; i++ ) {
        GetData( maxno, &no, &q ); /* 随机产生一条工人工作量数据 */
        printf( "[%4d]%4d", no, q );
        for( v = head; ___1___ ; v = v->next )/* 查找该工人记录 */
            u = v;
        if( v != NULL ) /* 该工人有记录，完成工作量累计，并从链表中删除该结点 */
{
            if( ___2___ )           /* 该工号工人为记录首指针 */
                head = v->next;
            else
                u->next = v->next;
            ___3___;            /* 工作量累计 */
        }
        else {      /* 新记录，则申请结点，并赋值 */
```

```
                if( (v=(WL *)malloc(sizeof(WL))) == NULL ) {
                        printf( "空间申请失败!" );
                        exit( -1 );
                }
                v->no = ____4____;
                v->q = ____5____;
            }
            p = head;
                    /* 查找新结点的前趋结点 u 和后继结点 p */
            while( ____6____ &&____7____ ) {
                u = p;
                p = p->next;
            }
            if( p == head )
                head = v;
            else
                u->next = v;
            v->next = p;
        }
    return head;
}

void print_wl( WL *head )
{
        int count, order;
        WL *u, *v;
        printf( "ORDER QUANTITY COUNT NUMBER\n" );
        u = head;
        order = 1;
        while( u != NULL ) {
                for( count = 1, v = u->next; ______8______; v = v->next )
                        ____9____; /* 累计工作量相同的人数 */
                printf( "%4d%9d%6d", order, u->q, count );
                order += count;
                for( ;____10____ != 0; u = u->next )
                        printf( "%4d", u->no );        /* 输出相同工作量的工人工号 */
                printf( "\n" );
        }
}

void main()
{
        WL *wl, *tmp;
            int i, j;
        while( 1 ) {
                printf( "输入工人数(<1000,>0), 工作量记录数(<10000,>0), <=0 退出\n" );
                        fflush( stdin );
```

```
        scanf( "%d%d", &i, &j );
        if( i <= 0 || j <= 0 )
            return;
        if( i >= 1000 || j >= 10000 )
            continue;
        wl = ____11____;          /* 创建职工工作量有序结构 */
        print_wl( wl );               /* 按规定输出工作量结构数据 */
        while( ____12____ ) {         /* 释放空间 */
            tmp = wl->next;
            free( wl );
            wl = tmp;
        }
    }
}
```

参 考 文 献

[1] Alfred V. Aho, Jhon E. Hopcroft, Jeffrey D. Ullman, Data Structures and Algorithms. Addison-Wesley Publishing Company, Inc., 1983.
[2] 严蔚敏, 吴伟民. 数据结构（C 语言版）. 北京: 清华大学出版社，1997.
[3] 张世和. 数据结构. 北京: 清华大学出版社，2000.
[4] 严蔚敏, 吴伟民. 数据结构习题集（C 语言版）. 北京: 清华大学出版社，1999.
[5] 宁正元, 易金聪. 数据结构习题解析与上机实验指导. 北京: 中国水利水电出版社，2000.
[6] 潭浩强. C 程序设计. 北京: 清华大学出版社, 1998.
[7] 邓文华, 梅志红. 通用函数作图程序. 华东交通大学学报，1994.
[8] 陈有祺, 辛运帏. 数据结构. 天津: 南开大学出版社，1996.
[9] 殷人昆. 数据结构. 北京: 清华大学出版社，2001.
[10] 耿国华. 数据结构——C 语言描述. 北京: 高等教育出版社，2005.
[11] 邓文华, 李益明. 数据结构（C 语言版）第 2 版. 北京: 电子工业出版社，2007.
[12] 邓文华, 戴大蒙. 数据结构实验与实训教程（第 2 版）. 北京: 清华大学出版社，2007.
[13] 邓文华. 数据结构（C 语言版）（第 3 版）. 北京: 清华大学出版社，2011.
[14] 邓文华. 数据结构实验与实训教程（第 3 版）. 北京: 清华大学出版社，2011.
[15] 罗伟刚. 数据结构习题与解答. 北京：冶金工业出版社，2004.